詹姆斯·伯克科学文明三部曲

纵 横

联结古今的知识之网

詹姆斯·伯克（James Burke） / 著

张大川 / 译

上海科技教育出版社

图书在版编目(CIP)数据

纵横：联结古今的知识之网/(英)詹姆斯·伯克著；张大川译．—上海：上海科技教育出版社，2020.7
(詹姆斯·伯克科学文明三部曲)
ISBN 978-7-5428-7227-2

Ⅰ.①纵… Ⅱ.①詹… ②张… Ⅲ.①科学知识—普及读物 Ⅳ.①Z228

中国版本图书馆CIP数据核字(2020)第042136号

责任编辑　王世平　王　洋
装帧设计　杨　静

詹姆斯·伯克科学文明三部曲
纵横——联结古今的知识之网
詹姆斯·伯克　著
张大川　译

出版发行	上海科技教育出版社有限公司
	(上海市柳州路218号　邮政编码200235)
网　　址	www.sste.com　www.ewen.co
经　　销	各地新华书店
印　　刷	上海昌鑫龙印务有限公司
开　　本	720×1000　1/16
印　　张	17.25
版　　次	2020年7月第1版
印　　次	2020年7月第1次印刷
书　　号	ISBN 978-7-5428-7227-2/N·1085
图　　字	09-2020-647号
定　　价	58.00元

致　谢

向多雷(Carolyn Doree)和霍恩斯比(Jay Hornsby)致谢，他们的工作让我受益匪浅。

献给马德琳(Madeline)

目 录

引言 / I

如何阅读本书 / IX

1   反馈 / 001

2   取名趣事 / 028

3   扔掉苹果 / 052

4   隐形物 / 076

5   生活不易 / 100

6   简单的东西 / 127

7   特殊的地方 / 151

8   火从天降 / 176

9   重水飞溅 / 199

10   联系 / 224

参考文献 / 247

引 言

这个世界变化真快,一般人对此的反应让我不禁想起一位抑郁症患者,他撂下工作,跑到海滩上去休养了。几天后,他的心理医生收到他寄来的一张明信片,上面写着:"这几天心情奇好。请问为什么?"

新事物常令人惊奇,因为新创意冒出的过程既是无心插柳式的,又是由此及彼、相互诱发的。即便是直接参与创新的人,也未必能预料到自己的研究会产生什么结果。比如,19世纪香水喷雾器的发明者和发现石油裂化可生成汽油的化学家,绝对想不到这两样东西有一天会结合在一起,变成汽化器。19世纪80年代,合成染色剂刚发明不久,一日,德国学者埃尔利希(Ehrlich)看见这种染色剂溅入一只培养皿的培养液里,将一种细菌杀死了。试想,要不是碰巧瞅见这一幕,埃尔利希还会成为第一个使用化学疗法的人吗?欧洲浪漫主义运动倡导者提出了"自然哲学"的概念,即自然是在各种对立力量的调和下演变发展的。试想,如果没有这套自然哲学理念,奥斯特(Oersted)*还会想到"调和"电与磁,继而发现电磁力吗?有了电磁力,现代电信学才成为可能。

说实在的,连从事研究的人自己都没有领悟到其中的真谛,寻常百姓就更别提了。不过,即便有了科学与技术研究又能怎样?现有的学科门类少说也有两万多种,每门学科都有一群专职学者在尽心竭力地更新着他们昨天的研究成果。

这些整天琢磨着"翻天覆地"的人起码被两个强有力的因素推动。第一,科研搞得越专业,就越独到,才能真正做到独此一家,别无分店,这样成名成家的机会就越大。所以,对于许多科研工作者来说,追求的目标就是专而精——研究范围越来越窄,而在此范围内钻研得越来越深,而后再用精密的语汇把自己知道的表述出来。这些精密的词语连同行都看不懂,更别说一般人了。

第二个动因是CEO——首席执行官。在变化纷纭的世界里,一个公司要生存下去,只有鼓励旗下的专家先行一步,变在前面。想在市场竞争中取胜吗?那就必须使奇招,出乎对手的意料。无疑,这样出招也常常弄得消费者一愣一愣的。今天这样的情况屡见不鲜,论变化之速,没有哪个领域能赶得上电子技术,用户这边还在看说明书呢,那边说明书上描述的电子小玩意儿已经被淘汰了。

在过去的120 000年中,知识就是按上述方式产生和传播的,所以我们一直生活在长期失衡的状态。新石器时代早期,人们要传授精细且有序的石器制作技术,这就需要使用精确、有序的发音,据说语言就是这么产生的。语言的有序性方便了人使用精确的词语来描述世界。这套原本为削磨石头而总结的程序,最终演变成了供人们

---

* 奥斯特(Hans Christian Oersted,1777—1851),丹麦物理学家,发现了电流的磁效应。——译者

琢磨天地万物的工具。这种把实在分解为一个个组成部分的办法就是还原论（reductionism）的基础，17世纪西方世界勃然而发的科学就源于此。简单说吧，把东西拆开来看个究竟，知道是怎么回事，科学知识就是这么来的。

几千年来，这种研究方法倾向于把知识分成更小、更专业的部分。譬如，传统博物学经过几百年演化，逐渐分成有机化学、组织学、胚胎学、进化生物学、生理学、细胞学、病理学、细菌学、泌尿学、生态学、种群遗传学和动物学等学科。

这个分化拆解过程将来会减少或停止吗？谁也不敢说。但自达尔文（Darwin）时代以来，一直为人们所称道的"进步"的实质就是这个。我们今天的生活如果算得上是一切可能存在的物质世界中最美好的生活的话，那也是靠专业研究取得了巨大成就才实现的，这些成就让我们拥有了现在的一切：小到吸水性好的尿片儿，大到直线加速器。生活在技术先进的国家，我们的健康水平、富裕程度、活动能力和信息获取能力比历史上任何时代的人都要高，因为我们身后有无数专业研究者，终日咂着铅笔头，绞尽脑汁在搞发明创造。

不过，这儿也有个问题：极少数人知识面越来越窄，了解的越来越深；而大多数人知识面越来越宽，但了解的内容却越来越浅。放在过去，这不算什么问题，因为历史上文盲占大多数，大家活着都费劲，谁还在乎知识是多是少。那时候，技术供应有限，仅够少数精英决策者之间分享。

确实，随着时间的推移，技术实现了多样化，知识逐渐普及，借助字符、纸张、印刷术、通信等信息媒介传播给芸芸大众。但同时，信息媒介系统也增加了专业知识的总量。传播给普通大众的知识常常不是过时的，就是对精英分子而言不再有重要的价值了。另外，随着专业知识的增加，拥有信息的人群和未拥有信息的人群之间的鸿沟也加宽了。

但凡在知识的产生、储存和传播能力有重大提高之时,"信息浪潮"就会随之而来,跟着便是创新水平的陡然提高,这让精英们更加权大势高。不过,一种技术迟早要被公众所掌握,当掌握者多到一定程度时,上述格局就会被打破。纸于13世纪传入欧洲,巩固了教会和君主的权力,但同时也造就出了商贾阶层,最终是商贾阶层站出来,挑战教会和君主的权威。印刷术为罗马教会强迫百姓服从安分提供了手段,岂料不久路德(Luther)却用它发动了一场宣传战,最后创立了新教。19世纪后期,军事技术发展了,打一仗能死几万人;制造技术提高了,却让千百万工人断了生计。新式印刷技术间接帮助了激进派和改革派,因为此技术便宜,他们可以通过它来印报纸、印小册子,表达激愤和抗议。

20世纪中期,科技知识远远超出一般人的理解能力(就算是知识比较丰富的人也不行)。在冷战的刺激下,计算机技术取得了长足进步,经济政治势力集团有权倾天下之势,其权力之大亘古未见。一时间众说纷纭:什么"老大哥"政府,什么跨国公司的统治,什么储存每个人的个人档案的中央数据库,还有什么人种逐渐趋同、有朝一日大家同住在一个巨大的"地球村"。国家产业化、企业产业化不受丝毫约束,最终造成了全球变暖的初象;脱缰野马般的污染使动物种群锐减;烈火刀斧之下,热带雨林以骇人的速度扑倒在地。

不过同时,电脑和电信技术的成本不断降低,这使得上述变化可以在一个空前广大的公共论坛里被讨论。人们通过广播、电视对这个世界了解得越多,就越能感到有必要采取紧急措施,保护其脆弱的生态系统和更加脆弱的文化多样性。20世纪末出现的无所不在的互联网以及廉价的无线技术,为亿万人民提供了参与其中的机会。

然而,稀缺文化与我们相伴了数千年,面对今后数十年技术将强加给我们的责任,我们尚未做好充分的准备。还原论、代议制民主以及劳动分工,这些事情往往交给专业人士去处置,但专业人士对其工作的分支脉络的认识并不比其他人深刻,而且这种状况还在加剧。

其结果是:国家和国际机构尝试以过时的机制去应对21世纪的问题时,感受到了前所未有的压力。举个例子:英国最近有一件针对个人的诉讼案,立案的根据竟是"obscene"(缺乏,缺席)一词在15世纪的词义。1800年以后,医界成规几乎没有什么变化。在一些地方,科学和宗教对生命的界定仍然各执己见、相互抵触。

当初西方制度的建立为的是处置那时的具体问题,这些制度现在仍旧和当年一样运作着,就好像这世界不曾改变似的。15世纪,民族国家创立了代议制民主,为什么?因为那时没有电信。17世纪,探险家们开办股市,为什么?因为他们需要钱做后盾。11世纪,阿拉伯世界的知识涌入西方,西方赶紧创立大学,为什么?因为要为牧师班的学生们处理新的资料。

未来几十年,可能许多社会性机构将尝试通过虚拟化而适应新情况,像银行早已开始做的那样,直接向个人提供服务。不过,它们提供服务的新途径将令它们不得不面对越来越多样化、分散化的需求;这些需求会改变它们开展业务的方式,让它们重新明确目标。就教育而言,过去的还原论者注重专业化,强调反复检验,带有鲜明的还原论色彩,今后这必然要被一种更灵活的能力概念所取代。曾经让人们穷其一生担负的工作任务将逐渐被机器接管,专业技能也许仅剩下供人探索旧事的价值。在一个记忆和经验似乎不再有价值的世界里(这并不新鲜:字母表以及后来的印刷术都造成过类似的威胁),当然还是要找其他方法来评价智力的高低。

以后,企业员工将分散在全国各地、全球各地,分散成千家万户、百组千团。他们直接跟千百万客户打交道,所以沟通技能很可能比大部分技能更有价值。也许拥有这种沟通能力的人，先前会被认为不适合在企业工作。比如，在旧时的生活环境中，他们可能被认为太年轻，或太老，或离工作地点太远。将来肯定也需要一套虚拟教育系统来处理各种问题，比如全球各地学生的多元文化问题：他们将多种经验、看法和目标带进一个班里。说到国际法，大家看看近时涉及色情、版权的案子就知道到时候法律问题会有多麻烦了。

本书并不想尝试解决上述的任一问题，而是想提出一种也许更符合21世纪需要的知识观。有些读者无疑会认为这种方法可作为近年来"弱智化"倾向的明证。不过，当年第一台印刷机诞生、第一批报纸刊印、第一批计算器投入制造的时候，就有类似的议论；当年首次从课程表里删除拉丁语，也遇到过如此议论。

本书所说的"网状"知识体系，待发展成熟时，一定是海纳包容的，而不是封闭排他的。将现代交互式网络通信系统和海量数据储存能力结合起来，应该可以确保无论如何变动，任何资料都不会丢失。对执业者而言，没有哪个科目或技能会神秘到求之不得的地步，因为他们的技能是市场需要的，而这个市场并不限于一地，而是覆盖全球。

另外，使用外部记忆设备——简单的如字母表，复杂的如笔记本电脑——似乎并没有使人类的智力退化；相反，每每有新的工具问世，人类的智力都会有一次提升。有些技巧，像机械记忆，会用得越来越少，但作为一种本领，好像并不见得要消失殆尽。很多情况下，机器接管了重复性工作，把人解放出来，让他们在更高的层次上施展本领。

最新的交互式半智能技术以前所未有的规模向我们展示了上述前景。从前，人类的大脑为技术水平所限，不能实现最优运作，因为按照还原论主张的线性的、离散的方式运作，大脑总也达不到最佳状态。现在，交互式半智能技术要给大脑不能进行最优运作的时代画个句号。健康的大脑平均有1000多亿个神经元，每个神经元借助千万个树突与其他神经元联络。据说，信号在这个神经系统内部传递时，可以选择的路径比宇宙中原子的数目还要多。就拿"识别"这类最基本的运作来说，大脑一次能够调用许多不同的进程来应对外部世界发生的事件，从而迅速识别输入信息可能存在的危险模式。

目前，人们正在研究由半智能交互系统驱动的网状知识系统，说不定某一天，上述的模式识别能力会构成网状知识系统最为实用的特征。本书希望向诸位读者展示，学会识别思想、人、事件之间的关联模式是认识信息环境和信息相关性的第一步。网状知识系统的社会意义是令人振奋的，因为有了它们，普通百姓很容易了解创新的相对价值。毕竟为核电站选址时，没必要非得弄懂了放射性衰变的数学式才能决定建在何处。我希望读者意识到，这种知识观可以成为一种途径，让那些没受过所谓正规教育的亿万人分享到选举权，实现民主参与程度更高的治理。

文中所述是一个个链接在一起的故事，意在向读者介绍再过几十年可能启用什么类型的信息设施。我不愿诡称文中所述不止是一次预演，但希望读者通过这些故事领悟到一种新的、更恰当的看待世界的方法，因为不论方式如何，我们全都联系在一起。

詹姆斯·伯克

1999年于伦敦

如何阅读本书

变化是一张大网，读了《纵横》这本书就等于在变化之网里做了10次穿梭旅行。本书读法很多，正如在一个网络里旅行，可有多种不同路线一样。最简单的读法就是从头读到尾，3500年前有文字之后，这种读法就一直没变过。以前老师曾教过我们该怎么读，不该怎么读，现在你也可以反其道而行之。读这本书时，很多地方就可以这么做，因为当甲旅程的时间干线到达网上的一个"网关"时，正好和乙旅程的时间干线交汇在一起。站在这个网关，你会看到标定另一处位置的坐标。

如果你愿意，就可利用坐标，向前或向后作（篇幅上的）跳跃，到达另一个网关，搭上新干线，继续你的网络之旅；到达下一个网关后，你可以再次跳跃。书中标定网关的坐标是这样排列的：

那里是汉密尔顿家族的公爵领地，当时由一位成功的企业家罗巴克（John Roebuck）[17]博士租用。罗巴克曾是布莱克的学生。

  这段文字里,"罗巴克[17]"是第17个网关的位置,页边空白处的"36 49"就是你要跳转的网关(即第49页上的第36号网关)。

  历史总有繁忙的时期,这时多个网关便碰在一起,所以你可能会一次遇到多个可以跳转的网关。祝你好运!

  本书一共设了142处网关,也就是说读者至少可以按142种方式来阅读它。尽管我不建议你尝试,但你要是真那么做了,相信你对"变化之道"定会有更深刻的感悟。

  变化就在你我身上,它无时不在。信不信,你现在就在变,只是你还没察觉罢了。

1 反馈

本书将带您穿梭于广袤无际、内在元素又相互联系的知识网，让您领略一下在信息过载问题解决之后，21世纪我们的学习经历会是什么样子。

就技术所引起的信息过载而言，古人对其作出的反应和今人差不多。中世纪的欧洲刚有纸张那会儿，英国圣阿尔班斯教堂的主教萨姆森(Samson)就发牢骚，纸会比动物皮做的羊皮纸还要便宜，所以人们一定会用纸写下很多毫无价值的词句，而纸又不如羊皮纸结实耐久，到头来，拿纸记录的知识必定会随着纸张的腐烂而消失。15世纪发明了印刷术，又有人说怪话：印刷本会让"那些根本不需要看书写字的人"迷上看书写字。莫尔斯(Samuel Morse)发明了电报，要把缅因州和得克萨斯州两地连接在一起，不料却招来一句诘问："缅州和得州有什么说的？"20世纪，电视台越来越多，节目越来越多，有些人又担心节目内容低俗化，即所谓的"弱智化"(dumbing-down)问题。

旧观念认为，新的信息技术对社会稳定不利，所以用各种办法限制新技术的应用。譬如，古埃及只允许少数执政官员学习书写技能；中世纪的欧洲要造纸必须经过严格的审批；16世纪，从印坊出来的印刷品都要经过教会和政府的审查；17世纪，图书馆诞生，一开始是不对公众开放的;19世纪,欧洲的电报和电话全由政府部门控制。

以前,关注信息过载问题的一般只是少数有文化的官员,还有管着他们的墨水不多的主子。现在不一样了,21世纪笔记本电脑是PB*级的,人们可以随意上网,由此形成的信息过载对社会稳定所造成的不利影响,就其规模和速度而言,要远远超过以往任何时代。未来几十年,电脑和互联网的用户将增加数亿,他们要在信息数据的汪洋大海中搜索,没有经验,更缺乏专门的训练。海量信息会让一个毫无准备的社会在各方面感受到压力,并把适用于19世纪社会状况的集约化的社会体系冲得七零八落。

也许根据个人情况定制的信息过滤系统能够解决一部分信息过载问题。现在很多地方都在开发这类系统,其中前景最好的既能让用户畅游纷繁新奇的信息世界,又能当好向导,不让他们迷失其间。本书的目的就是请读者做一次实际体验,在信息世界巡游一番。这番巡游始于导航系统的发明,也终于导航系统的发明(这个导航系统是一个半智能代理[1])。

现有的几种类型的代理,其功能大致就像私人秘书,能帮人做一些简单的事情。譬如,从垃圾邮件里筛选出有价值的邮件、管理日志、付账、安排娱乐活动等。相信不久,代理系统就会安排并处理几乎方方面面的个人生活。当然,它们最重要的任务还是在知识网里穿梭巡游,搜取信息,而后按照用户定制的方式处理信息并呈送给他们。代理系统能够了解用户平时的需要,掌握其喜好,进而可以代表用户处理事务。

在研究、开发半智能代理的过程中,一些系统展现出了光辉前景,神经网络便是其中之一(也是开启本书知识之旅的系统)。神经

1 142 246

---

* 1 PB(拍字节)即 10^{15} 字节,相当于1000倍的太字节(TB),100万倍的吉字节(GB)。——译者

网络由许多细胞组成,每个细胞对来自其他细胞的信号作出反应,反过来它再发出信号刺激刚才发射信号的那些细胞。如果输入信号使一个细胞比其他细胞更加频繁地激发,那么该细胞输送到同序列中下一个细胞的信号的加权值就更大。由于一个细胞的程序性反应是根据为其提供输入信号的其他细胞的激发程度而定,即激发频繁的细胞输入的信号比激发迟缓的细胞输入的信号优先,故而整个系统可以从经验中不断"学习"。据说这和人脑的认知过程相似:相应于一种特定经验的信号如果一再重复,就能使脑细胞的突触(synapse)增大。

突触是神经细胞(亦称神经元)的一部分,它会释放出化学传导物质,这种物质穿过细胞之间的间隙,到达另一个细胞。如果有足够量的传导物质到达另一细胞,这些传导物质就会产生一个脉冲。等在目标细胞里形成了足量的脉冲信号,这些脉冲信号就会使该细胞的突触再释放传导物质,并把"信息传送下去"。如果一个细胞的突触比较大,其释放的传导物质也会更多,它就更可能促发其他细胞传送信号。这个由频繁激发的细胞构成的网络就是大脑记忆的基础。

这就是神经元交互理论,它是由美国科研人员皮茨(Walter Pitts)和麦卡洛克(Warren McCulloch)于1943年率先提出的。他们还认为:感官感知的真实世界的状态与大脑所希望的状态是存在差异的;当反馈过程把感官和大脑及肌肉联系起来时,如果交互作用的结果可引起肌肉动作而减少上述差异,那么该反馈过程便会产生目的性行为。

皮茨和麦卡洛克是一个名为"目的论学会"的学人小社团的成员,学会的另一个会员给神经反馈过程起了个名字,这个会员就是维纳(Norbert Wiener)。第二次世界大战期间,维纳在研制防空火炮系统时,第一个找到了在机器上实现反馈的方法。维纳是麻省理工学院的数学教授,他身材肥胖、性情暴躁、嘴上总叼着雪茄。他把学科之间的领域称为"边缘地带",他就在这些地带中寻觅探索。结合生物学和工程学,维纳创立了专门研究反馈过程的新学科,并称之为"控制论"(cybernetics)[2]。维纳认识到,反馈装置就是接收信息并根据信息而运作的信息处理系统。当这种以信息为导向的全新理论应用于大脑研究后,彻底摆脱了自弗洛伊德(Freud)以来主导神经生理学的生物学范式,对此后所有人工智能的研究影响深刻。

2 141 246

维纳首次应用他的反馈理论是在第二次世界大战早期。当时,他和一个名叫比奇洛(Julian Bigelow)的年轻工程师奉命研究如何提高大炮的命中率。战争刚开始,防空炮兵就遇到一个难题:(由于引擎及机身制造技术的改进)目标飞行速度越来越快,要想击中快速移动的目标,就必须打提前量,即把炮弹打在目标飞行前方的某一点。而要让这个瞄准击发的过程实现自动化,就必须考虑诸多可变因素(变量):风速、温度、湿度、火药量、炮管长度、目标的速度和高度等。维纳利用雷达跟踪系统获得连续信息,以确定目标近期的运行轨迹,根据这个轨迹预测目标未来某一刻可能飞到的位置,而后把预测信息传递给火炮的机械调控装置,这样便可不断更新射击的提前量。

火炮自控系统在1944年立下赫赫战功:英、美两国炮兵频频击落德国飞弹,单次命中目标的炮弹用量平均不超过100发。相比以前打2500发炮弹才打下1枚飞弹的表现来说,命中率大为提高。1944年,在德国发射V-1型飞弹攻击英国的最后4个星期里,英、美两国打飞弹的命中率已有大幅提高:第1周有24%的目标被击毁,第2周是46%,第3周是67%,第4周为79%。在攻击英国的最后一天,德国发射了很多V-1型飞弹,英国预警雷达共侦测出104枚,但仅有4枚落到伦敦,其中68枚是被防空火炮打掉的。

刚开始研究火炮控制系统那段时间,维纳经常与青年生理学家罗森布鲁斯（Arturo Rosenbleuth）一起探讨问题。罗森布鲁斯对确保身体精确动作的人体反馈机制很感兴趣。在这之前的15年里，罗森布鲁斯一直跟着哈佛大学生理学教授坎农（Walter Cannon）搞研究。20世纪初，坎农发明了钡餐（barium meal），X射线不能穿透它。鹅吃过钡餐后，用X射线照射，可见鹅饥饿时胃部会出现蠕动波。坎农注意到，饥饿能加速胃蠕动波的产生。随后他又发现，饥饿的动物在受到惊吓时胃蠕动波会停止。

于是，坎农就情绪对身体的影响进行了开创性研究。他发现，动物受到惊扰时，它的交感神经系统会向血液里分泌一种化学物质，坎农称之为"交感素"（sympathin）。这种物质能够抑制惊扰造成的影响，使动物的身体系统恢复到平衡态。坎农把这种平衡过程命名为"内稳态"（homeostasis）。1915年，坎农发现受交感神经系统影响的主要的身体变化与打斗、性行为或逃跑等行动有关。在上述情况下，肝脏会释放糖分，提供应急能量，血液从腹部流向心脏、两肺和四肢。如果身体受伤了，血液凝固的速度会比平常快很多。1932年，坎农发表了他的全部研究成果，书名为《身体的智慧》（*The Wisdom of the Body*）。

坎农当初对内平衡机制感兴趣，是受了一个人的研究成果的启发，坎农把自己著作的法文版题献给了他。这个人就是法国人贝尔纳（Claude Bernard），虽相貌平平，却是生理学大家。贝尔纳最初是在博若莱给一个药剂帅当助手，他的父亲在博若莱有一小片葡萄园。因为家里没钱，贝尔纳早早就辍学了。后来，他开始写剧本；先写了一出喜剧，接着又写了一部五幕剧。1834年，他带着这些剧本去了巴黎，打算吃戏剧这碗饭。有人把他引荐给了当时著名的戏剧评论家圣-马可·吉拉尔丹（Saint-Marc Girardin）。圣-马可·吉拉尔丹读了贝尔纳的剧本后，劝他改行从医。对人类日后的健康而言，此乃幸事也。

起初贝尔纳想当一名外科医生，但他对当时生理学资料匮乏的状况很不满意，于是他着手做动物实验，自己收集数据。1839年，他精湛的解剖技术引起了生理学大师马让迪（François Magendie）的注意，马让迪招贝尔纳做助手。1846年冬天的一个上午，有人给马让迪的实验室送来一些兔子供解剖，贝尔纳注意到这些兔子的尿液清澈且呈酸性。19世纪每个法国酿酒师都晓得，兔子的尿液一般很混浊，呈碱性。这是怎么回事？贝尔纳想起兔子们早上没吃东西，于是推想既然食肉动物的尿液清澈，那作为食草动物的兔子在饥饿状态下一定是在消耗体内的脂肪。他给兔子喂草，兔子的尿液很快又恢复为混浊且呈碱性的正常态。为了验证这一结论，他又拿自己做实验，24小时内他只吃土豆、花椰菜、绿豆、生菜和水果，于是他的尿液也变混浊了，并呈碱性。接着，贝尔纳又用兔子做实验：先让兔子饿一段时间，然后喂它们吃熟牛肉，再解剖兔子探寻究竟。他在兔子的胰液流入胃部的地方发现了一种乳状物（他认定这是初乳化的脂肪）。胰液和脂肪的乳化显然是有关系的。

两年后，贝尔纳发现肝脏有生成糖原的功能，能将生成的葡萄糖注进血液。这项发现是贝尔纳对人类知识库作出的最伟大贡献，因为他发现肝脏和胰腺（或许还有其他系统）是维持身体平衡态的重要脏器。贝尔纳总结自己的科研工作时说："一切生命机制，不管有多么千差万别，都只有一个目标，那就是维持内环境的稳定。"人们随后对胰腺开展了进一步研究。英国学者贝利斯（William Bayliss）造了一个词——"身体的智慧"，坎农便使用它来作自己的书名。

不过，并非所有的人都对贝尔纳的研究拍手称好，尤其是他设计了一个活烤动物的烤炉之后。美国医生唐纳森（Francis Donaldson）在1851年听过贝尔纳的课之后，写道："吾于法兰西学院圆形剧场，见狗与兔跑来跑去，好生新奇，动物们自然不知自己对科学的贡献；它们身上都开有五六个孔,必要时,实验者就从孔里提取它们体内的分泌物:唾液、胃液、胆汁、胰液等。"

贝尔纳很清楚人们反对活体解剖动物,但他还是为其辩解:"生命科学就像一座富丽堂皇的殿堂,但你进入这个殿堂前却必须穿过一间长长的、令人惊惧的厨房。"嗟呼,贝尔纳的妻子受不了别人老戳脊梁骨,于1869年离开了贝尔纳,此后她到处找反对活体解剖的积极分子,并定期给他们捐款。

但她并没撑多久。巴黎这时来了一位年轻的英国女子,名叫金斯福德(Anna Kingsford),是个狂热的素食主义者,《女士专报》(*Lady's Own Paper*)的老板,她是来法国学医的。金斯福德在医学院学习时就出名了,两个原因:一是只要她上课,就不让教授在课堂上做活体解剖;二是她搞示威活动,反对活体解剖。金斯福德上课的大教室离贝尔纳的实验室很近,所以贝尔纳的研究工作成了她的心病,于是她开始聚集全身能量,想要用意念波杀了贝尔纳。她对准贝尔纳发功没几个星期,贝尔纳就死了。金斯福德确信自己就是执行神意的工具。她还声称,另一位活体解剖师贝尔(Paul Bert)也是她弄死的。不过,轮到杀巴斯德(Louis Pasteur)[3]的时候,她的意念却不灵了。

保护动物免受虐待的法律经过很长时间才载入法典。英国虽然最先通过了这类法规,但其立法过程也是如此。1800年,英国首部废黜斗牛的法案未能获得议会通过,搞得灰溜溜的。反对者坎宁(George Canning)后来还做了英国首相。坎宁称,斗牛"能激发勇气、陶冶情操、振奋心智……立法禁止斗牛这与国之精神、时代之风貌相对立"。好在1821年高威*下院议员马丁(Dick Martin)带头力争,禁止虐待牛马的法案终于通过了。这是世界上最早的动物保护法。

---

* 高威(Galway),位于爱尔兰西海岸,临大西洋,现为爱尔兰第三大城市。——译者

1824年，在伦敦的一个咖啡屋里，禁止虐待动物协会宣告成立。不过，那个咖啡屋的店名不够吉利，竟然叫"老屠宰场咖啡屋"。1859年达尔文[4]发表《物种起源》(Origin of Species)，这本书拉近了人和动物间的关系，成为支持动物保护的有效论据。1876年，维多利亚街反对活体解剖协会成立，沙夫茨伯里勋爵(Lord Shaftesbury)任会长。同年，英国又通过了禁止对狗、猫、骡、马和驴进行活体解剖的法案。19世纪后期，动物保护运动已经推广到整个西方世界，催生了上百个冠以"人道协会"[5]之名的地方性团体。其实，"人道"这顶帽子还是戴在此前的人道主义者头上更为合适，那时的人道和反对活体解剖完全是两码事。

4　72　126
4　74　128

5　133　234

1774年，英国皇家溺水者营救会在伦敦成立。这是霍斯(William Hawes)博士大力推广人工呼吸技术的功劳。霍斯的想法源于阿姆斯特丹挽救溺水者协会发表的一篇论文的译文。阿姆斯特丹挽救溺水者协会成立于1767年，那是在瑞士几名溺水者被救活的案例报道之后。19世纪，随着工业化逐渐在各国展开，远洋货运和客运增长迅猛，人们对溺水这种事也特别关注。因为航船数量增加了，海难和死亡人数也随之增加。

英国皇家溺水者营救会时不时要给见义勇为、表现不凡的人士颁发金质奖章。1838年，有一位获奖者成了各报的头条新闻，因为她是个年仅22岁的文弱女子。那年2月6日的晚上，"弗加舍尔"号轮船满载货物和63名乘客，披风斩浪，从霍尔驶向邓迪，不料途中锅炉漏了。船长决定在诺森伯兰郡海岸附近的弗雷恩群岛间找个地方避一避。可是，船在向群岛航行时不幸触礁，断成两截儿。船上大部分人员葬身大海，只有13名乘客和船员幸存。幸存者在狂风暴雨里挣扎着，其中包括一位母亲和她的两个孩子。一夜过去，两个孩子和一个大人死了。第二天早上5点钟，当地灯塔看守者的女儿格雷斯·达林

图1　格雷特黑德(Henry Greathead)1890年设计的"创意"号救生艇。这是第一艘救生专用艇,有桨无舵,可全方向划行。

(Grace Darling)看见了残船和紧抓礁石的幸存者。格雷斯和父亲赶紧划一条舢板,闯进滔天巨浪去救人。这则传奇般的故事在各报转载,格雷斯立时成了民族英雄。可惜4年后,格雷斯因患肺结核去世,令人叹惋。不过在她的感召下,大家有钱出钱,有力出力,终于在1854年创立了英国皇家救生艇协会。

那年还发生了一起轰动一时的海难:一艘载着几百名士兵的美国军舰"旧金山"号遭遇飓风袭击,沉没在大西洋。美国海军部长找来莫里(Matthew Maury)帮忙。全美国也就这个莫里知道上哪儿去找海难幸存者。莫里仔细查看风图和海流图,确定了救援位置,果然在那片水域找到了幸存者。

莫里生于弗吉尼亚,在家中排行第四。他的祖上是法国人,胡格诺教徒,不过很久以前他的家族就在弗吉尼亚落户了。[他的爷爷还曾给杰斐逊(Thomas Jefferson)当过老师呢。]1825年,莫里参加了美国海军。在一次前往南美的航行中,莫里开始琢磨怎样才能更快地穿洋越海。1834年回国后,他请了一段时间的假,全力撰写他的第一本航海著作。1839年,莫里在《南方文学信使》(Southern Literary Messenger)杂志上发表了一系列文章,其中一篇提出创建海军学院的设想。后来，美国在安纳波利斯创建了美国海军学院。

1847年莫里发表第一份海图，又于1851年出版了《风海流图解说及航海指南》(Explanation and Sailing Directions to Accompany the Wind and Current Charts)。在美国政府的鼓励下，所有船主都免费得到了莫里的海流图和《风海流图解说及航海指南》，但有一个条件，那就是船主们不论航行到哪里都要认真写航海日志，回头把日志送交给在华盛顿工作的莫里。日志里一定要记录气温、水温、风向、海流的方向、气压等情况。船长还要定期向海里投掷漂流瓶，瓶内装有一张纸条，记录航船位置和日期。凡是看到漂流瓶的船只，一定要将它们打捞上来，并在日志里详细记录瓶里的内容。如果能照这样做好，船主可以免费获得莫里海流图及《风海流图解说及航海指南》的更新版。莫里就这样坚持了8年，收集整理了数百万次观测所得的数据资料，最终标定出更快捷的航海路线。一名船主按着莫里指示的航线，从纽约航行到里约热内卢所用时间是从前航行时间的一半。据估算，莫里的"用时最短的航线"每年能为美国航运节省400万美元。

1853年是莫里事业最辉煌的一年：他说服16国（包括美国、英国、比利时、荷兰、俄国、法国、挪威、丹麦和葡萄牙）有关人士齐聚布鲁塞尔[6]，召开了首届国际气象大会。这次大会的目标是"建立统一的海洋气象观测体系，批准风向和洋流的观测计划以改善航海状况，深入了解制约相关要素的法律知识"。从布鲁塞尔回国不久，莫里收到一封信，寄信人是百万富翁菲尔德(Cyrus W. Field)[7]。菲尔德以前是造纸的，现已退休，他想向莫里咨询一下在大西洋海底铺设电报电缆的理想路线[8]。

当时，英格兰和荷兰、苏格兰和爱尔兰之间都已在浅海海域成功铺设了电缆，但要在大西洋底铺设电缆还是一件难事。菲尔德想从英国政府那里拿到特许权，对纽芬兰至爱尔兰铺设的海底电缆拥有

50年的垄断权,占个大便宜。英国政府还有意给他提供一艘电缆铺设船,大幅提高电报信息收入。随后,菲尔德花了两年时间在纽芬兰岛和北美大陆之间铺设电缆[公司股东有拜伦夫人(Lady Byron)、萨克雷(Thackeray)这样的名人]。电缆铺好后,菲尔德就写信给莫里,询问从纽芬兰向欧洲铺设电缆的最佳路线。

莫里回信说,回声探测技术显示,有一个较浅的海底"电报高原"横贯北大西洋的大部分水域。1857年,海底电缆开始铺设。铺了几百英里*后,电缆突然断了。后来又铺了三次,终于在1858年8月5日,一条连接西班牙的巴伦西亚、爱尔兰和纽芬兰岛三圣湾的铜芯电缆铺设成功了,全长1850英里。这条电缆传送的第一份电报是英国维多利亚(Victoria)女王发给美国总统布坎南(Buchanan)的,祝贺他就任总统。在纽约举行的庆功宴上,菲尔德谦虚地说:"莫里出头脑,英国人出钱,我只是干活。"后来电缆又断了。1865年他们找到断头并接好,这项工程才算完成。美国国会授予菲尔德一枚金质奖章。

其实,菲尔德不光给莫里写过信,还给最成功的电报机发明者莫尔斯[9]写过信。菲尔德深受莫尔斯工作的启发。1844年,莫尔斯向国会议员们演示了他发明的电报机。和其他的电报机相比,他的电报机有两大优势:按键和莫尔斯电码。1832年秋天,莫尔斯从法国乘船返回美国的途中忽然有了这么个灵感。他先学了一些必要的电学知识,他的一个朋友韦尔(Alfred Vail)为其提供资助和元器件(韦尔的父亲在新泽西经营一家机械加工厂)。后来的莫尔斯电码其实也是根据韦尔的主意设计的。**

这时莫尔斯已是一位著名的艺术家,在纽约大学任美术教授,他

---

* 1英里约为1.6千米。——译者
** 1838年1月,韦尔首次展示了一种使用点和画的电报码,此乃莫尔斯电码的前身。——译者

在欧洲留学和绘画三年,刚回国不久。莫尔斯性格怪癖,自幼受到爱国观念的熏陶。他父亲杰迪代亚(Jedidiah)是美国的地理学先驱。早年,他父亲还领导过旧加尔文派*反对自由派神学的"大觉醒"运动。莫尔斯被他培养成了非常正统的加尔文派教徒。莫尔斯希望美国文化最终胜利,相信唯有精英治国,才能拯救国家。他的观点跟父亲如出一辙。莫尔斯还特别排外。他曾经画了一幅画,画面上教皇密谋为美国的天主教徒提供武装,制造混乱,操纵选举,选外国人执政。莫尔斯还帮忙出版了一本谈论蒙克(Maria Monk)的书。蒙克自称是蒙特利尔的一名修女,她说她亲眼看见蒙特利尔的牧师大搞有违人伦的性活动,还看见地窖里放着多具私生子的尸体。后来才弄清楚,原来这个蒙克是从疯人院里跑出来的(谣传她跟莫尔斯有一腿)。

莫尔斯相信,艺术是上帝交给他的工具,他要用艺术来拯救信奉新教的美国。他认为千禧年即将来临,一旦来临,美国将以和平帝国的形式来统御世界。所以,美国的艺术一定要为这个伟大的日子做好准备。1826年,莫尔斯创办美国国立美术设计院,自任院长到1845年。学院的宗旨是培养美国艺术人才,让美利坚的英才俊秀在世界上占据应有的地位,向其他美国人民灌输真正的新教美德。

1829年,莫尔斯决定赶赴欧洲研习美术杰作,为日后他企盼的辉煌做准备。这个辉煌就是受委托给华盛顿特区国会大厦的圆形大厅画剩余的壁画。为此,1831年莫尔斯在巴黎画了一幅巨作,题为《卢浮宫画廊》(*Gallery of the Louvre*)。这幅画将卢浮宫所藏的38幅杰作浓缩在一张画卷上。莫尔斯想说明一个道理:经典是要学习的,但美国艺术家不能亦步亦趋地仿效,应该像《卢浮宫画廊》这幅画的作者那样(就是莫尔斯自己),从早期绘画大师的作品中汲取精华,而后自

---

* 美国长老会因奴隶制问题于19世纪30年代后期分裂为两派,一派主要在北方活动,被称为新派;另一派即旧加尔文派(Old Calvinist)。——译者

成一体,创出美国风格。莫尔斯回国后,便把《卢浮宫画廊》拿到纽约展出,结果大败而归。为圆厅绘制壁画的任务也改交其他的画师了。自那以后,莫尔斯改行研究电报技术,想用它让信奉新教的美国强大起来。通信技术一定是执行神意的工具,传送着和平与爱的信息,使美国获得救赎。1844年,莫尔斯向国会演示了他的电报机,发出的第一条消息是"上帝创造了何等奇迹!"这绝好地反映了莫尔斯的信念。

莫尔斯学画曾师从美国最正宗的浪漫派画家奥尔斯顿(Washington Allston)。他于1810年和奥尔斯顿相识在波士顿,彼此做了一辈子好朋友。他们认识刚一年,奥尔斯顿就鼓励莫尔斯动笔画他的描绘美国历史大事件的第一幅作品——《朝圣者在普利茅斯登陆》(*Landing of the Pilgrims at Plymouth*)。同年,莫尔斯和奥尔斯顿夫妇一起到欧洲旅行,那是他第一次旅行。奥尔斯顿生在南卡罗来纳州,相貌英俊,在哈佛大学受的教育,1801年他的继父去世后,奥尔斯顿变卖家产,以支持绘画事业。奥尔斯顿早年到过伦敦,跟英国皇家学院的院长韦斯特(Benjamin West)学画。然后在1804年,奥尔斯顿途经巴黎前往罗马,在那儿遇到了华盛顿·欧文(Washington Irving)。欧文后来写道:"我好像还未有过一见倾心似的经历,但见他身材俊朗,朝气盈盈,一双大眼湛蓝碧透,满头青丝如浪似波,面容白皙,神情丰富,足见心意。我俩之间顿生年轻人的亲密感。在我逗留罗马期间,常相与为伴……一起观赏绘画精品,他教我如何赏画,过目的往往是杰作,其余皆略去不看。"看奥尔斯顿画的《意大利风景》(*Italian Landscape*),就知道意大利对他的画作影响极深。光影、色彩、古迹、山乡风景,杂合着文艺复兴、中世纪和古典风格的建筑,还有意大利农民的田园生活,完全将这个清纯的新英格兰小伙子迷住了。

1805年,奥尔斯顿认识了英国浪漫主义诗人柯尔律治(Samuel

Taylor Coleridge），还为他画了肖像。后来，奥尔斯顿把柯尔律治敬为自己的思想导师。两人相识的时候，柯尔律治戒鸦片还没成功，正受煎熬。那年柯尔律治43岁，已经是著名诗人，他的诗作《忽必烈汗》（Kubla Khan）和《老水手吟》（Ancient Mariner）是无人不晓的名篇。不过，他酗酒，还欠了一屁股债，婚姻生活也不幸，膝下有三个孩子。他要在宾夕法尼亚的萨斯奎哈纳河畔创建一个乌托邦公社，但最终没成功。另外，他患有忧郁症，而且很严重。[他造了一个词叫"心身病人"（psychosomatic）。]

1804年，柯尔律治逃到马耳他，一是想戒掉鸦片（他特别喜欢蘸着白兰地吃鸦片），二是想离老婆远点。在那，多亏一位有权势的熟人相助，柯尔律治找到一份差事——给英国内务长官鲍尔（Alexander Ball）当秘书。他住进马耳他首府瓦莱塔的总督府，食宿免费。工作压力不大，主要是替鲍尔写写发往伦敦的公文。尽管柯尔律治总是不停地抱怨哀叹自己身体太差，戒鸦片太痛苦，日常交际太单调，自己写不出新诗，但是当地的气候和乡村风光还是让他感觉很受用，他有几篇散文佳作就是在马耳他写的。不过，他也觉察到了死亡的最初悸动："真理，我感觉到了；以前我可从未看清它的面目。它在马耳他与我邂逅，我忽然意识到自己已是个大人，不再是孩童，不再为少年，'年轻人'与我已成天壤，一股凄苦和悲凉涌上心头。教我如何不悲耶？何时生活如御风飞行，我全然是一少年。而现在，举手投足皆透着悲凉凄惨。"他回到英国时，朋友威廉·华兹华斯和玛丽·华兹华斯（William and Mary Wordsworth）去看他，觉得他的状况还不如以前。

柯尔律治从他所写的公文里看出，他来马耳他来的并不是时候。拿破仑（Napoleon）[10]放弃了路易斯安那[11]，又丢掉了圣多明各，肯定会把注意力转向地中海，鲍尔发往国内的公文一再强调，马耳他的战略地位非常重要。鲍尔还向英国政府进言，将阿尔及尔、突尼斯

10	43	59
10	59	103
10	112	195
11	67	121

和的黎波里变为殖民地的时机已经成熟。"所有殖民地生产的农产品,这几片地方都能长出来。"他还说,俄国和法国都在觊觎马耳他,马耳他决不能让他们占去。当时的马耳他阴云密布,危机四伏。马耳他人要闹独立,俄国和法国的间谍遍地活动,美国海军有一个中队驻扎在马耳他,由海军准将普雷布尔(Edward Preble)指挥。普雷布尔手下有个年轻军官,名叫迪凯特(Stephen Decatur)[12]。1804年,迪凯特率领一小队人马,大胆奇袭的黎波里港,一举摧毁了美国与的黎波里战争期间因搁浅而被俘获的美国护卫舰"费城"号。柯尔律治有一次去西西里旅行,遇见这两位勇敢的美国人,还和他们一起吃饭。随后几年,柯尔律治常跟朋友讲他们的英雄事迹,一讲起来就兴致勃勃。

海军少将鲍尔是柯尔律治的老板,12岁就参加了英国海军。他跟柯尔律治说,当年是看了《鲁滨孙漂流记》(Robinson Crusoe)才有了参军的想法。看举止神态,鲍尔不像水手反而像学者,书生气足,爱思考。他曾在加勒比海、美洲和纽芬兰服役。1783年他请假一年,前往法国学习法语。在法国,有一回他去圣欧麦*参观,遇到一个年轻舰长,鲍尔后来的命运便和这个年轻人紧紧地连在了一起。不过当时他们俩都等着对方主动联系,结果谁也没找谁。此后,鲍尔先去英吉利海峡服役,再到纽芬兰,接着又驻扎在离法国海岸不远的地方。1798年,他被派到地中海。在那儿他再次遇见了那位他没在圣欧麦与之礼尚往来的年轻舰长。那时,英国人认为拿破仑很快就要来入侵,所以派出大批战舰在英吉利海峡的法国港口外和法国大西洋沿岸地区巡逻。听说拿破仑正在土伦集结一支舰队去地中海,英国赶忙派一支舰队去封锁土伦港。

---

* 圣欧麦位于法国北部巴德加莱省。——译者

4月，一支小型舰队又被派去为封锁土伦的舰队助阵，指挥员就是鲍尔在法国见过的那个年轻人——纳尔逊（Horatio Nelson）舰长，现在是海军上将，英国海军里一颗极速升起的新星。纳尔逊的舰队刚到土伦，就遭遇一场暴风，舰队被吹向南方且被吹得七零八落。在撒丁岛附近，纳尔逊的旗舰的主桅断了，索具帆缆也丢了许多；滔天巨浪狠命地将旗舰推向一片礁石密布的海岸。关键时刻鲍尔率他自己的舰赶来，他不顾纳尔逊的命令，坚持拖着纳尔逊的旗舰前进。后来旗舰的舰长报告说，鲍尔用喇叭喊话，"语

图2　英国的大英雄、海军上将纳尔逊。他在特拉法尔加战役中被一名法国狙击手射杀，享年47岁。

气十分严肃，却无半点慌乱……'我有把握把你们全救出来，还有全能的上帝在，我决不会把你们丢下。'"这次营救行动之后，鲍尔的名字就频频出现在官文中。纳尔逊一生短暂，劫后余生的他和鲍尔成了莫逆之交。

趁此机会，拿破仑的舰队悄悄开出土伦，直逼埃及。航行途中，拿破仑派一支分遣队攻占了马耳他。鲍尔被派去夺回马耳他，这次派他去是纳尔逊极力赞同的。鲍尔围攻两年，终于将马耳他夺回，继而他被任命为马耳他总督。纳尔逊率部追上拿破仑，在尼罗河打了一仗，击败法军，然后返航至那不勒斯做检修维护。在那不勒斯，纳尔逊第5次坠入了爱河［前4次与他相好的分别是魁北克宪兵司令的女儿、牧师的女儿、安提瓜总督的老婆，还有圣尼维斯议会长的侄女范妮·尼斯比特（Fanny Nisbet）］。1787年，范妮成了纳尔逊的妻子，这让纳尔逊的同僚们大失所望。有一位同僚说范妮有两大特点：一是模样长得好，二是"脑残得厉害"。

和范妮结婚10年后,大英雄纳尔逊来到那不勒斯。论形象,纳尔逊在欧洲地面上说什么也不可能是让人一见就眼热心跳的那类:他时年38岁,五短身材,胖墩墩的,头发花白,左臂残、右眼瞎,说起话来细嗓尖音,还带诺福克*口音。做自我介绍时,他总爱说:"我是纳尔逊勋爵,这(他示意那只好胳膊)是我的鳍。"

让纳尔逊热恋的那不勒斯情人是个已婚的英国女子,名叫埃玛·汉密尔顿(Emma Hamilton),时年33岁(老公还活着的时候,她就给纳尔逊当情人,后来还为他生了两个孩子)。埃玛有一段鲜为人知的身世,还有不穿内衣的习惯。她是英国驻那不勒斯公使、时年67岁的威廉·汉密尔顿爵士(Sir William Hamilton)[13]之妻。说起来,这个埃玛是汉密尔顿在1785年从他外甥格雷维尔(Greville)那儿接手的。格雷维尔当时穷得要命,汉密尔顿接手埃玛,为的是给外甥铺路,让他赶快娶个富家小姐,入赘豪门。埃玛并不知道汉密尔顿还有这等盘算,仅以为在那不勒斯住上半年,格雷维尔就会来接她。9个月过去了,埃玛见格雷维尔不来,便跟了老鳏夫汉密尔顿,两人遂成情侣。

为了讨埃玛欢心,汉密尔顿找人教她唱歌弹琴,带她到刚刚发掘不久的庞贝古城和赫库兰尼姆古城遗址参观,还带她攀登维苏威火山,参加很多茶话会,把埃玛介绍给当地的贵胄和那不勒斯王室。很快,埃玛凭着自己的"娱乐节目"出了名。她在节目里身着半透明的衣服,在多个古典舞台场景中亮相:阿格丽品娜(Agrippina)**抛撒日耳曼尼库斯(Germanicus)的骨灰、奥雷斯蒂斯(Orestes)***拿姐姐作祭献、俄狄浦斯(Oedipus)双眼被刺,还有(很受大众欢迎的)酒神巴克

---

* 诺福克位于英国东岸。——译者

** 即罗马帝国早期的阿格丽品娜(维普桑尼亚·阿格丽品娜)。她是屋大维的孙女,于公元5年嫁给提比略皇帝继承人日耳曼尼库斯。日耳曼尼库斯后来被谋杀于安条克。——译者

*** 奥雷斯蒂斯是希腊神话中阿伽门农之子。——译者

斯的女祭司(bacchante)"沐浴惊愕"。1791年,汉密尔顿回英国小住,并与埃玛结婚。之后,两人又回到那不勒斯,汉密尔顿继续在考古废墟中"收集"文物,然后将它们卖到伦敦。伦敦有个叫韦奇伍德(Josiah Wedgwood)的陶匠,看见汉密尔顿弄来的希腊和罗马花瓶,深受启发,于是一举开创新古典派[14]运动。

14　80　135

埃玛嫁给汉密尔顿的消息曾轰动一时。瞧瞧她的老底儿,就她!埃玛原名埃玛·莱昂(Emma Lyon),出身贫寒,是铁匠的女儿。她在威尔士长大,12岁时受雇给人当保姆。一年后,来到伦敦给著名的凯利(Kelly)夫人当女仆,不久就成了夫人的一个"女郎"。16岁,她跟着"保护人"哈里·费瑟斯通豪(Harry Featherstonehaugh)生活,后来哈里又把她交给了汉密尔顿的外甥格雷维尔。

还有一个传闻:埃玛曾在格雷厄姆(James Graham)医生的超级时尚保健馆当"女护士",去那儿的顾客可以接受电击治疗,"侍者"给客人服务的时候都穿着透明的衣服。德文希尔(Devonshire)女伯爵也是那儿的主顾。格雷厄姆的保健馆设在伦敦艾德尔菲大厦的亚当居,里面装饰得特别讲究。乔治四世(George Ⅳ)的击剑教练回忆说:"四轮马车停在这座现代的帕福斯大殿*的门前,殿门两边都有一群群打量来人的人,他们要看看来客是谁,不过女士的脸都遮着,看不出来是谁。门两旁站着两个高大魁梧的门房,每人手执一根长棍,棍头佩有银饰,同那些教区助理员手里拿的木杖差不多。他们穿着漂亮的制服,头戴一顶镶金边的大三角帽,每个人都有近7英尺**高,他们的职责就是维持门口畅通。"顾客走进保健堂,能看见大堂上方悬挂着一个硕大的金星,每个房间都装饰得富丽堂皇,窗户全是彩色玻璃,

---

* 帕福斯位于塞浦路斯岛西南部,是崇拜阿芙罗狄忒和史前生育之神的遗址。——译者

** 1英尺约为0.3米。——译者

空气里飘荡着音乐和芬芳。在这样舒适宜人的环境里,精英人士接受各种治疗,如神经乙醚熏香、电乙醚、帝王丹等。那颗金星是一个技艺精湛的锡匠为格雷厄姆做的。堂内有电磁神床,没有孩子的夫妻躺在该床上行房时可以接受电击,据说电几次可保证怀上孩子。

格雷厄姆会对电那么感兴趣,也许与他以前跟富兰克林(Benjamin Franklin)[15]聊过几次有关。1779年,格雷厄姆在巴黎认识了美国驻法公使富兰克林。那时的电学还处在边揣摩、边摸索、边实验的阶段。1720年,英国的格雷(Stephen Grey)让一个悬吊起来的小男孩带上了电荷。1743年,德国黑尔姆施塔特大学的克吕格尔(Johann Kruger)教授认为,让一股"电素"(effluvium)通过身体可能有益于健康。拉岑施泰因(Christian Ratzenstein)认为,电击能使脉搏加快,增强血液循环。克维尔马尔兹(Samuel Quellmaltz)称他用电治好了手部麻痹,病人都能弹琴了。连卫斯理(John Wesley)那样德高望重的人士也建议用电击治疗神经失调。1777年,伦敦的圣巴特罗缪医院订购了一台电动机器。现在人们常说格雷厄姆是个庸医,但是想想那个年代,看病用药多半还在连猜带蒙、云来雾去阶段,跟那时的其他人相比,格雷厄姆庸也庸不到哪儿去。此外,他在爱丁堡大学接受过正规培训,那儿有英国最好的医学院,且格雷厄姆还听过一代宗师布莱克(Joseph Black)的课呢。

布莱克有鸿鹄之志,年仅27岁便蜚声世界。1755年,他发表了一篇论文,详细叙述了将石灰石煅烧成苛性生石灰的实验。这一研究的意义可是非同寻常:那时治疗肾结石普遍使用苛性药。此前人们一直认为,生石灰的苛性是煅烧形成的,但布莱克的实验证明不是那么回事,一举改变了化学的进程。他发现,加热石灰石时,它会放出一种气体,而剩下的就是生石灰。这种气体可以再和生石灰化合,重新生成石灰石,而且这个化合和重新化合的过程可以无限次重复。

每次化合时，参与化合的物质成分的体积和重量都保持不变。

布莱克还有一项改变世界的发现，那是他研究蒸馏过程时作出的。1707年苏格兰和英格兰合并，此后苏格兰威士忌的市场迅速扩展。酒商们忙着想办法降低成本、提高产量。布莱克把研究重点放在寻找节省燃料的方法上。他就液体汽化所需的热量问题进行了多次实验，发现了潜热。潜热可解释蒸汽为什么要达到极高的温度才形成和为什么酒厂要用那么多冷水使蒸汽冷凝。

潜热的发现也让瓦特（James Watt）[16]（布莱克在格拉斯哥大学教书时，瓦特在那儿工作）弄清了纽科门蒸汽机效率低下的症结。他当时正在修理一台纽科门蒸汽机，这种蒸汽机的汽缸是用水冷套筒冷却的。进入汽缸的蒸汽即刻冷凝，造成局部真空，缸内气压降低，缸外大气压推动活塞向下运动。活塞杆和汽缸上的回转轴的一端相连。活塞下行时，转轴的另一端上行，将一根连着抽气泵的拉杆提起。问题是，高温蒸汽不断加热活塞，致使活塞每做一次往复运动，蒸汽的冷凝效果就差一些；当汽缸升温到一定程度后，冷凝便无法再继续，整个装置的运动就停止了。布莱克的实验提示瓦特：必须把汽缸和一个单置的冷凝室（办法就是浸在冷水里）相连，这样滚烫的蒸汽既能在冷凝器里冷凝，又不会加热活塞。瓦特的蒸汽机之所以大获成功，靠的就是这种分离式冷凝器。

1769年，瓦特和布莱克合作，在爱丁堡外的金内尔宫完成了几项重要实验。那里是汉密尔顿家族的公爵领地，当时由一位成功的企业家罗巴克（John Roebuck）[17]博士租用。罗巴克曾是布莱克的学生。他拥有一座煤矿，挖出的煤运到他的卡隆炼铁厂做燃料。因为煤矿水患严重，所以罗巴克希望瓦特研制出的蒸汽机可以解决这个问题。不料，煤矿提前发生透水事故，导致罗巴克破产。可此前不久罗巴克才开始资助瓦特搞研究，还替他还了债，当时说好的条件是瓦特蒸汽机的专利算他一份儿。1772年,罗巴克破产了,便把他持有的那一份瓦特发明的专利权卖给伯明翰的鞋扣制造商博尔顿(Matthew Boulton)[18]。瓦特正找合伙人,最终遇到了博尔顿。博尔顿和瓦特合力让蒸汽机变成了启动工业革命的火车头。

再说罗巴克,他也为工业作出了自己的贡献:发明了一种制取硫酸的新工艺。从学校毕业不久,罗巴克就发明了精炼贵重金属的新方法,这种工艺需要用硫酸。1749年,罗巴克在爱丁堡附近的普雷斯顿潘斯建造了一套新型的硫酸制造设备。以前制造硫酸需要在水面上方燃烧硫磺和硝石,然后在玻璃球皿内冷凝烟雾得到酸。罗巴克把玻璃球皿换成小铅室,这一做法使硫酸的生产成本降低了3/4。

随着纺织工业逐渐实现机械化,硫酸的市场需求也稳步增长。1760年,凯(John Kay)发明的飞梭已经被广泛使用,纬纱产量翻了一番。又过了差不多10年,哈格里夫斯(James Hargreaves)发明珍妮纺纱机*,一台珍妮纺纱机纺的纱锭比一个纺纱作坊纺的多几倍。1769年,阿克赖特(Richard Arkwright)发明水力纺纱机,用水力推动机械转轴抽出棉纱。1779年,克朗普顿(Samuel Crompton)发明骡机,把珍妮纺纱机和水力纺纱机的优点结合起来,实现了纺织的机械化。用骡机纺出的棉纱非常精细,可以织出上好的平纹细棉布。这时候,棉花的市场需求量剧增,1791—1800年,原棉的进口量翻了两番。

棉花产量的增加刺激了市场对漂白剂的需求。在罗巴克漂白布匹的新方法问世之前,传统漂白法(去掉布匹自然的灰黄色)是在漂白场里漂白。每年的3—9月,人们把需要漂白的布用发酵的牛奶浸透,然后铺在漂白场里,晾6个星期使其变白。若用罗巴克的稀释硫酸只需要24小时就能把布漂白,而且很便宜。1785年,法国化学家贝

---

* 珍妮纺纱机又名多轴纺纱机。——译者

托莱（C. L. Berthollet）发现，氯气是一种很有效的漂白剂。瓦特把氯气漂白法介绍到苏格兰，需要漂白的布挂在充有氯气的屋子里漂白，当然常有漂白工人吸进氯气被毒死。后来在1799年，坦南特（Charles Tennant）用氯气与熟石灰反应，生产出了第一批安全又便宜的漂白粉。

有了漂白粉，雪白的纸张很快不再是稀罕物。以前，纸的颜色差不多就是造纸所用的碎布头掺合出的颜色。大家会发现，英国以前的纸都有些发灰，美国的早期文献资料使用的纸张颜色也较暗浊。纸是这样造出来的：先把碎布捣碎做成纸浆，浸在水里发酵，再次捣碎，而后用丝网作帘荡料，笼出水分，最后把沥水纸浆卷在毡布和热滚筒之间焙干。这就是法国人罗贝尔（Louis Robert）在1799年发明的早期造纸工艺。用他的造纸机造出的纸张幅宽符合壁纸的要求。壁纸是那时欧洲需求量增长最快的装饰材料。巴黎的《发明杂志》（*Journal des Inventions*）报道说："壁纸外观漂亮，干净、清爽，也雅致，比过去繁杂的装饰效果好。另外，壁纸不生虫。如果能上一层清漆，则可以长久保持明快风貌和色泽魅力。还有一个好处，壁纸可以常换常新……由此，人们会更爱装饰自己的居所，经常打理，让居家环境变得更使人惬意，更令人眷恋。"

罗贝尔本想以造纸为业，但没做成，原因是他在法国找不到资金支持。于是，他把造纸专利卖给了以前的老板迪多·莱热（Didot Leger）。迪多的小舅子是个英国人，叫甘布尔（John Gamble）[19]，他把专利带到英国。1808年在伦敦附近的弗洛格摩尔，富德里尼耶（Fourdrinier）兄弟在自己的造纸厂里安装了第一套完全按照罗贝尔造纸工艺设计的设备，而且运行成功。1836年，英国政府废除了高额的壁纸税，壁纸从此开始大量生产。1839年，达尔文壁纸厂的波特（Harold

19　113　196

Potter)改进了动力滚筒印刷机。1850年,印刷机已经能够印出套准*精度很高的八色图案,每天印量达54 000英尺。这个技术对壁纸行业的影响太大了:1834—1860年,壁纸总产量由100万码**增加到900万码,而价格却直线掉落。曾经的奢侈品也能走入寻常百姓家了——只要不是太穷。

英国人莫里斯(William Morris)使用新型印制技术,首次把壁纸送进中产阶级家庭。莫里斯毕业于牛津,手头阔绰;和同龄人一样,他深受英国工业时代的社会状况的影响。19世纪头几十年,快速实现工业化造成了很多社会矛盾,过度拥挤的居住条件,以及富有的厂主同被剥夺了权利、在贫困中挣扎的工人之间日益扩大的贫富差距,使社会矛盾激化。19世纪中期,英国政府多次进行社会调查,揭示了矛盾的深度和广度。莫里斯和朋友们不忍看城市的种种恶相,转而研究中世纪艺术和建筑。在他们看来,中世纪是一个纯真年代,手艺人体现着一种独立、创造的精神,他们身怀绝技、信步天下,又有行业协会保护,不受剥削之苦。

于是,莫里斯发起了新艺术、新手艺运动,他要把中世纪的温馨和光明散播给城镇里的千家万户。1877年,他的公司设在牛津街的展厅开始展览"传统的"家具、挂毯和壁纸,壁纸上面有简单的花草植物画案,全是仿效中世纪的设计样式。这种风格彻底改换了公众的品位。一位社会评论员写道:"房间是人每天都要待的地方,但装饰房间墙壁是否一定要挂上一幅幅图画,恐怕值得商榷。试想一下,一个商人一身疲惫地回到乡下的家……万难想象,依他当时的状态,他会聚起精神打量屋里的装饰画。但是不难想象,要是整个房间装饰得有韵味、很协调,而他又很满意的话,他一进屋,屋里的氛围马上会

---

* 套准是指两个或两个以上的印刷图像彼此准确覆盖。——译者
** 1码约为0.9米。——译者

让他心旷神怡。"

莫里斯还把自己的艺术观念融进个人的政治生活。他的艺术所蕴含的乌托邦精神反映了他的社会主义信念,这种信念驱使他投身于他所说的反抗资本主义的"圣战"。1877年,他开始为工人们举办系列讲座,抨击维多利亚社会的价值观。1883年,受马克思(Marx)关于产业工人异化论的启发,他加入了民主联盟(Democratic Federation)。他走上街头,向路人兜售联盟办的周报《正义》(Justice),还与马克思的女儿埃莉诺(Eleanor)一起加入联盟执行委员会。1884年,民主联盟打算转变成一个正统的党派,莫里斯与它分道扬镳,另行组建社会主义同盟(Socialist League)。但是,过了一段时间,这个同盟又被无政府主义者闹得不亦乐乎,莫里斯再度离去,在伦敦的汉莫史密斯创立了社会主义者协会(Socialist Society)。

协会多次举办音乐晚会,高唱社会主义歌曲,作曲家霍尔斯特(Gustav Holst)*担任指挥,两名协会会员弹奏钢琴二重奏。其中一位弹奏者时年27岁,名叫萧伯纳(George Bernard Shaw),后来当了记者。他衣着破旧,开花的袖口是用剪子修齐的,脚上穿一双破靴子,身上披一件古旧外套,下巴蓄着一把红胡须,一张嘴一口爱尔兰土话。另一位弹奏者是莫里斯在民主联盟时的盟友、同样魅力超凡的贝赞特(Annie Besant)。

那时的贝赞特已是知名的社会活动家。15年前,她因牵涉一起案件,被送上法庭受审。这个案件是19世纪家喻户晓的案件之一。1877年,因为再版美国作家诺尔顿(Charles Knowlton)[20]40年前写的小册子《哲学的果实》(Fruits of Philosophy),她和本国世俗会的布拉德洛(Charles Bradlaugh)被判6个月监禁,并处以罚款。这本小册子

---

* 霍尔斯特(1874—1934),英国作曲家,代表作为《行星组曲》。——译者

图3 贝赞特，自由派思想家、社会改良家、卫生学家，曾与萧伯纳一起弹奏钢琴二重奏。

里有教年轻夫妇如何避孕的内容，讲得很详细。贝赞特和布拉德洛被指控出版淫秽读物而受到审判。庭审期间，贝赞特和布拉德洛慷慨陈词，据理力争：生活水平和卫生状况的逐步改善必然会造成人口过剩这一新的危机；贫民窟过度拥挤的居住条件及淫乱不羁的状况；贫困是每三个新生儿就有一个夭折的高死亡率的根源；宣传避孕是无罪且自由的。结果是，贝赞特和布拉德洛还没离开被告席，法官就撤销了判决。贝赞特成了历史上第一位公开倡导避孕且不受处罚的女性。

1889年，贝赞特做了一名神智学者（Theosophist）。到1891年，神智学社*让贝赞特经营得有声有色。神智学派拒绝物质的东西，鼓励素食主义，追求普天下一切民族、种族皆兄弟的理想，研究人潜在的心灵力量，学习古今宗教和哲学理论。为实现这些目标，贝赞特于1893年定居印度，在贝拿勒斯成立比较宗教学中央印度学院。同年早些时候，她参观过芝加哥博览会[21]，并且和印度的神智学者一起出席了"宗教议会"的会议。只要是他们参加的会议，气氛都极为热烈，最后一次会议有4000与会者到场听他们讲演。神智学派的素食主义

---

* 神智学是一种倾向于神秘主义的宗教哲学，主张一元论，认为万物同根，皆出于心或灵，认为人的灵魂深处存在一种灵性实在，人可以通过直觉、冥想、聆听启示或进入超乎人的正常知觉状态与这个实在直接相通；当把握到这种实在时，人就了解了神的智慧，从而洞悉自然和人内心世界的奥秘。1875年现代神智学家勃拉瓦茨基夫人（Hehena P. Blavatsky）和奥尔科特（Henry Olcott）上校在美国创立神智学社。1879年他们来到印度，1886年在马德拉斯设立总部。神智学社与这一时期的印度民族解放运动、印度教复兴运动有关联。——译者

在美国极受欢迎。1850年,费城成立了第一个素食协会。1858年,杰克逊(Caleb Jackson)在纽约州的丹维尔成立了保健中心,以素食为原则,用冷水疗法治病养生。

1865年,丹维尔来了一位名叫怀特(Ellen White)的基督复临安息日会会员。两年前她曾有过这样一个幻觉:有人告诉她每天只吃两顿饭,不吃肉、蛋糕、猪油、香料,只喝水,吃面包、水果和蔬菜。到了丹维尔,怀特太太有了更严重的幻觉。这次有人告诉她建立另一个丹维尔。一年后,她和安息日会的会员们在密歇根的一个小城外买下一片7英亩*的农场,开办了自己的保健中心。

中心的规章很严格:言行举止要端庄,禁止下棋,多吃燕麦片布丁,多参加宗教活动,采用冷水疗法,饮食上忌烟禁茶。中心开业不久就遇到了经济困难。会员们想找一个新主管。最后他们选择了一个同住在这个密歇根小城的年轻人,此人14岁就开始为安息日会的印刷社排字。教会的长老们资助他学完了纽约贝尔维尤医学院的课程。1875年毕业后,他接手了当时名为"美西健康改良研究所"的保健中心。他上任的第一件事就是把研究所更名为"医疗与外科疗养院"。这位新主管在广告宣传方面很有眼光。经常见他一身白衣,好像从不睡觉,肩膀上常蹲着一只鹦鹉。他鼓励吃素,还创立了"古稀俱乐部"(取"养怡之福,可得永年"之意)。1914年,他又创立种族改善基金会。他在疗养院开设护理课、体育课和家政课,为病人提供病房服务,设健身房,餐厅里布置弦乐队演奏,在院内的草坪上举办轮椅病友联谊会。

不过,饮食上还有一个问题令他烦恼——"半熟的玉米糊糊作早餐,容易引起消化不良"。为此,他在疗养院的厨房里做起了实验。

---

* 1英亩约为4046平方米。——译者

1894年的一天,他把玉米蒸煮成糊,用两只碾子合在一起辗轧成片,再从碾子上将玉米片刮下来,焙干焙脆。1895年3月他在安息日会大会上展示了他的发明,从此改变了安息日会信徒们的生活,继而也改变了全世界人民的生活。养生馆位于密歇根小城拜特尔-克里克,新主管名叫凯洛格(John H. Kellogg),他的发明叫"脆玉米片"。

2 取名趣事

过去,早餐就像文化,有多少种文化就有多少种早餐。有几样早餐在世界各地的餐桌上还能见到,比如印度的玉米煎饼和咖喱饭,英国的血布丁和炸薯条,美国的华夫饼干和枫糖,德国的冷火腿和奶酪,哥伦比亚的肉菜汤等。不过,这些极具当地特色的饭食放在今天好像有些不合拍,还没等到一浪又一浪劝观众如何"吃出健康"的电视广告迎头扑来,它们已经开始淡出人们的生活。现在,早餐食品市场已经全球化了。你到世界任何一个地方的任何一家商店,差不多都能买到早餐麦片。

用玉米制玉米片,每100千克玉米要脱掉18千克的玉米芯。玉米芯用途可是不少。20世纪初,人们用它来提高地面覆盖物和土壤的含水量;用它来填垫湿地;用它作家畜家禽的饲料、家禽的褥草。它还是一种温和的研磨材料,人们常用它来擦汽车的挡风玻璃,甚至将其制成软质砂粒,用于航空引擎金属部件的喷砂清理*。

不过,真正让玉米芯改变世界的人是19世纪德国的化学家德贝赖纳(Wolfgang Dobreiner)**。德贝赖纳出身卑微,后来成了一个没拿

---

* 玉米芯抛光颗粒可用于研磨、抛光、喷砂,具有不破坏工件的表面、不产生氧化痕迹等优点。——译者

** 指约翰·沃尔夫冈·德贝赖纳(Johann Wolfgang Dobereiner),原文姓氏拼法有误。——译者

到药剂师出师资格的化学品制造商。30岁时他有幸认识了歌德(Johann Wolfgang von Goethe)[22],两人成为好朋友。歌德当时是德国耶拿大学技术学院的主管。技术学院的靠山是撒克逊-魏玛的奥古斯特大公(Grand Duke Carl August),可能是他批准聘用德贝赖纳到耶拿大学工作的,他希望德贝赖纳会鼓捣出一些能赚钱的玩意儿。不管什么原因吧,1810年,当药剂师都不够格的德贝赖纳被授予了博士学位,成为耶拿大学的一名教员。22年后,他给玉米芯找到了一个新用途。

德贝赖纳处理玉米芯(不知道他是怎么处理的,为什么要处理)时,得到了一种琥珀色的化学物质,他取名为"糠醛"。一直到20世纪20年代,也就是在石油工业蓬勃发展、石油产品大举进入化学品市场之前,他的发现基本没用。20年代以前,大部分化学物质是从植物里提取的,所以石油工业的发展对农业并不是件好事。桂格燕麦片公司到处找门路想办法,从产品中挖钱。该公司发现,辗压、蒸煮燕麦壳,对之(以及其他作物的渣皮,如玉米芯等)作酸处理会产生糠醛,但这东西常被人忽略。随后又发现,糠醛经过加工,可以制成溶剂,用于炼油、制造合成橡胶和尼龙;可以用来调制治疗痛疽的药膏、消炎药;制作耐酸容器和金属行业用的模具;生产杀虫剂、烧烤用的木炭、除草剂和防腐剂等。

糠醛还能用作树脂黏合剂,把磨料粘在砂轮上。19世纪90年代之前,砂轮上的磨料(金刚砂或砂岩)磨损得很快。1891年,美国青年艾奇逊(Edward Goodrich Acheson)的一个偶然发现,彻底改变了磨具和照明的质量。艾奇逊以前干过计时员、铁路售票员、助理测量员、铁路机械师、油罐计量员。1880年,《科学美国人》(Scientific American)杂志登了一篇文章,说要雇人到爱迪生(Thomas Edison)[23]那里工作。艾奇逊读罢,深受启发。爱迪生在门洛帕克研究电灯已4

年了。1888年,艾奇逊在宾夕法尼亚的莫农加希拉自办了一个小发电厂。三年后,他用电弧炉把一股极强的电流通进黏土和焦炭的混合物(可能是想制造人工钻石)。他在熔融物质里看见几粒光亮的晶体。他把一块小晶体装在铅笔尖上,在窗玻璃上一划,玻璃居然被切开了。艾奇逊又用糠醛衍生物将许多磨砂晶粒粘在一只小轮子上,而后带着它去了纽约。他把这只粘砂粒的小轮子卖给一个钻石切割工。艾奇逊还给12 000名牙科医生寄发了广告传单,牙医反响十分热烈,热烈得让他有钱在1893年芝加哥博览会上租了一个展位。艾奇逊的砂轮在博览会上亮相,令公众大开眼界。

1893年的芝加哥博览会[24]是历史上规模最大的博览会。会期从5月份到10月份,有2100多万人到会参观。之前,博览会组织照明灯具的招投标,通用电气公司报价每盏灯13.98美元。参加招投标的还有芝加哥南部机器和金属公司的罗克斯特德(Charles F. Lock-steadt),他的报价是每盏灯5.25美元。最后,罗克斯特德拿到了合同。他找到威斯汀豪斯(Charles Westinghouse)[25]*,要对方制作[25]万盏灯。因为爱迪生握有白炽灯泡的专利,所以威斯汀豪斯另外设计了一种新型灯泡。爱迪生的专利是一体式灯泡,而威斯汀豪斯设计的是由两部分组成的分体式灯泡,一只玻璃灯泡和一个单独的气密玻璃插头。该插头带有电线和灯丝,接在灯泡的尾端。插头是气密的,外形像个毛玻璃做成的塞子。为打磨这届博览会所需的25万个玻璃塞,用掉了6万只小型艾奇逊砂轮。

艾奇逊称他发明的新式磨料为"金刚砂"。今天人们更熟悉它的化学名字——碳化硅。随着穿甲枪弹和炮弹的研发,这种物质(还有它的同类物质碳化硼)的国际地位越来越显赫。两种碳化物是人类

24 21 25

25 76 130

---

* 原文Charles Westinghouse有误,应为George Westinghouse。——译者

已知的最坚硬的陶瓷，其硬度仅次于钻石。用它们制成装甲，子弹击中它时，也只能在上面留下一个锥形的凹陷。子弹沿这个凹陷继续往前推，便会打进较柔软的装甲底衬材料中。因为锥形凹陷的面积要比弹体的横截面大，子弹的能量被面积较大的装甲分散吸收，所以冲击力大大衰减。与此同时，坚硬的碳化物使弹体碎裂，进一步分散了冲击能量。这些特点使防弹服大受欢迎，在20世纪60年代的越南战争期间，防弹服设计达到了极高的水平。越南战争中，防弹服用于保护空骑直升机的乘员和地面部队。空乘组披戴上装甲，伤亡率和死亡率分别降低了27%和53%。地面作战时，打白刃战的部队可以把手榴弹投在30英尺的近距离内，手榴弹炸死了敌人，却伤不到自己，因为他们所穿的防弹服能吸收爆炸的能量。

对穿甲武器的需求始于海军改木舰为铁甲舰之后。19世纪60年代，法国皇帝拿破仑三世（Napoleon Ⅲ）[26]要找茬儿打仗，伴着他挑衅的叫嚣声，法国第一批新式战舰——铁甲舰下水启航了。英国马上作出回应：造自己的铁甲舰。铁甲舰常用一英尺多厚的硬柚木作衬里，外面裹上两英尺厚的熟铁。在头几次铁甲舰对铁甲舰的海上遭遇战中，铸铁弹丸打在铁甲舰上的效果并不明显。英国第十八轻骑兵团的帕利泽（Palliser）上尉第一个想到制造前端带有硬鼻子的尖头炮弹。1879年智利和秘鲁打仗，一发帕利泽式尖头炮弹瞄准秘鲁军舰"威斯喀"号，一举击穿5.5英寸*厚的熟铁装甲，13英寸厚的柚木，0.5英寸厚的钢板。

19世纪80年代，美国研究人员芒罗（Charles E. Munroe）取得一项重大发现。芒罗一直研究火棉，他发现将一片火棉紧贴着一块钢片引爆，印刻在火棉片上的"美国海军"几个字就会原样复制到钢片

---

* 1英寸约为0.0254米。——译者

上。第一次世界大战刚爆发不久,德国实验员诺伊曼(J. Neuman)又发现,如果用金属给印刻的字镶个边,那么留在钢板上的字迹会更深。这就是"芒罗效应"。最终展现"芒罗效应"的是一种新型弹药,这种弹药的空腔里装有高爆炸药,空腔内衬着一层铜片;炸药在空腔的最远端引爆后,将内衬的铜片炸开,形成一股由高热气体和熔化金属构成的极细的射流,这股射流能轻而易举地穿透钢板。

第一次世界大战为研制高性能穿甲武器系统提供了动力,因为战场上出现了一种全新的武器装备。这种装备是英国人发明的,制造初期被列为绝密,官方提到它,都一口咬定它是专为俄国工厂制造的水箱。因为有这么一说,所以后来这种新式武器就被称为"水箱"(坦克)*。为什么要研制坦克呢?因为不久前战场上出现了两样新东西:铁丝网和机关枪。步兵被铁丝网缠住之后,常遭到机关枪扫射,伤亡巨大,所以一定要想办法快速突破铁丝网。于是,坦克应运而生,专门执行破网任务。

图4 第一次世界大战时的杀手锏。坦克侧面装有突出的炮座,上面装有机关枪。

* 坦克是英语词tank(水箱)的音译。——译者

1918年11月20日在康布雷*战役中,盟军首次使用坦克,改变了战场面貌。在连续的炮兵弹幕的掩护下,358辆盟军坦克缓慢地驶向被重重铁蒺藜网围护的德军阵地。坦克摆成"品"字队形发动攻击:三辆一组,一辆在前,另外两辆在其侧翼协同,每辆坦克为跟随其后的步兵提供掩护。坦克还可以携带柴束(成捆的树枝),用以填塞战壕。康布雷战役中盟军大获全胜。德军前线纵深13 000码,盟军步兵在坦克的掩护下,10小时内就前推了10 000码,俘虏德军8000人,缴获火炮100门。盟军伤亡很小。坦克的前途就这么定了。

坦克制胜的一个原因是能耐多、本领大。它身下装有两条履带,可以跨越壕沟、在松软土地上行驶,还能爬滩头,上堤岸,翻墙垣,过篱笆。它能轧倒小树、跨过1英尺深的溪流、攀爬湿滑的斜坡、撞倒6英尺的高墙,从15英尺高的地方摔下来照样能走。它能以每小时3英里的行进速度做上述动作。第一次世界大战结束时,马克Ⅴ型坦克的行驶速度已经提高到每小时5英里,可以在75英尺内转向。马克Ⅴ型坦克一共才生产了50辆,数量不多,但是它们却发挥了超乎寻常的作用。1918年,英军以59个师击败了德军99个师,为什么?因为英军有坦克,而德军只有"坦克恐惧症"。

1915年,第一辆坦克(代号"母亲")问世。这要归功于英军少将欧内斯特·斯温顿爵士(Sir Earnest Swinton)的一位朋友。这位朋友给斯温顿写信,提到美国的新式拖拉机,英军已经在使用它来拖运物资了。盟国一共购买了1200台新式拖拉机。这是一种履带式牵引车,基本不挑路面,哪儿都能走。它最初是在加利福尼亚州圣华金谷的斯托克顿附近研制出来的。那儿的土质很肥沃,但都是湿洼地,马站在上面会陷下去。木材商本杰明·霍尔特(Benjamin Holt)和查理·

---

* 康布雷为法国北方城市,位于斯海尔德河畔。——译者

霍尔特（Charles Holt）觉得在这样的条件下，人们十分需要一种能在湿洼地里跑运输的牵引车。一般车辆的轮子直径为6.4英尺，每个轮子同地面的接触面积（整车重量都压在这个接触面上）只有23英寸，而履带式车辆的优点是一条履带与地面的接触面积是普通轮子的3倍多，可将整车的重量分散开。1904年11月24日，霍尔特兄弟在测试他们发明的第一台蒸汽驱动的"履带车"时，一个名叫克莱门茨（Charles Clements）的搞摄影的朋友说履带车像条大毛毛虫（caterpillar）*。于是，1910年，兄弟俩在伊利诺斯成立公司，取名叫霍尔特·卡特皮勒公司（Holt Caterpillar Company）。

卖给欧洲同盟国的履带拖拉机是汽油驱动的，容易操纵，每条履带独立驱动。1917年，一款新型的120马力履带拖拉机问世。1925年，又一种新型的四缸履带拖拉机投入野外测试，它配有一台非常独特的发动机。这款新型发动机是一个德国人发明的，他已把它卖给了11个国家。俄国人把它安装在发电厂里；法国人用它为运河驳船，为潜艇提供动力；英国人将它装在战舰上；荷兰人将它装在客船上；而德国人则把它装在火车机车上。这种新型发动机优点很多：一是燃料利用率高，二是结构紧凑，三是可以冷启动，四是使用廉价燃料。它的发明人叫狄塞尔（Rudolf Diesel）。

狄塞尔1858年出生于巴黎，父亲是个装订工人。狄塞尔在慕尼黑工业大学学习时，师从冰箱的发明者林德（Carl von Linde）[27]。他以最佳的考试成绩从该校毕业，随后到瑞士温特图尔的苏策尔冰箱厂工作，然后开始卖冰箱，先在巴黎，后在柏林。1890年，狄塞尔已是知名的发明家，但他心里总惦着一件事：更换蒸汽引擎。他想设计一种热效率高又能使用多种燃料的发动机。1892年2月，他为新发动机申请了专利（起先他想给它取名叫"德尔塔"或"贝塔"，后来他接受妻

27 55 99

---

* 英语caterpillar一词有"毛虫"和"履带拖拉机"两个意思。——译者

子的建议,直接用他本人的姓氏狄塞尔命名)。狄塞尔发动机是一种内燃机,其工作原理是:将燃料注入汽缸,汽缸里的空气被高度压缩,当温度上升至800摄氏度时,即达到燃料自燃点。因为没有火花,所以不会在活塞冲程周期内发生误点火,因而系统效率很高。

对欧洲人来说,狄塞尔发动机的主要亮点是可以不用汽油而改用其他燃料。20世纪早期,欧洲国家几乎没有自己的石油供应,燃料成本很高。狄塞尔发动机可以使用多种液态燃料,如鲸油、动物油脂、石蜡油、页岩油、石脑油,甚至花生油。1897年,狄塞尔在卡塞尔演讲时提到该发动机的可用燃料中有一种极具吸引力,他说,只有使用普通硬煤作为燃料,发动机才能真正发挥潜力。也许这正是狄塞尔同奥格斯堡的一家发动机工厂签约的原因。工厂老板叫布兹(Heinrich Buz)。跟狄塞尔接洽生意的是布兹的合伙人——德国煤业大亨阿尔弗雷德·克虏伯(Alfred Krupp)。

克虏伯家族于16世纪落户于埃森,与当地一个枪炮制造商家族联姻,后来克虏伯一家也成了枪炮制造商。其后300年间,克虏伯家族在商场、官场都很活跃。和其他从商的德国旺族不同,克虏伯家族没有一人有自己的专业。1811年,弗里德里希·克虏伯(Friedrich Krupp)放弃香料生意,在埃森创办了一家钢铁厂。埃森有100多家煤矿,是兴办铸造业的上佳之地。1826年,14岁的阿尔弗雷德接管了钢铁公司(在跟狄塞尔签发动机合同的时候,阿尔弗雷德已经是公司的老板),当时其父弗里德里希把家族生意做到了快要破产的境地。其后20年,阿尔弗雷德饱受"疾患和心境阴郁不堪"的折磨之后,最终使企业走向辉煌。他的成功还得益于1834年成立的德意志关税同盟。该同盟创造了一个拥有2500万人的独立市场。1851年,阿尔弗雷德在伦敦水晶宫世博会上展出了一支6磅*重的钢枪,引起轰动。也是

---

* 1磅约为0.45千克。——译者

在这次博览会上,他还展示了世界最大的钢锭,其重量达到令人瞠目的4300磅。博览会令克虏伯一夜成名,更重要的是还引来威廉王子(Prince William)的注意。威廉王子当上国王后,授予阿尔弗雷德"橡叶红鹰勋章",这样的荣誉一般只授予凯旋的普鲁士将军。接着,克虏伯为德国新海军打造了核心力量:共建造9艘战列舰、5艘轻型巡洋舰、33艘驱逐舰、10艘潜艇。19世纪60年代初,克虏伯已经是欧洲最大的铸钢制造商,在欧洲主要城市都派驻了代表。克虏伯公司已经变为综合型企业,旗下有数个铁矿石矿、煤矿、钢铁铸造厂,还拥有多条铁路。

1890年,阿尔弗雷德雇佣工人达7万之多,但也面临着一些社会问题。要说这也没什么:处在一个正经历政治动荡的国家,自身拥有一支庞大的劳动力队伍,少不了会遇到社会问题。阿尔弗雷德是一流的管理者,他说过:"吾渴望规章,如雄鹿之渴望凉溪。"为了凝聚公司人心,他特意为工人们设计了在家里穿的制服,为他们提供医疗基金、丧葬基金和养老基金。他还在多处修建公寓房、招待所、学校、医院、食堂、商店、酒吧、游艺厅、澡堂,并修建了一座教堂和一块墓地。阿尔弗雷德十分反对马克思主义,认为他所推行的空前的福利计划就是要扼制社会主义的革命苗头。有一次,一些工人试办食品合作社,阿尔弗雷德就出钱买下所有店面,把它们并入公司的商店。他说:"必须保证每个工人想的就是工厂想的,就是工厂的利益,保证他们脑筋不发权,不去琢磨着弄点咖啡、烟草、糖、葡萄干做投机买卖。"克虏伯帝国是国中之国,工人们在里面一干就是一辈子。

克虏伯对付政治激进主义这一招令德国当时最有权势的人物俾斯麦(Otto von Bismarck)深受启发。1862年,俾斯麦出任普鲁士首相。两年后,两人在埃森碰到一起,当时俾斯麦刚在巴黎参加完谈判,正要回柏林。他们发现彼此竟有一些共同的爱好——爱马、爱

图5 "铁血首相"俾斯麦,他认为国家大事就要用"铁和血"来解决。

枪、爱树木,不愿与人交往。(俾斯麦在写给他太太的信中说:"我和树待在一起有话说,和人待在一起倒没话说了。")两人均有妄自尊大的毛病,专横跋扈,不择手段。俾斯麦一心要保护德国贵族地主阶层,反对革命者。他坚信,枪炮是帝王们的最后论据*。天造地设啊,他们俩算是碰到一块儿了。

1883年,俾斯麦在德国推行俾斯麦版的克虏伯式福利计划——国家医疗保险方案,向300万低收入工人及其家庭提供医疗和最长13个星期的病假工资。保险费由工人支付2/3,雇主支付1/3。如果工人因残废失去劳动能力,或者生病时间超过13周,则可以依据1884年通过的意外保险法案享受保护。1889年,俾斯麦为70岁以上的退休人员发放国家养老金,这在全世界也是头一遭。他还为任何年龄的成年人提供残疾抚恤金。他说,制定相关法律就是要消除社会主义的影响,"老有所养,有养老金作保障的人要比没有的人更知足,更易于管理。"他还说:"那些在社会主义计划里讲得合情合理而在现时的国家与社会条件下又能实现的东西,我们一定要想办法实现。"不过同时,俾斯麦实行严刑峻法,钳制社会主义分子,禁止罢工,将党派活动的积极分子投入监狱。

为便于执行和管理这些社会政策的主要法规,俾斯麦下令对德国进行大规模人口普查,采集综合性数据。经过200年的发展,德国的贸易和工业化水平有了长足进步,人口普查的次数也随之增多。

---

* 源于法国路易十四刻在大炮上的铭文"王者的最后论据"(ultima ratio regum)。——译者

17世纪时，人口数据的收集方法较为粗糙。例如，要大致了解一个居民区的人口年龄分布和性别分布，就用预设的家庭平均人数乘以烟囱的数量。另一个方法是把教区教堂的洗礼和丧葬记录找出来，分析有关出生人数、死亡人数的数据资料。在俾斯麦时代，统计学在数据分析中增加了确定性度量。对敌人而言，人口调查数字可能具有潜在的军事价值，所以这时候它成了关系国家安全、民族安危的重要资料。

有一个人对俾斯麦的首席统计师恩格尔（Ernst Engel）影响很深，他让整个社会统计学研究旧貌换新颜，此人就是比利时天文学家凯特莱（Adolphe Quetelet）。1796年，凯特莱生于根特，家境一般。父亲去世后，凯特莱在当地一所学校任数学教师。24岁时，凯特莱因才华卓著，在布鲁塞尔书苑谋得数学教授一职，还被接纳为比利时皇家科学院院士。在随后的50年里，凯特莱一直是比利时科学界的风云人物。1820年，凯特莱带头要在布鲁塞尔建一座天文台，为此他四处考察，学习天文学知识。1842年，天文台建成了，凯特莱在天文台做常驻天文学者长达42年。其间，他对流星雨、太阳黑子及潮汐的出现规律进行了多次观察，并着手收集整理每小时的气象观察情况。正是有这些研究作基础，1853年的第一届国际气象大会才选在布鲁塞尔[28]召开。

凯特莱扩展了自己的观测范围，研究各种现象出现的周期性，如日平均温度、发芽、落叶及开花的时间等（他注意到，按上年最后一次霜冻计算，日平均温度的平方之和达到4262摄氏度时，丁香花就会开放）。凯特莱立志要找出隐藏在貌似杂乱无章的自然界背后的秩序。

凯特莱做上述工作时，常常用到他的天文学研究经验。那时候天文学的测量和观察技术可能比其他学科都发达。比如，天文学家常用的一种数学工具对处理天文数据极有价值，因为这些数据一般都是由单独观测某一天体获得的,它反映了天体运行时看似不规则的特性。这个工具就是(消除数据误差的技术)"最小二乘法",最初应用于天文学,用来推算某一颗行星或流星最有可能出现的位置。因为对它们运动情况的观测次数实在太少了,无法获得连续的数据资料。高斯(Friedrich Gauss)曾经运用最小二乘法预测了一颗新发现的小行星谷神星(Ceres)的位置,而当时观测者刚对它的运行轨迹做过三次测算,它就消失了。

1826年,凯特莱担任比利时统计局的区域通讯员,开始了一项令他彪炳史册的工作。他对统计学作出的最伟大贡献是提出了"平均人"(average person)的概念。他认为,如果能用数学方法再造这个"平均人",那么社会物理学这门新学科就一定能揭示制约人类行为的自然法则,这样就有可能识别偏离规范的情况,继而可以从一切社会规划中剔除臆测成分。他说:"偶然性这个充满神秘色彩的、被滥用的词儿,其实就是一块掩盖我们无知的遮羞布。"1831年他发表著作《人的成长》(*The Growth of Man*),这是一份人体生理数据的统计调查报告。同年,他还发表了探讨个体犯罪倾向的著作《犯罪倾向》(*Criminal Tendencies*)。1835年他的代表作《社会物理学——人及人的能力发展》(*Social Physics: Man and the Development of His Faculties*)[29]问世,书中对人类行为的各个方面做了精确细致的分析,为近代社会学奠定了基础。

1832年,凯特莱应邀到英国剑桥大学参加新成立的英国科学促进会第三次大会。其间,一小批对统计学感兴趣的科学家和数学家召开小会,讨论凯特莱研究自杀和犯罪问题的著作,最后建议英国科学促进会设立一个统计学部。不过,协会成员并非全都赞成这个提议。协会主席塞奇威克(Adam Sedgwick)作大会总结发言时说,要设立统计学部,该部就必须遵守严格的规定:"只要我们超越了适度的界限,步入本不属于我们的领域,开启一扇与无聊的政治圈子打交道的门,那么纷乱的恶魔马上会乘机闯进我们的哲学伊甸园。"

尽管有这样那样的反对意见,英国统计学会的前身还是于1834年成立了。赶早不如赶巧,哪一门学科都不如统计学这么生逢其时。随着工业革命的开展,城市化步伐加快,成千上万的工人涌入城市工厂做工。他们的生活条件恶劣得难以形容。常见数千口人挤在廉价的公寓楼区里,庭院里污水遍地。许多家庭常栖身在地下室,里面的积水深及脚踝,而且经常是十来个人挤一间屋子。在这种境况下滋生卖淫和淫乱也在所难免。19世纪30年代,社会不满情绪非常普遍。中产阶级已对爆发革命有所警觉,转而向统计学寻求对策。

那时展开社会调查,与其说是为了改善产业工人及其家庭的生活境遇,不如说是为了查清道德衰退的原因。为什么道德会沦丧到了工人们敢不服管的地步?数学也许能计算出管束民众的办法。于是,大大小小的调查开始了:查查有多少妇女能编织,多少人会唱欢快的歌,多少人有藏书会识字,多少人有保险,多少人家里墙上挂有装饰画。调查另外想搞清楚工人的宗教信仰状况,手里有多少张"情色"画片,多少人种花,多长时间理一次发,等等。

理发师改变了新成立的英国统计学会会长的人生轨迹。会长名叫巴比奇(Charles Babbage),参加过凯特莱在剑桥开会时组织的那个研讨小组。那时,巴比奇已经是英国著名的科学家。即便在维多利亚时代,巴比奇也算是一个非凡的全才:既是发明家、数学家、哲学家、科学家,又是直言不讳的科学批评家、图书评论家、政治经济学家、社会名流、空想家和多产作家。他有多项发明:监控铁轨状况的记录器、航船通信灯、检眼镜、能在地图上画虚线的转盘式画笔、同轴电缆信息传送系统和能在水面行走的鞋等。他还提出过多项设计:拖船、靠压缩空气驱动的潜艇、潜水钟、高度计、地震仪、水翼艇、能形成人造日食的日冕仪、列车车厢的快卸接头、连通伦敦和利物浦两地的传声筒，以及火车车头用的两种排障器。

1819年巴比奇去了一趟法国，其间，听说法国刚刚采用公制，德·普罗尼男爵（Baron De Prony）奉命为公制系统编制一套新的对数和三角函数表。为此男爵召集了一群"计算机"，帮他做加减法，运算了成千上万次。那时候法兰西是个崭新的共和国，花里胡哨的贵族发型已不时髦了，所以男爵选用的那群"计算机"里有不少是失业的理发师。巴比奇没想到法国人为了编制数学用表，竟搞这等"脑力劳动分工"，很是震撼，于是萌生了一个想法：加减法能不能实现自动运算呢？随着商业不断发展，每天要编制新的调查报告和表格，极易出现人为错误，一出错可能就要损失钱。1834年，科学作家拉德纳（Dionysius Lardner）写道：随机抽取40卷数字表查看一下，错误不下3700处。巴比奇估计，这类错误每年给政府造成的损失高达300万英镑。

1834年，巴比奇找到了解决问题的办法：他研制出一台能自动进行加减运算的机器。之后他又设计了一台更先进的能做乘除法的机器（即"分析机"），它就是现代计算机的雏形。该机器的核心部件是一组转轴，每个转轴上装有一串能独立转动的齿轮，每个齿轮边上标有0到9的10个数字，代表10个数字构成一组。齿轮借助复杂的连锁转轴和凸轮彼此推动，做加减乘除运算。运算结果通过机器外壳上每个齿轮旁开的小窗显示出来。分析机还能利用已存储的程序进行复杂计算。加减运算需要几秒钟，乘除运算需要几分钟。

计算操作由打孔卡片控制。一个常数可以用一张"数字卡"输入，参与机器运算。一张"变量卡"可规定一个数字要设定的转轴，或者将数字送进"作坊"（其实是存放加减乘除程序的部件）。还有第三种打孔卡，即所谓的"操作卡"，控制已储存程序的使用。诗人拜伦（Byron）[30]的女儿洛夫莱斯（Ada Lovelace）夫人是巴比奇的资助人兼同事，她对打孔卡有一句泛着诗意的描述："打个比方吧，分析机织的是代数图案，就像提花机织的是鲜花和绿叶。"

打孔卡片系统最先是专为法国人设计的贾卡真丝提花机研制的，洛夫莱斯夫人的话里含有这层意思。这种机器上边有条传送带，传送带上固定着一串打孔卡，这些打孔卡由多只弹簧钩顶压着。织布时如果需要提出一根纱或一组纱，相应的控制卡就会把对应的孔洞摆到位，提纱的弹簧钩可以穿过孔洞把纱提出来，这样便能自动完成图案的编织。19世纪后期，美国用这种打孔卡实现了人口普查数据的自动化处理（不过用的是电线，不是钩子）。研制这套系统的工程师叫霍尔瑞斯（Herman Hollerith），他创办了一家企业，这家企业就是后来众所周知的IBM*。

其实，和巴比奇同时代的其他人也在使用打孔卡片，不过用途大不一样。1844年，英国议会决定修一条铁路，经威尔士连通位于爱尔兰海边的霍利黑德港，也就是说，铁路要跨越0.75英里宽且礁岩遍布的梅奈海峡。英国海军部要求跨海大桥必须保证海军的高桅船可从桥下通过，于是否决了造铸铁拱桥的方案。当时有几座吊桥刚刚垮掉，所以造吊桥也不合适。建桥合同最终落在火车工程师兼造桥师斯蒂芬森（Robert Stephenson）手里，他一生大部分时间都在琢磨铁路，这一次他决定采取一套全新的、革命性的造桥方案。

斯蒂芬森的跨海大桥——布列坦尼亚桥**——全长1500英尺，由两条巨型的熟铁管构成，每根铁管又由4根短铁管铆接而成。管道内各铺一条铁轨，容得下一列火车通过。两条箱形铁管由3座石砌的方塔支撑，管道两端各有一座桥台。那时世界上最长的熟铁桥只有

---

* 霍尔瑞斯公司后来因资金周转不利陷入困境，被CTR公司兼并，更名为IBM公司。——译者

** 又名不列颠箱管桥。——译者

31英尺长,所以无论设计还是规模,布列坦尼亚桥都是前所未有的。这座桥还打破了一项纪录,它使用的铆钉多达2 190 000颗。要按时完工,靠手工铆这么多铆钉可不行。这个任务交给了威尔士的工具制造商罗伯茨(Richard Roberts)。罗伯茨造了一台打孔卡控制的自动设备,它能在熟铁板通过设备时一次打一组孔;不需要打孔时,就让打孔机脱档停转。如此一来,机器要打出哪种样式的孔洞,便可由打孔卡操纵的控制拉杆来实现。

斯蒂芬森有个朋友叫布鲁内尔(Isambard Kingdom Brunel),也是个工程师。那两条巨形熟铁管用船运抵就位时,他就在现场。他知道,所有的箱管耐压测试都是费尔贝恩(William Fairbairn)做的。费尔贝恩是一位杰出的铁艺大师和造船专家,他说:"如果将一艘船看成是一根巨大而中空的梁,就可以运用计算布列坦尼亚桥……及其他管箱式桥梁强度的简单公式,来求得近似真实的结果。"

这番话布鲁内尔觉得特别顺耳,此时他正打算建造世界上最大的轮船——"大东方"号。造大船的想法源自1851年澳大利亚的淘金热,那使得英国前往澳洲的移民陡然增加,两地的商贸往来更是一片兴旺。乘帆船走完全程的时间最长需要4个月,还得看风向情况。乘坐现有的汽船还到不了澳大利亚,因为汽船的燃料储备箱容量不够。一艘船如果按平均14节的速度一刻不停地行驶,航行一个来回需要70天时间,平均每天烧煤182吨。这样算下来,船必须自带12 000吨煤。新成立的澳大利亚皇家汽轮公司委托布鲁内尔建造两艘符合上述要求的轮船。不过,有几个因素影响了巨轮的设计方案。

众所周知,船越大,船上储藏燃料的地方越小,给乘客留的地方就越多,而乘客是要花钱乘船的。1839年,海军工程师罗素(John Scott Russell)发现湍流和兴波是消耗能量的主因;在船首造出一些内凹的正弦曲线,船体部分造出一些摆线,便可消减兴波阻力。船首段

（即船首的"进流段"）的长度同一定速度的波有关：速度越快，船首这部分就应越长；船首长，整个船体就长。经这么计算，就有了著名的罗素"波线"原理。"大东方"号是一条长船，长692英尺、宽82英尺，排水量为32 160吨。它的体积是当时最大的船的6倍。这样设计有一个明显的危险，那就是在波涛汹涌的大海里，如果船的中段只有一股波浪顶着，或者船首和船尾各有一股浪架着，这样长度的船很可能一折两截。不过，布鲁内尔运用斯蒂芬森的布列坦尼亚桥管箱结构解决了这个难题。他在船的内外壳之间夹上纵向管，形成夹层结构，再用横管把它们纵向相连，这样整个船体就像一个巨大的匣形梁。罗伯茨的打孔机在这艘大船身上打了300万个铆接孔。

1858年1月31日，"大东方"号第6次尝试下水，终获成功。原来估计下水的成本为14 000英镑，而实际涨到了100 000英镑，其他成本也一个劲地往上涨，没等首航就有传言说要把"大东方"号拍卖了。至此，"大东方"号的造价达640 000英镑，简直是个天文数字。船东们已经负债90 000英镑，而轮船的引擎还未全部安装，其他设施也尚待完备。不久发生了1858年的印度兵变，英国的东方贸易做不成了，于是转舵去大西洋，到大西洋沿岸做贸易好像更有诱惑力。随着大船上装配物件的增多，整个费用也不断抬升。大船的股票价值缩水到面值的1/5，而债务却只增不减。首航时，船上只有46名乘客，而船的实际载客能力为300人*。返航时，船上也只有72名乘客。1863年，公司的董事们决定停航。一年后，因拍卖无法兑现保底价，巨轮被生生卖掉了。一位买主说："巴伯先生赶到利物浦参加拍卖，怪事啊，造船花了100万英镑，船上光材料就值10万，可卖给我们只要25 000英镑。"

---

* 有资料说，该船的实际载客能力为4000人。原文疑有误。——译者

图6 "大东方"号巨轮,船尾处正在铺设电缆。巨轮最后沦落为海上音乐厅和酒吧。

"大东方"号有了新事业,为它找到事业的是一个叫菲尔德[31]的美国百万富翁,时年34岁,他靠造纸起家,积攒了一大笔财富。1858年,他在大西洋铺设海底电缆,成功地把纽芬兰和英格兰联系在一起。但开通电缆通信当天,首次传送消息却莫名其妙地失败了。经检查发现,早期电缆的制造工艺有问题,电缆的铜芯扎破绝缘层,接触到了海水。不少人提出新的更精细的做法,使电缆达到绝缘要求。接下去是要找一艘船,可运载2000英里长的新型电缆以及铺设电缆所需的设备,另载120只羊、10头牛、20头猪和一大群鸡。遍观瀚海,只有一艘船够大,它就是"大东方"号。"大东方"号第一次铺设电缆时,铺了约1000英里,电缆突然断了。1866年6月进行最后一次铺设。此时的巨轮已更换成改进型引擎,它承载着2400英里长而总重量仅5000吨的新式电缆,8500吨燃煤,跟以前一样,还载着500吨设备和各种农产品。这次铺设很成功。同年6月26日,电缆传送了第一条用莫尔斯[32]电码编发的消息。

整个铺设过程有一样东西很关键,那就是新型的电缆绝缘材料。它是外科医生蒙哥马利(William Montgomerie)在新加坡发现的,名叫"古塔波胶",是一种用古塔波树的乳状树液熬制成的硬质而无弹性物质,用热水软化后可以模压成型。在寒冷高压环境下,它具有硬而不脆的特性,非常适用于深海环境。后来,古塔波胶还被用来制造北极探险用的划艇、号角形助听器、听诊器、家用电报机、传声筒、假牙和牙填料、化学仪器、机械传动皮带等。另外,它还是墨水瓶架、笔盘、提篮、花瓶等物件的装饰材料,也常用作毛皮、纸型、纸板、木料、纸和金属的替代品。

以后,人们又发现古塔波胶是制作高尔夫球的理想材料。1744年,在苏格兰的利斯成立了世界第一家高尔夫俱乐部。1754年,另一家高尔夫俱乐部在圣安德鲁斯开张,18洞的高尔夫球场就是在圣安德鲁斯发展出来的。以前,高尔夫球场少的有5个球洞,多的有25个球洞。圣安德鲁斯球场是长条形,顺水岸修建,最初是出去11个洞,回来11个洞。最后减为18个洞,遂成高尔夫球的标准场地。17世纪早期,羽毛芯皮球取代了黄杨木做的木球,但羽毛芯皮球容易浸水,而且不够圆。无怪乎后来古塔波胶做的高尔夫球一上市就引起了一点轰动。起初,古塔波胶高尔夫球飞得不高不远,后来有人注意到球在打过几次后就飞得又高又远,于是就专门用小锤子把球敲一敲,好让它飞得高、飞得远,今人称之为"造窝"*。1850年,古塔波胶制成的新式高尔夫球比老式球便宜又耐用,推动了苏格兰高尔夫球运动蓬勃开展。

随着苏格兰工业的迅速发展,铁路线不断延长,苏格兰的休闲活动也乘势兴盛起来。18世纪后期,经济增长开始加速,跨大西洋的贸易量增长很快,制造商纷纷利用苏格兰绝佳的地理位置来拓展大西洋贸易。苏格兰成为烟草、白糖、棉花的贸易中心。随着贸易发展,

---

* 高尔夫球表面大约有300—600个表面凹窝,有助于球的稳定飞行,还可提高球的上升力。——译者

苏格兰兴建了一些基础设施，如银行、仓库、港口等，为工业的进一步发展创造了条件；特别是在1801年考尔德钢铁公司的品质分析员马希特（David Mushet）于苏格兰西部发现了储量丰富的黑铁矿石之后。这种矿石的特点是含铁多，还夹杂着煤，不过必须用大量的热才能将其熔化，冶炼并不划算。

1816年，格拉斯哥新建了一个煤气厂，经理是尼尔森（James Beaumont Neilson），以前是罗巴克的波洛斯托尼斯煤矿的一名机车工人。尼尔森想了一个办法，让黑铁矿石好用又赚钱，一举改变了苏格兰的工业面貌。1820年，他开始琢磨把煤气卖给冶炼厂的方法。多年来人们一直认为，冬天铁厂炼出的铁比较多，那么铁厂用鼓风机致冷应该会提高产量，但事实并非如此。尼尔森通过实验证明：用鼓风机吹入热风才会提高产量。他将一根管子绕在一只煤气炉上，让空气通过该管道，以此来增加炉火的热度，节省燃料。尼尔森和当地的实业家查尔斯·马金托什（Charles Macintosh）合伙，研制出一套鼓风设备，空气经过安装在煤气炉上方的管道被加热到600华氏度（近316摄氏度）。采用这种热风炉炼铁，铁产量增加了两倍。更可贵的是，用热风炉产生的热量足够熔炼黑铁矿石，又因为矿石本来就含有铁和煤，所以熔炼时无需另添燃料。

1830年，苏格兰的生铁产量为40 000吨；使用黑铁矿石冶铁仅10年，生铁年产量就增加到25万吨。1848年，仅拉纳克郡一地就有15家炼铁厂、92座熔炉，苏格兰一年的铁产量达50万吨。铁价便宜也带动了苏格兰的造船业。1835年，克莱德河沿岸生产的船只仅占英国船只的5%，而在1851—1870年，这一带的造船总量占英国造船总量的70%。

同尼尔森合作搞热吹炉项目的合伙人查尔斯·马金托什[33]还与格拉斯哥煤气厂签了另一桩生意。煤气生产过程中（必须烘烤煤炭才能收集放出的煤气)产生两种副产品——煤焦油和氨水,一般是将其排放到河里或丢弃在采石场了事。查尔斯·马金托什的父亲乔治·马金托什(George Macintosh)从1777年开始一直生产一种名为"苔色素"的染料。苔色素可把毛织品和丝织品染成紫色或淡紫色,如果和酸一起使用还能染出红色,再加入碱又可以变成紫色或蓝色。给纸染色的工人也用苔色素,他们称之为"石蕊"。该染料的主要原料是地衣和氨。从前,氨主要取自朋友们、工友们的尿液。1819年,人们开始从煤焦油里提取氨。煤焦油经深加工还能生产石脑油。查尔斯·马金托什便用石脑油来液化橡胶,然后将液态橡胶涂在两层棉布间,制成了第一件雨衣(时至今日,英语中还用马金托什的姓氏来指称雨衣呢)*。

早年,老马金托什和戴尔(David Dale)合伙创办了一家生产染料"土耳其红"的工厂,但以失败告终。1805年工厂被低价出售。戴尔是苏格兰最早的纺织厂厂主,是苏格兰第一座纺织厂创建者。合作经营失败后,他又在纽拉纳克的克莱德河畔建起一座工厂。1799年时,该厂是苏格兰最大的工厂,员工超过1300人。就在这一年,戴尔把厂子卖给一家在曼彻斯特的公司,那家公司安排一个叫罗伯特·欧文(Robert Owen)的当经理。后来,欧文经理娶了戴尔的女儿为妻。欧文的社会态度比较开明,他为纽拉纳克厂的员工创造了一个全新而自在的工作环境,并为他们及其子女提供教育和医疗服务。1824年,欧文成了某一事业的指路明灯,这个事业最终演变为社会主义运动。欧文移居美国并在印第安纳的新哈莫尼建了一个乌托邦公社。1827年乌托邦公社玩完,欧文返回英国。

欧文的4个儿子继续留在美国,成了美国公民。大儿子罗伯特·

---

* 英语中"雨衣"的拼写为mackintosh,与"马金托什"的拼写macintosh通用。——译者

戴尔·欧文(Robert Dale Owen)[34]追随父亲的开明思想,先在印第安纳州立法机构工作,后来去了华盛顿特区,支持妇女避孕、妇女解放等主张。他写过一本节育小册子,名为《道德生理学》(Moral Physiology),1830年出版。他还为诺尔顿[35]撰写《哲学的果实》一书提供了很多素材(诺尔顿竟谢都没谢一声)。贝赞特把这本书拿到英国重印,结果惹来官司,说她传播淫秽读物。

1846年,已经当上众议院议员的罗伯特·戴尔·欧文向美国国会提交议案,要求美国接受一份境外的大额遗赠。历史真是奇妙:这份遗赠通过老欧文的岳父戴尔把欧文和格拉斯哥煤气厂的经理尼尔森联系在了一起。而尼尔森当年的老板就是企业家罗巴克[36]。罗巴克因为对煤矿感兴趣,所以结识了瓦特[37],而那时的瓦特正绞尽脑汁,研究如何提高纽科门蒸汽机(用来抽矿井里的水)的工作效率。罗巴克在爱丁堡附近他的宅院里给瓦特弄了一间小屋,让他做实验,还替瓦特还了债。条件是:日后瓦特的实验成果只要赚到利润,都要与罗巴克四六分成,罗巴克拿大头。1772年,罗巴克将自己的股份卖给了伯明翰的金属制造商博尔顿[38]。1774年,博尔顿成了瓦特蒸汽机的制造商。

大约10年后,瓦特钱多得可以纵情于理论性强一点的科学研究了,于是他写了一篇论文,讲述他为研究水的构成所做的几次实验。不料此举令他跟卡文迪什勋爵(Lord Henry Cavendish)发生冲突,卡文迪什宣称自己早在瓦特之前就已发现了水的组成(即两份氢和一份氧)。谁先谁后的争执最后争到了皇家学会出的几处错误上,这主要是因为文献出版日期和信件接收日期有误。1785年瓦特成为皇家学会会员,见到了卡文迪什,两人友好地化解了矛盾,那时他们才知道,原来他俩是彼此独立地研究了同一问题。

一年前,也就是1784年,卡文迪什和一个叫詹姆斯·梅西(James

Macie)的年轻助手前往苏格兰的芬格尔山洞*进行地质考察。梅西是诺森伯兰公爵(Duke of Northumberland)的私生子,一个狂热的业余科学家。1786年,梅西刚从牛津毕业,卡文迪什就推荐他加入皇家学会。梅西的事业由此开始。他的突出贡献是:在竹节里发现了一种燧石样的物质,发明了制作咖啡的新方法(现代真空法的前身),研究了眼泪,确认了一种菱锌矿。

梅西的私生子身份严重妨碍了他的活动:他在法国出生时,英国就给他开具了归化证,上面写得清楚:他"不得进入枢密院;不得担任议会议员;不得担任文武官职或在机要岗位工作;不得接受土地、房屋、任何类别可继承财产的转让,不论这些可继承财产是由国王转给他,还是转给代他保管的任何个人或团体的,且不论此件中是否包含与前述意旨相抵触的内容"。不过,这份证明也许对建立世界上最大的科研机构有好处,因为倘若在梅西百年之后,他在世的血亲中没有继承人,按照梅西的遗嘱,他的全部财产(相当于104 960金英镑)将捐赠给美利坚合众国。这笔遗赠就是罗伯特·戴尔·欧文1846年议案讨论的主题。

这批金子早在1838年上半年就转到美国了,运抵时已全部重铸成美元金币,共计50多万(相当于现在的20亿美元)。之后,经过美国历史上几次花样复杂、形式多变的金融交易后,这笔近550 000美元的资金差不多即刻被投进了阿肯色不动产银行(收益率很低),直到1860年才被收回。1845年的若干次调查查出了问题:这家银行过高估计了它的不动产,差不多要玩完了,对这笔投资该偿付的利息竟一分不给。议员们跑到国会山展开了激烈讨论,最后商定由美国财政部出面为未支付的银行利息作担保。至此,国会接纳欧文的议案

---

* 芬格尔山洞位于苏格兰西海岸斯塔法岛上。——译者

完全没了障碍。

至此，这笔遗赠才真正有望实现梅西在1826年订立遗嘱的初衷——在华盛顿建立"一个增进与普及知识"的机构。遗嘱规定：该机构必须以梅西本人的名字命名。鉴于梅西在父亲去世时已获准承袭诺森伯兰公爵的家姓（史密森），所以这个新建的美国机构就被顺理成章地定名为"史密森学会"。

3 扔掉苹果

史密森学会的成就远远超出了詹姆斯·史密森（James Smithson，即詹姆斯·梅西）的期望。自成立至今150多年来，史密森学会始终位居科学研究的前沿。目前，学会拥有博物馆、美术馆、国家动物园共计16个，在美国8个州及巴拿马设立分支机构，科研团队更是遍布世界各地。学会下辖的一个美术馆拥有许多举世无双的晶体藏品，其中一种晶体就是学会奠基人史密森在1801年研究过的。他对被称作异极矿的三种不同物质——碳酸锌、水合硅酸锌和氧化锌——进行了描述和分类。为纪念史密森的研究工作，1832年人们用史密森的姓氏将碳酸锌命名为smithsonite，即菱锌矿。1852年，这个名字又改指水合硅酸锌，今天它也指氧化锌。但是，不管异极矿由哪种物质组成，人们都知道它可以用来配制洗剂、化妆品、矿物质补剂，有时也可以用来治疗水痘。此外，它还用于制陶，用作橡胶增强剂，用于半导体，用作影印设备里的光电导体。

不过，异极矿有一个细节一般人不大知道，这个细节最早是一个不知名的荷兰珠宝商在1703年发现的。他报告说，将电气石晶体放在煤的余火上加热，待它冷却后，煤灰的细小颗粒就附着在晶体上，好似被磁铁吸住一样。电气石由此得名"电石"。19世纪早期，法国研究人员阿维（René-Just Haüy）发现，异极矿晶体之所以会像磁石，是因为它的两极带有强电荷。即便把它弄碎，每块碎片均呈现出双极性。阿维还发现，异极矿等其他晶体矿都具有这种"热电"特性。尔后又有人发现，热电现象同晶体形状在加热与冷却期间发生改变有关系。

1880年，法国科学家皮埃尔·居里（Pierre Curie）和雅克·居里（Jacques Curie）发现挤压晶体会产生电荷，且电荷量和所受压力成正比。他们把这个现象叫做"压电效应"（piezo-electricity，希腊语"piezen"意为"挤压"）。一年后，他们又用石英和异极矿做实验，证明了压电效应的可逆性，即改变晶体电荷量可以改变晶体的形状。居里兄弟设计了一种仪器，根据电荷引起晶体形状变化的程度来测量极微量的电荷。因为兄弟俩做实验用的晶体是石英，所以这种仪器也叫压电石英静电计。1889年，静电计成了雅克撰写博士论文的论题。

1894年，皮埃尔·居里结识了27岁的波兰籍物理学家玛丽·斯克洛多夫斯卡（Marie Sklodowska）。玛丽使用居里静电计用出了奇效。一年后，她和皮埃尔结婚，开始了改变世界的研究工作。1897年，皮埃尔在巴黎物理与化工学校教授电学。两年前，德国人伦琴（Wilhelm Roentgen）发现X射线。X射线被发现几个星期后，法国学者贝克勒耳（Henri Becquerel）参加了在法兰西科学院召开的一次会议，听说新发现的射线能在一只真空管的玻璃壁上激发出磷光。贝克勒耳的父亲研究过磷光，于是贝克勒耳就着手研究磷光物质是否会产生伦琴所发现的X射线。

在一次实验中，贝克勒耳用的是白粉状铀盐——硫酸双氧铀钾。他用厚厚的黑纸将一块照相底板包得严严实实的以免曝光，又将一个盛着铀盐的碟子搁在纸上面，然后把这套东西一并放在太阳下晒了几个小时。底板冲出来一看，铀盐的影像清晰可辨，连铀盐和包裹纸之间的东西也显现出了轮廓。他以为是太阳光晒得铀盐产生荧光并在底片上显影的，打算再做一次实验看看。但接下来的几天全是阴天，没太阳，贝克勒耳就把实验用的那套东西（包裹的底板、一个铜十字架和少许铀盐）存放进一个密闭的碗柜里等待天晴。后来，他决定不再等了，于是把底片拿出来冲洗。令他惊异的是，虽然没经过日照，但照片上的铜十字架仍清晰可见。1896年5月，贝克勒耳发布了这个消息，而后就把这档事儿撂下了。

此事过去9个月后，居里夫妇用静电计测出铀盐周围的空气带有微量电荷。居里夫人对此很感兴趣，她决定找找看其他物质是否也能造成这种现象。1898年2月17日，她测试了一份沥青铀矿样本，发现它产生的电荷量比铀盐产生的大得多。为了弄清是什么东西产生电荷，居里夫妇开始煮沸并蒸馏沥青铀矿。6月底，他们发现从沥青铀矿里提取的高浓缩样品发出了大量电荷。居里夫妇说，这种物质比铀"活跃400倍"。7月，他们造了一个新词"放射性"。正是放射性让底片曝光产生影像。1898年12月，他们将自己所发现的新物质命名为"镭"。

居里夫妇有一个好友叫朗之万（Paul Langevin）（关系好到在皮埃尔去世后他做了居里夫人的情人，虽然时间不长）。朗之万是一位卓越的物理学家。皮埃尔·居里曾在巴黎理化学院当过朗之万实验室的顾问，而居里夫妇开始研究放射现象时，朗之万就在他们身旁。1914年第一次世界大战爆发时，正在潜心研究弹道学的朗之万受命解决潜艇的侦测问题。朗之万想到了老式的居里静电计。不到3年他便拿出了研究成果，他的实验小组将这一成果称为"朗之万三明治"——在两层3厘米厚的钢板中间夹一层4毫米厚的石英晶体，状如三明治。

给石英晶体加上适当频率的电荷,晶体就会变形,而后晶体以其固有的共振频率振荡,它一振荡便引起钢板振动。将"三明治"钢板装进船身,振动的钢板即向周围水域发出高频脉冲。这些振动碰到水中的物体时会被反射回来,并被接收装置接收,接收装置将返回的振动再传到另一块石英晶体板上。这些振动导致石英晶体发射电信号,而电信号经过处理就能显现目标的范围和大小。1918年,这套侦测系统能够识别600米开外的潜艇,即使潜艇在海底静止不动也会被识别出来。该技术就是现在所说的声纳。英美两国的科研工作者也在研究这项技术,水平与法国的相当,不过,还没来得及列装舰船,第一次世界大战就结束了。20世纪20年代,英、美、法三大国都把这事搁在了一边。

第二次世界大战期间,德国U型潜艇大肆活动,声纳技术再度被推到前台。截至1940年5月底,德国潜艇采取狼群战术,共击沉舰船241艘,总计排水量为853 000吨;6月份,又击沉舰船58艘;7月份38艘,8月份56艘,9月份59艘,10月份63艘。而同一时期,德国的57艘U型潜艇仅损失了6艘。盟国赶紧使用声纳技术,最终打赢了大西洋战争。"二战"结束时,U型潜艇共击沉盟国舰船23 351艘,而德国有782艘U型潜艇被摧毁。

第二次世界大战最初几年,美国还没参战,德国U型潜艇击沉舰船的速度远远快于英国造船厂的造船速度。1941年2月,罗斯福总统宣布一项紧急造船计划。他描述说新造的舰船"外形很吓人"。每艘舰船排水量为7000余吨,造船方针是既要快还要省。很多船没有无线电定向仪、火灾探测设备、应急发电机和救生艇电台。有些船只装了一个锚就下海了。美国一共造了2710艘这种"速成"舰船。

"每一艘新舰都是砸向国家敌人的重拳,都是为了世界爱好自由的民众的自由。"随着罗斯福总统这句铿锵有力的话语,美国第一艘

"速成"舰船"帕特里克·亨利"号于1941年9月27日下水了。打那以后,这些快速打造的舰船被人们称为"自由轮",其制造之快堪称神速。1942年9月,美国船厂每天有3艘船下水。于1942年11月12日下水的"罗伯茨·E·皮尔里"号,从安装龙骨到下水只用了4天15小时30分钟。自由轮船厂装配每一艘轮船所用的30 000个部件是几千家工厂大批量生产的,这些工厂分布在美国32个州。没有船台的船厂就将船坞灌满水,让船自己浮起漂出去,这就算下水了。船体的部件几乎是一刻不停地在使用,人们经常看到完整的舱面室倒放在轮式拖车上,然后再倒过来安置到位。预装了管道的双层船底部件成堆地摆在那儿,等着最后整体降入船壳,安装在龙骨上。

造船速度为何如此之快?因为早些时候的一个决定让自由轮差不多实现了全焊接制造。氧乙炔焊接是一种比较简单的"熔焊"工艺:将两块金属板加热到3100摄氏度使其熔化,在它们的焊缝间加焊补材料,两块金属板便可焊在一起。乙炔[39]是汉弗莱爵士(Sir Humphrey)的表兄埃德蒙·戴维(Edmund Davy)在1836年首先发现的,而它的商业生产技术则是偶然所得。1892年12月,法国研究人员穆瓦桑(Henri Moissan)(就是为居里夫人做头几次实验提供铀盐的那个人)正在试验用电弧炉制造人造金刚石。电弧炉有两块石灰作底座,上面架一口坩埚,内有两根碳极,加热坩埚,两根碳极间的电火花促使碳极发出白光并产生极高的温度。虽然金刚石没有造出来,但穆瓦桑还照样做其他实验,结果做出了一种硬度仅次于金刚石的材料:电石(也称碳化钙)。往电石上泼水,它会产生大量的乙炔。

39 57 102
39 127 227

其实,穆瓦桑是巧借照明技术发明了电弧炉。1809年,汉弗莱·戴维(Humphry Davy)制造了第一道弧光。他在一块伏打电池*的两

---

* 1799年,意大利科学家伏打制成世界上第一块电池——伏打电池。——译者

极各接一根碳棒,然后使两根碳棒棒端相互接近,电流跨越棒端的一霎那产生了一道耀眼的白光,碳棒的尖端也被烧没了。从1845年起,陆陆续续有人坚持不懈地研究如何制造出有商业价值的电弧。电弧是需要持续供电的,而要持续供电就必须先造出发电机。

历史就是这样,似关联非关联的偶然事件比比皆是。这便是其中一例,另一些人正在努力寻找大量制备氢气的办法,因为灯塔里的聚光灯要燃烧氢气。办法之一就是用电从水中分离出氢分子。这当然也需要持续供电。1870年,格拉姆发电机应运而生。制造电弧光需要的就是这种发电机,不久,弧光灯就在火车站和灯塔中普及了。

制造电弧光的另一个难题是需要一个调节器来推进两根碳棒,让它们按精确的速率互相靠近,这样碳棒间距才能始终保持最佳值。因为碳棒若离得太近,会很快燃烧完;若离得太远,产生的亮度又不够。英国电气工程师斯代特(W. E. Staite)发明了一种钟表式调节器。他将两根碳棒垂直放置,一根放在另一根上方。一根铜丝经电弧加热后膨胀,进而启动一个发条式的载重传动装置;两根碳棒在一点点烧掉时,这个装有齿条的装置可以逐渐提升低位碳棒。1849年,法国科学家傅科(Leon Foucault)[40]设计了一种改进型调节器,效果不错,弧光灯由此历史性地走入歌剧院,代替了石灰光灯。

傅科对动作调节的兴趣还激发他搞出了一项极壮观的发明。1851年傅科在巴黎的先贤祠展示了他用一根200英尺长的钢琴琴弦做的摆,摆下端悬挂着一颗重达62磅的炮弹,炮弹下面固定着一根指针。他将铁球拉向一侧,用结实的线绳将其固定在墙上,然后用火将线绳烧断,摆锤在不受任何影响的情况下自然释放。摆锤来回摆动时,其下的指针会在地面的沙盘里划出一条轨迹线。 1小时后,指针划出的轨迹线偏转了11度18分。这次演示让傅科上了报纸头条。"傅科摆"首次向世界演示了惯性运动,摆针划出的轨迹可以证明,摆在摆动时并未受到地球自转的影响。这是证明哥白尼理论正确的第一份物理学证据。

继惯性研究之后,傅科又在1867年发明了定日镜和定星镜。两个装置由钟表机芯操纵,能让天文望远镜始终对准太阳或星星。在这之前,也就是1845年,在达盖尔(Louis-Jacques-Mandé Daguerre)公布了一项新的照相术之后,傅科对天文观测仪器产生了兴趣。傅科首次使用达盖尔照相术给太阳拍摄照片,照片上出现多个太阳黑子及黑子的半影,并且证实太阳存在临边昏暗现象。* 1850年发生日食,有人用达盖尔照相术拍摄了一张日食照片,日珥和日冕清晰可辨。

1819年,达盖尔已是巴黎皇家音乐学院的知名舞台设计师。1822年,他开始向人们展示惊人的西洋镜。西洋镜表现的是一种复杂的视觉效果:在半透明的景幕上绘制多幅场景画,用特殊的灯光效果依次展示各个画面,给观众的感觉是一番景象"渐消渐融"化为另一番景象。达盖尔的西洋镜在巴黎和伦敦风靡一时。或许就是在绘制布景的过程中,达盖尔接触并熟悉了画家常用的工具——暗箱[41]。在暗箱里,光线穿过一个小孔进入箱内,在小孔对面的箱壁上形成外景的倒像。小孔成像技术早在17世纪就有人用,如丢勒(Dürer)等美术家、开普勒(Johannes Kepler)[42]等天文学家都用过小孔成像术。美术家用它提高复制品的精确度,开普勒则在1600年日偏食期间,利用它绘制出多幅日偏食图片。达盖尔决定利用暗箱研究出一种照相方法。

41	99	164
42	100	165
42	108	190

1831年,他从涅普斯(Joseph Niepce)的早期研究获知,碘化银遇光会稍稍变暗。于是,他将一块镀银铜板放在碘蒸气里,再把铜板放在暗箱的成像位置曝光,但这样形成的影像十分浅淡,几乎看不见。

---

* 临边昏暗指太阳圆面的亮度从日面中心向日面边缘逐渐变暗的现象。——译者

图7　早期的达盖尔银版相片。照片中的主人公是天文学家约翰·赫歇尔爵士（Sir John Herschel）的儿子。

1835年的一天，达盖尔把曝过光的感光板放进一个装满各种化学药品的橱柜里，打算以后擦磨干净了再用。几天过去了，他打开橱柜一看，感光板上居然显现着一幅清晰的影像，这令他惊喜万分。经摸索排除，他最终发现成像的关键是橱柜里有几颗溅落的水银珠。

1839年，达盖尔信心十足地公布了他发明的照相技术。他使用的感光板是一层镀在铜板上经过抛光的薄薄的银片，面朝下放置在一个盛着少许碘颗粒的容器里，碘蒸气能在银片表面形成一层不足1微米厚的黄色碘化银，感光板就是靠它感光的。在暗箱内曝光一段时间后，感光板就已载有隐像，用75摄氏度的水银蒸气可使感光板显影。感光板上有影像的区域都附着了水银蒸气，而未曝光区域不附着水银蒸气。而后把经过显影处理的感光板浸在硫代硫酸钠溶液里定影，将没有用到的碘化银溶解掉。最后一步，用热蒸馏水冲洗感光板。感光板未显影的部分映衬着暗色的背景，从这个角度上看，最后冲出的影像直接就是正像。*

达盖尔用的碘也是偶然发现的，发现者也是一位法国人。19世纪初，拿破仑战争正打得如火如荼，反法联盟对法国所有港口实行贸易封锁[43]，断绝了法国进口商品的来路，其中之一就是硝石。硝石是制造黑火药的主要成分，黑火药除了15%的木炭和10%的硫磺外，75%都是硝石。要打仗又弄不来硝石，这可太要命了。以前，法国都

---

* 达盖尔照相术又称"银版照相术"，其在镀银铜板上产生的"照片"是正像影像，影像清晰细腻，能长期保存，但不可印放复制。——译者

是从印度和北非进口硝石,那儿的气候(湿热完了就干热)很适合生产硝石。硝石是有机物(主要是人畜的粪便)埋在土壤里腐烂后产生的。有机物腐烂时会产生硝酸盐,硝酸盐和钾的化合物反应后又产生可溶性的硝酸钾。在干燥的季节,硝酸钾溶液上升到地表,水分蒸发后形成硝酸钾盐(也就是硝石)。

贸易封锁把进口商品的门路给堵死了,拿破仑手下的科学工作者就在全国各地修建硝石场,通过将人畜的尿和粪便同石灰粉混合的方法,开始人工生产硝石。有机物分解令氨氧化,通过这一过程获得硝酸钙。为使硝酸钙转化成硝酸钾,需将硝酸盐溶解于水,并将其放在盛有碳酸钾的大桶中煮沸(碳酸钾从木炭灰里获取)。这种方法的唯一缺点是制取木炭灰的木材太贵了。而且,木材也很难弄到,因为政府有严格规定:伐木砍树只能用于造船。

1811年,在巴黎附近经营硝石场的法国化学家库图瓦(Bernard Courtois)忽然冒出一个想法:那种叫"褐藻"的海藻一烧不就变成炭灰了吗?在用褐藻烧制炭灰前,人们常用它来提取生产肥皂所用的碳酸钠。碳酸钠的提取过程是在铜制大缸内进行的,过后缸内常留下一种浓稠的不可溶沉淀物。有一次库图瓦用硫酸清理缸内的沉淀物,无意间硫酸放多了,缸内冒出一股紫色的蒸汽,而后他发现缸底有紫色的结晶物。他把这些晶体拿给几位搞化学的朋友看。1814年,这些晶体最终被认定是一种新的化学元素,还得了一个含有"紫色"(iode)之意的希腊语名字——碘(iodine)。也怪库图瓦运气不好,1815年仗打完了,贸易封锁也解除了,法国又开始进口廉价的外国火药,库图瓦的硝石生意破产了。

库图瓦制炭灰用的海藻产自法国西北沿海。英国因为工业革命开始得较早,其海藻的产业规模远比法国大得多。英国的海藻产业大部分集中在苏格兰西海岸,那里的村民从岩石上铲下海藻,放在5

英尺宽1英尺深的圆坑内焚烧。先在圆坑中央把干海藻引燃,然后将湿海藻堆在上面。浓浓的白烟从圆坑里升起,有时在几英里外的海面上都能看到。盛产海藻的海岛常常烟雾腾腾,弄得跟活火山似的。海藻经火烧后会结成块,用铲子拍平,再拿石板压上。两天后,烧过的海藻就板结成一大块熔渣,这时将它粉碎成小块,再磨成粉。市场对海藻灰的需求量非常大,苏格兰的土地拥有者们都借机赚了一大笔钱。1707年,苏格兰与英格兰合并,苏格兰贵族们想多赚点钱好在伦敦或布赖顿维持个排场、追逐个时尚。爱尔兰的麦克唐纳德二世勋爵(Second Lord MacDonald)每年靠海藻赚20 000镑。而克兰拉纳德的麦克唐纳德(就是嫌村民的房屋碍眼,把人家全迁走的那位)也赚了18 000镑。这些钱在当时已是了不得的大数目。大部分钱花在穷奢极欲、吃穿用度上,其中一部分是修建几座仿哥特式的城堡(现在仍然可以看到)。

海藻哪里都需要。尽管当地人并不知道海藻的含氮量不亚于牲畜的粪便,但他们已把它看作最好的肥料。海藻的工业开发更赚钱,18世纪中晚期,海藻的工业需求一直在稳步增长。玻璃料是制造玻璃的基本原料,而以前玻璃制造商一直用木炭灰生产"玻璃料",现在国家颁布了造船限制令,禁止使用木炭灰了,所以玻璃制造商最早对海藻灰产生了商业需求。就纺织业而言,海藻对英国的经济发展贡献最大。把海藻灰放入添加了生石灰的水里溶解,制成碱性溶液,可以用于布匹的第一道漂白。海藻灰还可以跟油脂混合生产肥皂(纺羊毛之前可用它洗掉原毛上的油脂)。此外,从海藻灰和油脂的混合物里可以提取氯化钾,用于印染。不过,让海藻灰需求量达到顶峰的是市场对棉花的需求有了惊人的增长。

1601年有人(可能是荷兰移民)把中东的棉花带到了英国。一开始,人们用棉花织棉麻混纺布料——麻纱布。1730年前后,棉袜开始流行。碰巧这时候,荷兰东印度公司[44]正往欧洲运送印花棉布(印度港口城市加尔各答的一种棉布)和轧光布,两种棉布供不应求。英国本地的布商对这些进口货颇有抵触,提起印度花布就说"俗气,斑斑块块、松不拉几的便宜玩意儿……是一群敬魔敬鬼就是不敬上帝的异教野人,为了一天挣半个子儿织出来的"。棉布结实耐用,穿着舒适,好洗好熨,能染色,又便于缝纫。随着生活水平的提高,棉布逐渐走俏,贵族穿的内衣内裤、工人穿的衬衫都是用棉布做的。18世纪头几十年,天气出奇的好,年年大丰收,粮食价格下降,工资值提升。随之而来的是出生率提高了,居家用品和衣物的市场需求量急剧增加。那时印度握在英国手里,棉花供应还是有保证的。缺的是技术,是那种能提高棉布产量、满足市场需求的技术。

44 66 120
44 109 191

1753年,毛纺商凯(John Kay)发明"飞梭",织工借助几只小轮子,拉动飞梭在织机上来回穿梭,布产量由此提高了一倍。新型织机的织布速度很快,多名纺纱工同时供棉纱都供不及。1764年,纺纱师傅哈格里夫斯(James Hargreaves)发明了"珍妮纺纱机"。一个纺工用它可以同时纺好多个纱锭。1779年,爱好发明的假发商阿克赖特(Richard Arkwright)使纺纱过程实现了自动化:多组滚筒按不同速度转动,从大块原棉中拉出纱线,而后纱线自动搓拈,缠绕在纱锭上。阿克赖特以水力驱动纺纱机,纺纱织布从此走出作坊,走进工厂。在他开办的首家纺织厂里,6个车间装备了纺纱机。该机器的运转原理是,一只巨大的水轮通过齿轮带动转轴转动,转轴上又装有皮带传动装置,继而带动纺纱机。阿克赖特把这套设备叫做"水力纺纱机"。水力纺纱机完全满足了人们对粗布的需求,但要织出细布,纺织厂商还得使用老式的珍妮纺纱机(这时候就显得慢了)。

1779年,克朗普顿(Samuel Crompton)结合珍妮纺纱机和水力纺纱机的构造原理,研制出一台混合型纺纱机,克朗普顿给它取了一个很贴切的名字——"骡机"。骡机的纱线是绕在线轴上的,这和水力纺纱机一样,不过,骡机的纱锭架可来回移动,一边搓拈纱线,一边将其拉长。这样可以纺出非常细的纱线。有了细纱,就可以织出能水洗又便宜的精纺细布。1785年,《商业年鉴》(Annals of Commerce)有这样一段话:"各阶层妇女,不论身份高低,都穿着英国生产的棉布,她们头戴细布帽,脚穿棉织袜……再看男士们,棉质背心几乎已取代了毛线衣……棉袜也成了夏季非常普通的穿戴。"

1787年,英国有棉纺厂119家;1837年为1791家,雇用员工达25万人。同一时期,棉布产量由每年100万磅增加到1000万磅。18世纪后期的战争中,印度开始中断棉花供给。其实,印度供应棉花一直不大可靠,因为当地的路况特别糟糕,经常是货物运到港口太迟,耽误了装运发货。另外,英国消费者变得越来越讲究,纤维短、质地粗的印度棉不再受欢迎了。印度的棉花生产者资金短缺,也使得棉花质量有所下降,多数种花人负债累累,父债子还,爷债孙还,哪还有余钱去精耕细作。1792年,英国棉花供应告急,必须马上寻找价廉物美且稳定可靠的棉花来源。

这一年,一个名叫惠特尼(Eli Whitney)的年轻耶鲁毕业生乘船从纽约前往佐治亚。他在船上邂逅了参加过美国独立战争的格林(Nathaniel Greene)将军的遗孀。她邀请惠特尼在去萨凡纳时,顺路到她那做客。惠特尼在格林夫人的桑园里结识了许多她的朋友,并常听他们谈起去掉美国南方普遍种植的绿籽棉里的棉籽这类问题。那时,要将1磅棉花里的棉籽摘干净,需要一个劳力干1天。惠特尼说他觉得自己或许能设计一件工具,解决这个难题。格林夫人当即为他提供食宿,于是惠特尼留下了。

第二年,惠特尼为自己发明的轧花机申请了专利。轧花机的构造很简单:只有一个木制滚筒,滚筒外面横向钉着一排排金属钩齿。

滚筒转动时，钩齿从送料斗里抓下籽棉，并带着它通过金属丝网，丝网将棉籽滤掉，保留棉绒。转动刷子再将棉绒从钩齿中移出。惠特尼轧花机除棉籽速度比人工去棉籽快100倍。轧花机也成为了日后美国爆发内战的一个主要原因，因为经轧花机一轧，南方的棉花就卖钱多，赚钱多就有利于维护支持奴隶制度的社会体系，所以就打起来了。1807年，美国棉花出口量从1791年的19万磅增加到6600万磅。1825年，英国市场的棉花越来越紧俏，成千上万的奴隶在美国南方绵延无尽的棉花地里辛苦耕作着。在大不列颠，从事进口原棉加工纺织的工人达45万。1859年，世界2/3的棉花产自美国。南卡罗来纳参议员哈蒙德曾有一句不朽名言："棉花为王！"

可惜的是，所有这一切并没有让惠特尼发财致富。他的轧花机到处被仿制，他也无法索赔。他说："我要对付的是一帮最赖皮的恶棍，向佐治亚州法院提出申请，恐怕还不如下地狱寻找幸福呢。"惠特尼干脆放弃了轧花机生意，转行制造可互换部件的滑膛枪。1798年1月，已经回到康涅狄格州纽黑文市的惠特尼，和美国政府签订了一份合同。根据合同，他要在20个月内向政府交付4000支滑膛枪，次年再交付6000支滑膛枪。结果，惠特尼用了9年时间才完成任务。这期间，惠特尼发明了铣床。有了铣床，工人们就能把金属切削成标准件，也就能制造出可互换部件，所有的滑膛枪都用这样的部件制造。有一个叫特里（Eli Terry）的美国人，也来自康涅狄格州，他和惠特尼一样也在制造可互换零件，不过不是造枪，而是做钟表。有人说他们俩见过面，相互认识，不过说惠特尼的技术走露了风声好像更靠谱一点。毕竟他的东西以前被人盗版过。

特里一开始是用手摇轮盘和小齿轮切削机来加工木钟零件，可是在1806年，他跟人签订了一份加工6000只钟表机芯的合同，迫切需要改变加工方式，进行大批量生产。1820年，特里手下30个工人使用模具,一年做了25 000只一模一样的木钟,特里发财了。1816年,特里雇了一个名叫杰罗姆(Chauncey Jerome)的青年细木匠,为他制作钟表外壳。合同完成后,杰罗姆把自己在普利茅斯的房子卖给特里,换了100只装配齐全的钟表机芯,他又另外做了114只,而后将其全部套上木壳组装成座钟。他把这214只座钟卖了,在康涅狄格州的布里斯托买了一座房子、一个谷仓和17英亩土地,开始安家立业。

1838年,杰罗姆(要么是他兄弟)发明了铜制钟表。铜的优点是不必像木材那样需要风干,从原料变成制成品,中间一点时间也不耽误。1844年,杰罗姆搬到纽黑文市制作表盒,他留在布里斯托工厂里的3名工人继续按每天可为组装500只钟表提供机件的速度进行生产。一台使用3种切削刀具的机床要依次执行3种操作:简单切削、打磨毛刺与修整。1850年,杰罗姆已经在纽黑文建了两家工厂,每年生产280 000只钟表。工厂运营期间,向欧洲、亚洲、南美洲、澳大利亚和中东等地出口了数百万只钟表。但是,1855年杰罗姆遭遇财务困难。赶巧在这个时候,他结识了巴纳姆(Phineas T. Barnum)。巴纳姆是个了不得的人物,听完他一席话,杰罗姆决定跟他合伙,一道奔事业。

巴纳姆挣钱谋生的头一份工作是在一家商店里当店员,之后又自己当老板,在康涅狄格州的贝塞尔开了一家糖果店,还在当地经营过地方彩票。1831年,他开始出版《自由先驱报》(The Herald of Freedom),每周一期,自任编辑3年。后因为说了当地教堂的一名执事的坏话,巴纳姆被迫放弃编辑一职。1834年巴纳姆移居纽约,投身演艺娱乐行业,弄来奇技奇艺、奇物奇人到全国各地巡回展演。1842年,他在康涅狄格州的布里奇波特发现了一个身高仅2英尺1英寸的侏儒,他给这个小人起了个"拇指汤姆"的诨名,而后带着他赚了不少钱。欧洲的帝王将相们看过,美国观众欣赏过,他们一致认为侏儒是一绝。1851年,巴纳姆在纽约买下一家博物馆,用他的话说,博物馆"搜遍美国,寻找勤勉的跳蚤、自动机器、玩杂耍的人、玩口技的人、活人雕像、活人画、吉普赛人、白化病人、肥胖儿、巨人、侏儒、跳绳的人、西洋镜、全景画、尼亚加拉大瀑布的模型、潘趣和朱迪式的异人*、花式吹玻璃、编织机、叠化的风景照、美洲印第安人,以及都柏林、巴黎、耶路撒冷的城市模型"。或许巴纳姆最终可以凭借他1876年开始举办的马戏表演——"世界上最伟大的表演"而被写进历史书。

1847年巴纳姆去欧洲转了一圈回来,觉得是时候让人对他刮目相看了,于是在布里奇波特修了一座公馆,名为"伊朗尼斯坦",仿照英国布赖顿的英皇阁建造。英皇阁是一座宫殿,圆形的塔楼透着东方韵味,周围有花园和喷泉。1849年,巴纳姆在他的纽约博物馆演出戏剧,开展文化活动,还四处宣讲戒酒的意义。揣着不久前才有的持重心态,他又一次撞上发财的机会:他要邀请瑞典女高音新人燕妮·林德(Jenny Lind)来美国巡演。

林德芳龄29岁,早已红遍欧洲。尽管人长得不怎么漂亮,却很有个性,并有着一副天使般的好嗓子。巴纳姆对一名记者说:"有人说林德有这么大名气就是靠歌唱得好,那是瞎说;就算她是乌鸦嗓,也照样招人喜欢。"

林德在巴黎学了几年声乐,1842年回到斯德哥尔摩,演唱歌剧《诺尔玛》(Norma)。观众听到她的歌声就激动得尖叫不已。安徒生(Hans Christian Andersen)疯狂地爱上了林德,可惜他只是单相思。1844年,林德在柏林演唱《诺尔玛》,这是她第一次到国外演唱歌剧。她的演出立即引起轰动,在接下来的6年里,她闻名遐迩。只要是她

---

* 英国传统滑稽木偶剧《潘趣与朱迪》里的人物。潘趣是个驼背,长着鹰钩鼻,喜欢找茬惹事。朱迪是他的妻子。他们俩经常大呼小叫,有时甚至互殴。——译者

开音乐会,门票提前几周就被订光了。她是门德尔松(Mendelssohn)的偶像……欧洲的皇亲国戚都待她为上宾。1847年她去伦敦首演,维多利亚女王亲自为她献花。她的嗓音超好,驾驭歌曲高潮的能力令同时代的其他歌唱家只能望其项背。另外,她的嗓音在表达情感的深度方面也特别出色。

林德接到巴纳姆的巡演邀请后,是比较慎重的。巴纳姆在演艺界的作为和五花八门的公关招术早已名声在外。不过,林德最终还是接受了邀请,因为巴纳姆向她预付了187 500美元(合现在200万美元)。为了这笔钱,巴纳姆将自己的家产全部兑成现金,又办了财产抵押,还四处找朋友借钱。

林德抵达美国的码头时受到热烈欢迎,场面是巴纳姆精心策划的:港口前彩旗飘飘,凯旋门竖了一道道;因为事先散发了无数的宣传材料,所以林德下榻的宾馆外面聚集了20 000名等候的歌迷。林德首演之夜定在纽约,场面极其火爆。纽约演完,她从美国东海岸开

图8　纽约街头一支清一色的女子乐队招摇过市。巴纳姆喜欢搞这种热闹场面。

始巡演,一直演到加利福尼亚。美国群众看得如痴如狂。有人还想出1000美元摸一摸林德的肩膀,"看翅膀在哪儿长着"。还有人明明不能参加音乐会,也要掏650美元买一张票。这趟美国巡演为林德挣足了钱。10个月后,她出钱买断了同巴纳姆签订的演出合同,回到欧洲。

1847年初,林德在伦敦的女皇剧院举行首场演出,大获成功。这让她有机会结识另一位音乐巨星威尔第(Giuseppe Verdi),林德在伦敦首演的歌剧就是他写的。歌剧名为《强盗》(I Masnadieri),是根据席勒(Schiller)的一部作品改编的。林德扮演主角阿马利娅(Amalia),威尔第负责指挥前2幕的演出(一共才4幕)。不过,威尔第和他的明星合作得并不融洽。威尔第的记谱员穆齐奥(Muzio)(他陪同威尔第来伦敦,两人对伦敦的天气、饭菜和英国观众很有意见)写道:林德"老出错,她老爱用花腔,回音、颤音也太多了,这些唱法是上世纪人喜欢的,搁到1847年怎么行啊"。威尔第为何接受邀约创作歌剧《强盗》呢?因为他为外国歌剧院写本子比较赚钱,比他为老家米兰的斯卡拉歌剧院写本子多赚三四倍。

在威尔第眼里,伦敦上演的那部歌剧的主题就是一则典型的不屈不挠反抗压迫、最终以大无畏气概战而胜之的故事。威尔第生活在奥地利占领下的意大利,他不顾安危创作了多部歌剧,明里暗里宣传民族主义。歌剧《纳布科》(Nabucco)讲述的是犹太人被埃及人奴役的故事,刚一上演就差点引发暴动。歌剧《莱尼亚诺战役》(The Battle of Legnano)讲述巴巴罗萨(Barbarossa)*抗击伦巴第人联盟的故事(开场就合唱"意大利万岁!")。《假面舞会》(A Masked Ball)取材于瑞典国王古斯塔夫三世(Gustav Ⅲ)被刺的真实事件,但迫于审查机关

---

* 神圣罗马帝国皇帝。——译者

的压力,故事发生的地点由瑞典改成了美国独立前的波士顿。

或许正是威尔第歌剧的民族主义主题,令埃及总督伊斯梅尔·帕夏(Ismail Pasha)开始关注威尔第,伊斯梅尔的国家当时是奥斯曼帝国的一部分,而他在想办法摆脱土耳其的控制。伊斯梅尔邀请威尔第写一部歌剧,准备在开罗歌剧院演出,庆祝他一手操办的一件大事。他想把这件大事办成自金字塔以来埃及对人类文明最伟大的贡献。为歌剧提供的创作经费太丰厚了(比斯卡拉歌剧院的经费标准高7倍),威尔第哪好意思拒绝,于是他顺顺当当地接受了任务,写出了他最经典的代表作《阿依达》(Aida)(当然,主旋律又是民族主义啦)。不过,《阿依达》到底没能赶上帕夏总督在1869年举行的盛典——苏伊士运河开通仪式。

自罗马时代起,人们就多次尝试开凿一条连接地中海和红海的运河。公元8世纪时,阿拉伯人放弃了该运河计划,因为他们担心开通海路会给拜占庭帝国的海军留下可乘之机。14世纪,威尼斯人认为开凿运河耗资巨大。英国人反对修运河,理由是从非洲绕一圈的航海路线才是"够全面、够安全、够勇敢,带英国人那股劲头的"路线。可是,苏伊士运河实在太诱人了。想想看,不用绕道非洲,足足省去了4000英里的路程。1800年,拿破仑又重新激发了人们修建运河的兴趣,他手下的工程师利用他占据埃及的那点时间,勘探出了一条路线,但在拿破仑战败后,修运河的想法也被束之高阁了。直到一个名叫费迪南·德·雷赛布(Ferdinand de Lesseps)[45]的年轻外交官——1832年他是法国驻埃及副领事——在读罢呈递给拿破仑的那份原始报告之后表示法国人还想修运河(此时,法国人正与英国人竞争呢)。德·雷赛布把这个想法跟埃及统治者穆罕默德·阿里(Mohammed Ali)说了,独自拿到了修凿权。穆罕默德这样做只因为一件事:想当年,是德·雷赛布的父亲受拿破仑之命把他穆罕默德扶上了埃及的统治宝座(穆罕默德虽然目不识丁,却是个能一呼百应的斗士)。德·雷赛布一家是法国皇室的宠信。德·雷赛布跟法国皇后欧仁妮(Eugénie)[46]是亲戚*,这层关系想必也帮了点忙。

46 120 206

1856年,费迪南的运河工程终于动工了,此时是穆罕默德的儿子赛义德·帕夏(Said Pasha)在位亲政(他和费迪南的私交不错)。开凿运河历时24年,动用劳工25 000名,使用了新研制出来的挖泥机。运河开通大典于1869年举行,欧美各国的达官显贵纷至沓来,帝王、艺术家、作家、大使、贵族全到了。开通之夜有8000宾客聚餐。宾客们吃啊喝啊好像不是在为埃及的东西庆祝,而是在为属于自己的东西庆祝。也难怪,修凿运河耗费巨大,弄得赛义德·帕夏破产了,无奈之下他把自己持有的股份全卖给了英国首相迪斯雷利(Benjamin Disraeli),其余股份卖给了瑞士人、意大利人、西班牙人、荷兰人、丹麦人和法国人。

法国来宾里有一两位可能觉得不服:开凿运河这样的丰功伟绩,怎能让德·雷赛布一人独吞呢。时间退回到1833年:一年前德·雷赛布获得开凿权,一年后他认识了一个奇怪的法国人昂方坦(Prosper Enfantin)(德·雷赛布还帮助他躲过牢狱之灾)。昂方坦来埃及是想找个老婆。他是个银行家,还是一个名叫"新基督教"的教派的头头。这个有点共产主义思想、搞性爱自由的小团体到处鼓吹一种新型社会宗教,并且在法国各地设立了一批教堂。1833年,昂方坦因鼓吹性爱自由马上要蹲监狱了,但他和他的追随者还紧着折腾,要给他本人找一个东方新娘,实现东西方的神秘结合。这也是该教派以爱与平等的兄弟情怀,努力团结世界各族人民的步骤之一。昂方坦后来宣称,东西结合的一项内容就是修凿一条苏伊士运河。

---

* 欧仁妮皇后是德·雷赛布的表妹。——译者

图9　开凿苏伊士运河。1869年8月11日,运河终于通到了红海。

圣西门(Henri de Saint Simon)激发了昂方坦对运河的兴趣,同时也正是他鼓励昂方坦成为新基督教的领袖。圣西门19岁那年参加了美国独立战争,投靠美军打英国人。约克顿包围战他参加了,事后他写道:"俘虏康沃利斯将军及其所属部队,我的功劳是很大的,所以我把自己视为合众国自由的奠基人之一。"圣西门又称,1783年他在墨西哥时就提出过修建巴拿马运河的设想。1787年,他去西班牙勾勒出一个计划,要从马德里开凿一条运河通到地中海。在这之后,他又制订了好几个计划,一是将多瑙河和莱茵河两大水系连起来,二是把莱茵河和波罗的海连起来。1795年,他一度是巴黎金融界有头有脸的要人之一。之后,圣西门做过几次生意,但全做砸了。1797年,他已经是个地地道道的穷光蛋了。这时,他决定当一名哲学家。

圣西门的生活境况越来越糟糕,经常身无分文,靠朋友接济度日。就是在这样的处境下,他开始构思一个宏大的社会新秩序。1817年,他出版期刊《实业》(L'Industrie)。他在期刊上撰文,详细阐述自己的新理论:社会完全依靠实业;维持社会的是实业"生产者";政治权力应该掌握在金融家和企业家手里。1821年,他又谈论精神的价值:人人皆兄弟;精神力量必须源于对世界的科学认识。怪不得他的新观点得到一些商人、银行家和工程师的热烈拥护。关于人类知识改善社会状况的价值,运用科学分析社会如何运作的重要意义等"积极的"科学观,为圣西门赢得了"社会学之父"的称号。1823年,62岁的圣西门再度贫困潦倒、心灰意冷。他朝自己脑袋连开7枪,其中一枪打瞎一只眼,其余6枪全打偏了,圣西门没死成。两年后他创立新基督教。此后不久,他便去世了。

参加圣西门葬礼的人中有个叫孔德(Auguste Comte)的法国人。1817年,孔德结识圣西门,并给他当过一阵秘书。

孔德为人类知识库作出的主要贡献,据说是源于圣西门的一句话——"唯一绝对的东西就是一切都是相对的",这句话反映了孔德的世界观。孔德从圣西门关于人类社会的实证主义观点中汲取养分,进而形成了自己的哲学,也就是今人所说的"实证主义"。他将人类历史分成三个阶段:第一是神学阶段,是信神信鬼的阶段;第二是形而上学阶段,是寻求各种描述来解释自然界中"各种力"的阶段;第三是科学阶段。因此,人类必须将科学原则应用于政府的管理活动。

确保秩序的唯一办法就是把社会规则建立在实证的、科学的基础上,若是还有人用神学或形而上学的方式来解释世界,那就不可能有世界和谐了。

因此,科学研究首先要研究人的本质,构建孔德所说的社会物理学[47]。借助社会物理学,人的行为规律可以应用于社会研究。关于这个世界的全部看法与认识均来自于人的大脑和感官,孔德由此推论,人类知识的发展——如圣西门所说——其实就是人们在某一时代知道些什么。人所在的历史环境影响着人类知识的发展。从这个意义上讲,关于世界的所有知识都是相对的。1850年孔德在巴黎理

47 29 39

工学院当考官，并闻名于整个欧洲。像穆勒(John Stuart Mill)这样的卓越人士都把孔德看成是思想向导、道德良师。

19世纪60年代，布拉格的一位物理学教授马赫(Ernst Mach)做了一系列实验，认真研究了孔德的认知相对理论。其中一个实验是让受试者头套纸袋坐在一把转椅上。实验结果显示，受试者只有在转椅加速和减速时，才能感觉到自己在旋转。当椅子等速旋转时，如果没有额外的提示，受试者就既察觉不到自己在运动，也辨别不出方向。直线运动中也会产生相同的现象。对此，马赫教授提出一种解释：这类感知都是由传送到大脑的信息所控制的，这些信息来自于内耳的半规管*里的液体。

马赫回到维也纳大学(他在那儿拿的文凭)时已经很有名气了，大家都知道他就"偶然因素对于发现及发明的重要意义"这类专题做过几次公开讲座，听者如云。这一时期，他已经把认知的相对主义观点拓展到科学研究的各个方面。他在一次演讲中说："我们称自由落体的加速度是9.810米/秒，其实是指下落物体相对于地球中心的速度是9.810米/秒，因为地球同时还做了1/864 000的自转，而地球的自转是参照其他天体的运动才确定的……研究的目的就是要找出各种现象的要素之间存在的关系。"从这个意义上讲，科学所讨论的事件只能参照钟表的指针沿表盘所指的时间，而无法参照绝对时间。

马赫的思想精髓在于一种观念，但这一观念他本人并没有明确表述，而是由他的最著名的追随者提出，并把它称为"马赫原理"。简单说，马赫原理认为牛顿把绝对空间设定为参照系是错误的，错就错在这个参照系无法观察。宇宙中的一切物质和运动可能仅是相对于

---

* 三个半规管和椭圆囊、球囊构成维持姿势和平衡的内耳感受装置。半规管一端稍膨大处有位觉感受器，能感受旋转运动的刺激，通过它引起运动感觉和姿势反射，以维持运动时身体的平衡。——译者

观察者的参照系而存在的,这个参照系又是相对于其他的物质和运动而言的,而这些物质和运动只能用更多现象加以描述。所以,孤立的、分离的经验要素这等情形是不存在的。正如牛顿的苹果落地,可以说是苹果被地球吸引,也可以说是地球被苹果吸引。

造出"马赫原理"一词的是一个德国物理学家,他通过一个朋友的介绍才接触到马赫的理论。他说:"即使是那些自命为马赫反对派的人,恐怕也不知道自己——就像他们小时候吸取母亲的奶水一样——汲取了多少马赫的思想。"因为要做一次研究光的思想实验,所以这个物理学家开始接触并研究马赫的理论。那时候,人们认为光是在一种"导光的"、看不见摸不着的弹性介质里传播的,这种介质无处不在,人们称之为"以太"。可惜,谁也没找着"以太",所以光如何传播仍旧是个问题。在思考这个问题的过程中,这位德国物理学家想象自己驾着一束光去旅行。马赫曾说过,在旅行者看来,驾着光束旅行意味着光束是静止的,因为光束相对于观察者并没有移动,所以,如果这时旅行者举起一面镜子,带有他的影像的光不会到达镜子,旅行者在镜子里什么也看不到。就这点来说,一位朋友提到了马赫关于不存在绝对空间和绝对运动的理论。按照马赫的理论,不管在光束旅行者的参照系之外的人们是如何感知这束光的,在旅行者的局部参考系里光仍然是移动的,到达镜子后再被反射回来。这一观点让这位德国物理学家豁然想到:光速必定是宇宙中唯一恒定不变的东西。你道这德国物理学家是谁?他就是爱因斯坦(Albert Einstein)。

关于光,马赫还有一个饶有趣味的观点:如果宇宙中的一切事物都受其他事物的影响,那么光也不例外。爱因斯坦对该观点作了进一步阐发。1916年,他提出了一个足以动摇经典物理学根基的理论。他认为,光应该受重力的影响,就好像光也有质量一样。光应该受到一个重力场的影响。1919年发生的日食为检验这个理论提供了机会。经预测,那年的5月29日,毕星团里一群明亮的星星会在太阳周围形成星场(也就是说,那个时刻它们的空间位置在太阳的正后方)。

日食轨迹会掠过西非海岸,横贯普林西比岛。几个月前,有人拍了一些毕星团的那个星场的照片,当时太阳离它们还远着呢。接着,在5月8日这一天,一支英国探险队启程去普林西比,率队的是剑桥天文台台长阿瑟·爱丁顿爵士(Sir Arthur Eddington)。日食发生当天,他们一共拍摄了16张底片。7月5日,探险队在拍摄完用于比较的照片之后离开了普林西比。8月25日,他们回到格林尼治皇家天文台。16张底片里只有两张图像质量比较好。几张底片显示:星星发出的光在经过太阳的重力场时确实发生了偏折,偏折度为1.75角秒。爱丁顿给爱因斯坦发去一份电报,证实他的理论是正确的。

爱因斯坦的一个学生见爱因斯坦对新闻报道反应平淡,就问他:要是观测结果没能证实您的预测,您会怎么想?爱因斯坦回答:"我会替爱丁顿惋惜。理论没有错。"

4 隐形物

爱因斯坦提出一个假说,认为重力可以影响光(1919年的日食证实了这个假说)。他的假说发布不久,德国天文学家史瓦西(Karl Schwartzchild)便提出了这样的理论:宇宙中存在质量极大的天体,因其质量太大,以至于连光都会被它们吸住;因为光无法逃离这样的天体,所以这类天体人们是看不到的。它们就像一个洞,光线进去后就"消失"了。所以,这个理论上推定的天文现象就被称为"黑洞"。

1992年,有人用一台仪器证实(星系M87中)存在质量巨大的黑洞。这台仪器是以一位天文学家的名字命名的,这位天文学家让现代人的宇宙观念发生了革命性的变化,他对天文学的贡献不逊于爱因斯坦对物理学的贡献。他就是哈勃(Edwin Hubble)。20世纪20年代,哈勃开始在洛杉矶附近的威尔逊山天文台研究河外星云。星云(nebulae)就是聚集成团的恒星,样子很像天空里的云彩(拉丁语"nebulae"意为云)。为了测定星云离地球的距离,哈勃运用了一条新的法则。10年前,哈佛大学天文台的天文学家莱维特(Henrietta Swan Leavitt)*就已阐述过这条法则。莱维特通过观察发现,造父变星的亮

---

* 莱维特,美国女天文学家,聋哑人,造父变星周光关系的发现者。——译者

度呈现周期性变化,时而变亮,时而变暗。最暗和最亮之间的光变周期说明了这些星体的真正亮度。星体的亮度等级表明星体距地球的距离(亮度越小,距离越远;一个星体如果亮度为另一个的1/4,那么它距离地球的距离就是另一个的两倍)。哈勃在仙女星系M321*中发现了造父变星;通过对其亮度和光变周期的测量,得知它们距离地球75万光年。这个发现把之前天文学家们普遍接受的宇宙尺度又扩大一倍。1929年,哈勃又用亮度测定法观测室女座星系团中的恒星,测定它们距离地球2.5亿光年。

同一时期,哈勃还着手测量星体红移,也就是多普勒效应[48]。多普勒效应是这样产生的:由一个渐远波源发出的光波,在到达观测者的眼睛时,其频率会变低(因为波源的移动,光波被"拉长"了),即光线变红(频率越低,光线就越红)。哈勃发现,天体距离地球越远,红移就越大。哈勃定理由此得出:距离增加一倍,星体远离地球的速度也增加一倍。这个惊人的天文发现彻底改变了人们对宇宙的科学认识,其影响力可与400年前哥白尼(Copernicus)引发的天文学革命相媲美。宇宙中的红移现象比比皆是,说明整个宇宙还在不断膨胀。顺着宇宙膨胀的路线反向走回去,就会走到历史的某一时刻:一团密度极高的物质轰然炸开,宇宙便诞生了。哈勃红移成为宇宙大爆炸理论的发端。

大爆炸理论认为,如果把天文望远镜放在太空中,它观测的天体距离地球越远,它回望的时间就越长,因为距离最远的物体就是移动距离最长的物体。刚才提到的那台证明黑洞存在的天文仪器就是哈勃空间望远镜,搜寻移动距离最长的星体是它数项任务中的一项。这架望远镜安装在距地面600千米的高空,完全不受大气层折射的影

---

* 应为仙女座大星云M31。——译者

响，所以它的宇宙观测质量之高是前所未有的。1990年4月25日，美国"发现者"号航天飞机执行STS-31任务，将哈勃望远镜送入轨道*，由约翰·霍普金斯空间望远镜科学研究所代表美国航空航天局和欧洲航天局操控管理。最初计划是让太空望远镜定期返回地面维护，但是在望远镜投入使用后不久，美国航空航天局又认为在轨道上维护更好。

将哈勃望远镜送入太空轨道以及后来多次到太空执行维护任务的是航天飞机。这种航天器的个头和麦道DC-9型客机差不多，机身长121英尺，翼展78英尺，自重450万磅。它升入太空后，经过一番操控，可以将望远镜释放到精确的位置；随后在执行望远镜维护任务时，又能准确地飞到距在轨运行的望远镜很近的地方并抓住它。这类操作很精巧，说明航天飞机的飞行精度极高。之所以能完成上述操作，主要是因为航天飞机上载有一套反应控制系统。这套系统的组件是44个小喷嘴（助推器），有的安装在航天飞机头部，有的安装在尾部，靠近主引擎的地方。其中有38个小助推器每个能产生870磅的推力，另外6个小助推器每个能产生25磅的推力。推力较大的助推器可承受5万次点火，较小的能承受50万次点火。有了这套反应控制系统，飞行员就能在半度以内微调航天飞机的位置。这套系统使用的燃料是四氧化二氮和一甲基肼。肼是一种烈性燃料（第二次世界大战期间德国人研制的火箭战斗机ME163首次使用它作燃料），花同样多的钱，除了氢，其他燃料在轰然一声中提供的动能都比不上肼。肼还有其他用途，不过没有它作燃料时显得那么轰轰烈烈。譬如，它可以制成药剂，可以加入水暖管道中防止其锈蚀，另外，在照相、照相制版、印染、金属镀膜中也都用到它。除了这些，人们还用它

---

* 1990年4月24日"哥伦比亚"号在39A发射平台上目送1.6英里外的"发现者"号携带哈勃望远镜起飞执行STS-31任务。——译者

制造抗真菌剂。

世界上第一种抗真菌剂可以说是应运而生的,这个"运"就是法国遭了大灾,而且是前所未遇的大灾。1878年,法国的葡萄园爆发霉菌病。这事儿说起来有点让人哭笑不得:致病的真菌一开始是长在美国的葡萄藤上,后来才被弄到法国,因为1865年法国的葡萄酒业遭遇过一次劫难,葡萄园大面积生葡萄根瘤蚜,使法国葡萄酒产量大大减少。引种真菌本意要解决根瘤蚜问题,不曾想问题没解决,到头来却反受其害。

1882年10月末的一天,波尔多大学的植物学教授米亚尔代(Pierre Millardet)在葡萄园里散步,不经意间发现有些葡萄的枝叶泛着蓝绿色,但又都正常生长,不像得病。米亚尔代觉得奇怪,几经询问才知道,当地种葡萄的农民有个习惯,用硫酸铜和石灰制成混合液喷洒在葡萄枝叶上,防止路人偷摘葡萄。那年月,绒霜霉菌基本扛不住化学药物,米亚尔代一直在寻找一种可以喷在葡萄叶上的抗真菌化学药物。在第二年葡萄收获的季节,米亚尔代研制出了"波尔多液",原料是硫酸铜、生石灰和水。这是世界上第一种抗真菌化学制剂。

葡萄害病,害得法国葡萄酒产量减半。那时候,葡萄酒占该国农业总收入的1/4,600万人靠酒吃饭,所以法国政府特别想找个办法,一劳永逸地杜绝这种灾害。1878年国际防疫检疫大会在瑞士的伯尔尼召开,与会代表就跨境转运植物问题达成一致,并制定法规。遗憾的是,代表们似乎忽略了一个情况:葡萄根瘤蚜病是由葡萄根瘤蚜引起的,而这种蚜虫自己会飞。

与跨境相关的问题不光是转运植物,其他问题也让参加瑞士大会的代表们颇费脑筋。1874年,世界邮政大会[49]在伯尔尼召开,21个国家参加。会议的宗旨是规范国际邮递业务,特别是确定各方都认可的资费标准和邮件分类标准。4年后,国际邮联成员国又增签了一份"汇票协议"。1882年,一家美国公司开办了世界上首个"快汇汇票"业务,它使用的汇票可以防涂改。汇票的一边印着很多数字,购买汇票的人撕下一排数字,一直撕到他要汇寄的数额。这样可以防止汇兑时有人做手脚,更改金额。开办此项业务的就是美国运通公司,它所用的方法不仅可以防止汇兑时有人做手脚,还可防止汇票遗失与伪造。

美国运通公司始创于1850年,由三家快递公司合并而成。三家公司合并的动力源于两年前加利福尼亚发现了黄金。让美国运通公司垂涎的是,仅一年内运往东部的黄金价值就达6000万美元,而且在加利福尼亚开金矿的老板和商号越来越需要东海岸的供货人提高送货的速度。为了使递送更加便捷,美国运通公司首创"货到付款"制度。1860年,75 000名加利福尼亚人签了一道请愿书提交国会,要求政府建立正规高效的邮递业务,方便他们这些抛家远走、边疆创业的人同住在东部的家人联系。1858年,在科罗拉多和堪萨斯人们又发现金矿。这些因素聚集起来,不断刺激着人们消灭最后一个陆路通信盲区的兴趣。这个盲区就是密苏里的圣约瑟夫和加利福尼亚的萨克拉门托之间的那片地方。

1860年4月7日,第一位小马快递的骑手带着邮件离开圣约瑟夫向加利福尼亚奔去。路途十分危险,他要穿过近2000英里的险山恶水,而且这片

图10 小马快递骑手的潇洒身姿。大多数骑手不带枪,自信即便有打劫者,也赶不上他们的快马。

蛮荒之地上还居住着爱动刀动枪的美洲原住民和土匪。对应征的骑手有个要求，就是不怕吃苦，不畏疲劳。有几个骑手年龄很小，才14岁。孤儿优先录用。邮递路线上分布着138个驿站；每100多英里设一个大站，骑手可以在站内稍微休息一下。每隔一个大站换一名骑手。大站之间每20英里设一个小站，负责提供精力充沛的马匹。工作日程排得很紧，换骑手的时间仅有2分钟。小马快递一直坚持按马匹奔驰的速度投递，且公司的政策是：不管什么情况，不论危险多大，"邮件一定要送达"。这套投递系统运作了不到两年，在贯穿东西的铁路通车之后，小马快递便被淘汰了。

离小马快递出局还有几个月的时候，美国运通公司收购了它。随后，他们雇了一名非凡的骑手，他就是后来在美国家喻户晓的人物"野牛比尔"(Buffalo Bill)。野牛比尔最拿手的是打野牛（一天能打69头）。1868年，他的工作就是给修建堪萨斯太平洋铁路的工人们送牛肉。野牛比尔本名叫科迪(William Cody)。1872年，未满28岁的他已是个传奇人物。那年，他为小马快递干过，为铁路干过，还为军队干过。他还在芝加哥的剧院中演过戏，饰演《大草原上童子军》(*Scouts of the Prairies*)的主角——一名男童子军。演艺生涯开始后，他还定期返回大草原，搞一些冒险活动，由此声名大振。1883年，他带着他的"蛮荒西域秀"走进城市，向人们展示19世纪美国西部的生活面貌。这个表演将美国西部梦幻般的历史演绎得淋漓尽致：捕杀野牛、印第安人的袭击、小马快递狂奔的骑手、骑兵救援、神枪手、马车队、挖陷阱捕猎的人，还有童子军。所有这些表演都是科迪担任主角。1913年，科迪的表演已经在12个国家巡演，1000座城市的5000万人观看了他的演出，而恰在这一年科迪破产了。

在美国，可与科迪的演出竞争的只有一样表演，它是一个新的娱乐品种，名为"曲艺杂耍"(vaudeville)。19世纪末期，标准的"曲艺杂要"节目通常有9段演出,每段10分钟,包括口技、舞蹈、喜剧小品、哑剧、短剧,还有一个华彩的结尾——一般是荡秋千。1850年,最早一批曲艺杂耍节目中有一场是在旧金山开场的,节目单上说是一场具有浓郁"巴黎风味"的表演。你从节目的名字就能看出来它确实跟法国有关系,vaudeville的法语原版是Vau de Vire(维尔河谷)。维尔河谷在法国诺曼底,最早的曲艺杂耍表演就诞生在那里,创始人好像是一位生活在15世纪的歌曲作者,叫巴瑟兰(Olivier Basselin)。今人对他的情况了解不多,只知道他最初做过漂布工。巴瑟兰创作的音乐作品大部分是饮酒歌,标题差不多全是《饕餮之乐》(Fun at the Table)、《酒酣谱华章》(Drinking Produces Good Verse)、《再来一杯》(Let's Have Another Glass!)之类。

巴瑟兰挥笔写歌的那段时间正值英国逐渐丧失对诺曼底的控制之时。之前,英国人占据诺曼底200多年。1450年,英国人战败,撤出了诺曼底。这场战役史称"福尔米尼战役",巴瑟兰在此战中被杀。法军在福尔米尼战役中首次使用了一种新式小型火炮,法国人叫它"寇菲林"。事后证明,寇菲林炮对此战起了决定性作用。传统上,英国人的战术是以守待攻,将长弓手列阵,并在阵前的地面楔上带尖的拒马桩,等待法军进攻。这一招本来很奏效:先万箭齐发,把法军骑兵射得火气上蹿,激他们冲锋;等他们冲到阵前陷入桩阵时,英军步兵再围上,把他们全消灭掉。

可是在福尔米尼战役中,这一招儿却不灵了。法军弄来几门寇菲林炮轰击英军前沿,逼迫英军长弓手主动出击。一些长弓手自破阵列,冲到法军阵地,俘获了寇菲林炮。正当他们拉着小炮返回本阵时,法军的增援部队赶到了,他们瞅准英军阵列的缺口猛攻。英军兵力一共4500人,最后战死者达3774人。此役之后,如果英国人再战败,诺曼底就保不住了,但史实却不是这样。

法军转守为攻，一连20多年追打英军；而这个局面的始作俑者竟是一个目不识丁的少女。1428年，这位姑娘来到勃艮第的沃库勒尔城堡，要求和小城的长官博德里古(Robert de Baudricourt)面谈。她口口声声说她听到了圣玛格丽特(St. Margaret)、圣卡特琳娜(St. Catherine)和圣米凯尔(St. Michael)三位圣人的真言，是她们催她来的。姑娘穿着一件"紧瘦而寒酸"的红色长裙，慷慨陈词，宣称自己肩负着神圣使命：把英国人赶出法兰西，将王储查理(王位继承人)扶上御座。博德里古被她的赤诚所感动，即刻带她去见洛林的查理公爵(Duke Charles of Lorraine)。姑娘良言相劝，让查理公爵今后生活不要太放荡。公爵接受了忠告，并赐她一匹马作为酬谢。博德里古又送给她一把剑，并带她去面见住在希农的王储。王储想试试这姑娘到底有什么神奇本领，便穿上普通的衣服混迹在侍臣中间。岂料这位姑娘径直走到他跟前，与他说话。后来据说姑娘告诉王储一些事，那些事只有王储和他的忏悔神父才知道。随后教会的牧师仔细询问了姑娘听到上天口谕的事，还有几位医生证明姑娘的确是一个奇女子——还是处子之身呢。待她通过了所有考核后，王储赐给她一套铠甲、一根长矛，还有一面旗帜，拜她为三军统帅。此举让王储手下那帮整天明争暗斗的贵族们大感不解，听凭一个平民调遣，他们不服啊。

1429年，法军在奥尔良之役中击败英军，姑娘树立了威名。这位姑娘就是后来闻名遐迩的圣女贞德(Joan of Arc)，又称"奥尔良少女"。她与英国人打了一仗又一仗，且战无不胜。1429年6月17日，贞德把王储查理请到了兰斯，为其举行加冕礼。加冕为王之后，查理就认为贞德的使命已经完成，于是在翌年9月遣散了贞德的部队。他并没有把贞德要将英国人赶出法兰西的誓言放在心上。贞德被削去太子军指挥一职后，成了自由人，然而事情打这儿就开始出岔子了。

在遭遇一系列败仗后，1430年5月24日，贞德跃马冲出贡比涅，进攻英军及其在勃艮第的盟军，结果被敌军合围。等她返回贡比涅时，发现城门紧闭，吊桥高悬。几个时辰后，她成了勃艮第人的俘虏。

一年后，她站在宗教裁判所[50]的法庭前受审。判决书是这样写的："鉴于其接受神谕之目的、方式及内容，又鉴于其个人品质、事发地点及其他外在因素，她所言之事纯属想象之虚妄之词，污浊而恶毒，所言降神及神谕均系编造，源自恶灵魔鬼，如贝利亚、撒旦、贝黑魔之类。"1430年9月，勃艮第人把贞德卖给了英国人。1431年5月24日，她被绑在断头台上烧死了。那个断头台太高，刽子手没法像往常一样给她来个"痛快的"。贞德是被活活烧死的，死得很惨。

50　104　181

审判贞德的宗教裁判所早在200年前就有了，建立的目的是打击异端清洁派教徒[51]*。清洁派这个教派，笃守贫穷，相信自由爱情，主张教会放弃一切物质财富。那时，教会等级繁多，机构臃肿，神职人员常摆阔炫富，行为放纵，聚赌通奸这种事也常干，民众深为不满。有一位年轻的西班牙教士，名叫多明我·德·古斯曼（Domingo de Guzmán），他认为要遏制民众日益增长的不满情绪只有一个办法，那就是站在清洁派的角度去会会他们。不过，他一边化缘乞讨一边传道的招术并不灵验，教皇一急就发动了圣战，一直打到1209年，屠杀了成千上万的清洁派教徒。1215年，教皇英诺森三世（Pope Innocent Ⅲ）**任命多明我为新的"多明我会"***的领袖。多明我会只有一个任务，那就是搜查打击异端邪教。

51　103　179

---

* 又译作"卡特里派"，中世纪流传于欧洲地中海沿岸的基督教异端教派，信徒谴责世俗，自评纯洁。因以法国阿尔比城为主要活动基地，又作阿尔比派。——译者

** 英诺森三世（1160—1216），罗马教皇，1198—1216年在位。在位期间，教廷权势达到历史顶峰。曾发动第4次十字军东征。——译者

*** 多明我会（Ordo Dominicanorum），又译为道明会，亦称"布道兄弟会"。会士均披黑色斗篷，称为"黑衣修士"。——译者

1227—1233年,异端邪教的影响越来越大,教皇格里高利九世(Pope Gregory Ⅸ)进一步采取措施,加大打击力度。贞德受审的时候,多明我会宗教裁判所已经成立了。宗教裁判所的裁判员持有"格杀勿论"的教皇谕令,权力比世俗衙门还大。嫌疑人被他们捉住,不经审判就可投进监狱,施以酷刑。嫌疑人的财产他们都可以没收。最厉害的是这些裁判官可以把宗教异端烧死。不过,必须从历史的角度来看宗教裁判所的所作所为。在那个时代,酷刑是司空见惯的。法国是这样惩处犯叛国罪的人:先把犯人吊起来,一直吊到他快要昏死过去,然后开膛破肚,把肠子等内脏全拽出来,最后再将犯人大卸四块。宫刑也是奇刑怪招之一。还有,疑犯在裁判所受审,不招供基本上就别想活着出来。裁判所提起的指控从来不具体说明,也不对外公开控方证人的名字。裁判官让被告人无中生有地想象什么罪行能让自己被捕,然后再供认自己确实犯了那个罪。裁判官还许诺,如果被告人供出其他异端分子,可以从轻发落。15世纪成立了西班牙宗教裁判所,专门对付犹太人。识别犹太人比识别散布在各地的异端小帮派容易得多。这个新建的裁判所打的旗号是审查和确认犹太人是否真的改邪归正,其实它的任务是最终解决"犹太问题":揪出那些暗地里仍信奉旧信仰的"皈依者",剥夺犹太富人的财产和地位。

　　伊比利亚犹太人早在公元8世纪前就生活在西班牙和葡萄牙。8世纪时,第一批穆斯林入侵者占领了科尔多瓦城。穆斯林视犹太人是"圣书之族",又因为他们敬拜的是同一个神,所以他们把犹太当作受上帝保护的少数民族对待。犹太人可以持守自己的宗教信仰,免服兵役,允许搞自治。然而事实是,上法庭打官司,犹太人的证词没有穆斯林的证词管用,犹太人不能跟穆斯林通婚,犹太人不允许携带武器。但是,同生活在基督教国家的犹太人相比,伊比利亚犹太人的境遇要好多了。他们常官居高位,活跃在贸易、金融行业。犹太学者也非常受尊敬,在西班牙穆斯林国家的文化生活中发挥着重要作用。

公元1100年后,基督教诸国发动的"再度征服"的战火向南延深,它们先后攻占了里昂、阿斯里亚、阿拉贡、纳瓦尔、卡塔罗尼亚和卡斯提尔,穆斯林西班牙的版图逐渐缩小。最后陷落的穆斯林国是塞维尔、萨拉戈萨,还有1492年陷落的格拉纳达。以前穆斯林宽容犹太人,现在基督教镇压犹太人。犹太人被赶进贫民窟,夜晚禁止出门,还被课以重税,搞得倾家荡产。1281年,卡斯提尔的犹太人全被抓进监狱,只有交上一大笔赎金才能被放出来。14世纪,马德里、博格斯、科尔多瓦、托雷多、巴塞罗那等地的犹太会堂遭到袭击并被摧毁。多明我会的教士们毫无倦怠地忙碌着,要把犹太人改造成基督徒。眼看不改信仰便会惨遭厄运,成千上万的犹太人被迫归顺了基督教。不少皈依基督教的犹太人最后还当了官,有权有势,因为在儒雅深沉的穆斯林世界生活了几个世纪,他们掌握了一些新基督教统治者缺乏的本领,譬如识文断字、通晓算术。

1474年,塞戈维亚的基督教多明我派领袖托克马达(Tomas de Torquemada)当上了卡斯提尔王后伊莎贝拉(Queen Isabella of Castile)的忏悔牧师。1482年,伊莎贝拉和她的丈夫费迪南国王(King Ferdinand)任命托克马达为西班牙宗教裁判所总督察。此后,托克马达这个名字就和宗教裁判所的暴虐满盈画上了等号。1492年1月20日,穆斯林在伊比利亚半岛上的最后一个据点格拉纳达被攻陷,伊斯兰在西班牙781年的统治至此完结,伊比利亚犹太人的厄运也由此开始。同年3月31日,费迪南和伊莎贝拉御准了一道法令,将犹太人逐出西班牙。法令限犹太人在4个月内卷铺盖走人,不得借奔丧吊唁之名返回西班牙;一切财产充公;禁止携带黄金、白银、金币、银币;自1492年7月1日起,凡是向犹太人提供帮助和食宿者一律严惩不贷。这道《驱犹敕令》是犹太人的大灾大难,大部分犹太人不可能在那么短的时间内变卖家产。贫民窟的房屋一钱不值;基督徒们按甩卖价大肆收购犹太人的财产,狠赚了一把。据最可信的估计,当年遭驱逐的犹太人多达25万。

伊比利亚犹太人四散逃往欧洲其他地方,其中不少人逃至东欧、荷兰和葡萄牙,但大部分人都回到了世世代代对他们抱以理解和同情的穆斯林社会。去往穆斯林地区的绝大部分犹太人又都奔向苏丹巴亚泽特(Sultan Bajazet)统治的伊斯坦布尔。巴亚泽特说费迪南在政治上"二把刀",他把全国最聪明、最勤奋的人都赶走,其实是削弱了自己王国的锐气,壮大了敌国的势力。

没过多久,犹太人就在自己的新家园干出了名堂,为巴亚泽特的王国作出了重要贡献。1520年,巴亚泽特的重孙"威明皇"苏莱曼(Suleyman the Magnificent)继承大统,在位统治46年,将奥斯曼帝国带入文化鼎盛期,使帝国的版图横跨欧亚非三大陆。对苏莱曼而言,犹太人具有特殊的价值,因为他们熟悉欧洲的银行体系,他们和欧洲其他地方的犹太银行家一道摸索建立了一整套严密而复杂的汇票系统,借助这个系统他们可以实现高效率的资金转移,比他们的基督教对手和土耳其对手都强得多。他们跟在欧洲市场做生意的犹太同行有交情,学语言有天赋,会记账,又能写商业信函、商业合同,这些条件和素质对于土耳其帝国的财政部来说太重要了。只要是犹太人把持的行当,犹太人便有着不可或缺的重要性,譬如他们做糖、咖啡和香料的生意就是这样。1552年,有一位官居要职的犹太人莫什·阿蒙(Moshe Amon)向土耳其政府递交奏折,要求保证把一位葡萄牙籍犹太银行家的资金安全转移到伊斯坦布尔,这位银行家就是格拉齐娅·门德斯(Dona Gracia Mendes)女士。该女子可是了不得,不久前她放弃了基督教信仰,还表示希望移民到伊斯坦布尔,与她的外甥约瑟夫·纳西(Joseph Nasi)团圆。

纳西曾在荷兰安特卫普的门德斯家族银行里待过一段时间,与查理五世(Charles V)私交不错。格拉齐娅和约瑟夫的财富合在一起,没有多久就在土耳其买到了权势。格拉齐娅成为苏莱曼的爱妻罗莎琳(Roxelane)的密友。16世纪60年代初,约瑟夫混得不错,称得上富可敌国,虽无土耳其外务大臣之名,却行外务大臣之实。譬如,土耳其的塞利姆(Selim)(苏莱曼的继承人)同法国查理九世(Charles IX)达成的一个协议就是他撮合的。约瑟夫这个人很有野心,一度以"犹太王"自居,虽然土耳其封他的最高爵位只是希腊的纳克索斯岛大公。

1564年,也就是在约瑟夫说话苏莱曼听着顺耳之后不久,这位苏丹手下的议事会开始讨论能不能攻打马耳他的问题。马耳他岛是马耳他骑士团的司令部。该骑士团是一个基督教组织,几十年前苏莱曼把他们从罗底斯岛的据点赶了出去。议事会里有些人反对打这一仗,理由是土耳其应该往北、往东扩张,跨过匈牙利。议来议去,议事会最终还是决定拿下马耳他,把它作为根据地,攻打西班牙、意大利及南欧地区。这时的马耳他骑士团就驻扎在西西里和北非之间的海上通道,搞的名堂用现在的话说就是有组织的海盗活动。苏莱曼之所以下决心攻打马耳他,就是因为骑士团干了一件海盗才干的事。他们劫获了一条商船,船是苏丹后宫的大太监库斯蒂尔-阿伽(Kustir-Aga)的,船上装有金币8万枚,还有产自威尼斯的商品,这些东西帝国的高贵女眷们全都有份儿呢。所以,苏莱曼的嫡亲一个劲地给他施压,要他一定攻下马耳他,把东西夺回来,解救被俘的穆斯林(海匪跟土耳其人打仗,就把他们塞到战船里当桨手,使他们受尽屈辱)。

1565年5月18日,星期五,盘踞在马耳他的骑士团发现了土耳其人的第一批舰船。它们是土耳其军的前锋,紧随而来的是一支庞大的征伐舰队。这支舰队有战船181艘,运载兵将3万人、火药6000桶、炮弹1300发、火铳弹丸8万枚,还有其他辎重。马耳他骑士团守军一共9000人,其中5000是本岛原住民。他们人数虽少,但都是精兵,训练有素,又秉承了十字军英勇无畏的传统。另外,他们特别害怕土耳其人攻下马耳他,所以准备誓死一战。骑士团统领叫德·拉·瓦莱特(Jean Parisot de la Valette),掌管骑士团长达7年,既精通战术,又能率先垂范,鼓舞士气。他用数月时间备好了一块地,构筑了多个防御工事,并将来犯之敌有可能据为躲避处的房屋统统拆除。此后的情况是:守军顽强抵抗,土军将帅不和,加上其战术杂乱无章,最终土耳其人不得不起寨拔营,悻悻而返。

土耳其人撤走了,马耳他一片狼藉,几乎所有大一点的建筑都破损不堪,急需修葺或重建。欧洲列强认为,鉴于马耳他的战略地位十分重要,它的防御工作一定要加强、加强、再加强,虽然列强出手相帮太迟了点。1565年12月,军事工程师拉帕雷利(Francesco Laparelli)来到马耳他,开始大兴土木;计划要建起一座坚固的都城,取名为"瓦莱塔"。这座新城可谓文艺复兴式建筑风格的最绝妙一笔:街道横平竖直,格出的矩形空地也很开阔,四周均围以高墙棱堡;每幢房屋都和城市的排水道相连,还建有专门收集雨水的水箱;建筑风格整齐划一。

新都城最显眼的新建筑是医院,它于1575年开门接诊。马耳他骑士团于1048年在耶路撒冷创建时,它只是个护理队,任务是照顾从前线下来的十字军伤员,所以那时候人们都称他们是"救护骑士"。那时候医院的院长叫大护师,官阶与教会的最高级掌门相当。瓦莱塔医院融会了许多全新理念:患不同疾病的病人分住在不同病房。比如,治疗肾结石的住一个病房,患性病和皮肤病的住一个病房,用温泉治疗梅毒的住一个病房,得绝症的住一个病房,患传染病的住一个病房,拉痢疾和得怪病的住一个病房,患精神病的住一个病房。医院的另一特点是实行单人单床,每天晚上把床铺好。如有必要,床单可以做到一天几换。

不过,医院的治疗水平有限。实施麻醉要么是用一块蘸有颠茄汁和毒参茄汁的麻醉海绵堵在患者嘴上,要么就是让病人戴上木制头盔,然后用榔头将他砸昏过去;伤口一般用盐水清洗;治疗骨折用的是夹板和牵引术;断开的血管用丝线结扎;软组织的伤口用丝线缝合。在医院工作的医生必须"知识深厚、经验丰富",还要宣誓:极尽所能治病救人。另外,行医治病必须以"最受认可的医生"为基础。

当时最受认可的医生叫安德烈亚斯·维萨里(Andreas Vesalius),他的父亲以前是哈布斯堡皇室的宫廷药师,安德烈亚斯本人也做过查理五世的御医。安德烈亚斯先去巴黎、后到帕多瓦学医。1537年他在帕多瓦演示解剖术,技艺之精湛令观者印象深刻,随即晋升为外科学教授,这年他才23岁。1543年,他发表专著《人体的构造》(*De Humanis Corporis Fabrica*),震惊了医学界。这是第一部真正的现代解剖学著作,里面的插图全是依照真实人体绘制的。维萨里摒弃了古希腊—罗马医学文献的学术权威,把自己亲眼所见一一呈现给读者:人体的骨架、神经、器官、肌肉、皮肤等等,面面俱到。他还详细描述了他的解剖方法,要做解剖的读者一看就明白。书中的人体插图都是木刻的:先将图刻在梨木上,然后顺梨木纹理锯开,再涂上热亚麻油,增强木板表面的弹性。雕刻师姓何名谁不得而知,但有一点可以确定:出自他之手的精美绝伦的画作是在威尼斯大画家提香·韦切利(Tiziano Vecelli)的画室里完成的。

提香1488年出生在意大利北部的一个贵族家庭,8岁时就显露出非凡的绘画才华。后来他和弟弟一起被送到威尼斯,给一位画师当学徒。威尼斯共和国宁静而安闲,是当时欧洲地区最富庶的海港,以炫耀性消费而闻名。正如画家乔凡尼·贝利尼(Giovanni Bellini)所感受到的,在威尼斯,美术为人们提供了获利可观的就业机会。提香来时,贝利尼已经是威尼斯画派的领袖。贝利尼和威尼斯政府签了合同:他为每一位当选的总督画一幅肖像,政府给他发一份终身养老金。提香兄弟要去的地方就是乔凡尼的兄弟真蒂莱·贝利尼(Gentile Bellini)的画室。

提香在真蒂莱门下待了不长时间,就转到乔尔乔内·达·卡斯泰尔弗兰科(Giorgione da Castelfranco)手下画画。这个乔尔乔内不久前画的一幅祭坛画*,震惊了威尼斯美术界。画中的圣母没有立于教堂之内,而是站在一片风景前。乔尔乔内("大乔治")还首次使用不同色彩来描绘物体的形状和体积。他使用画布和油彩是一种观念革新,将传统抛在了脑后,他还引入了写实风格,很快被提香采纳。1526年,提香为托钵修士教堂画了一幅祭坛作品,后人认为这幅作品首次展现了提香的风格。画面上,身材匀称的圣母被一群天使抬着飞升到天堂;比较扎眼的地方是圣母看上去体重过了一些。据说托钵修士们第一眼看到这幅画,全都被"震住了"。提香纯正的写实主义绘画风格如野火燎原般迅速流行起来。提香是肉体色彩的大师,所以他笔下的女性都栩栩如生。他拿这手绝活给维萨里的专著画插图,那插图怎么会没视觉冲击力!

1530年时,提香已经是千人爱万人迷的艺术家。他开始为大人物画肖像:塞浦路斯女王、费拉拉公爵、一位出身于美第奇家族**的红衣主教、法国国王等。1545年他去罗马,教皇保罗三世(Paul Ⅲ)像

---

* 指《卡斯泰尔弗兰科》(约1504),又名《圣母与圣弗兰奇斯和圣利贝拉莱》。——译者

** 意大利贵族世家,先后出了三个教皇,两个法国王后。科西谟是该家族统治佛罗伦萨的第一人;洛伦佐以扶持文艺人才著名,米开朗基罗、波提切利都是他的门客。——译者

迎接王子皇孙一般欢迎他。他画的保罗三世画像非常逼真,据说他把画像拿到凉台上晾干,过往的行人都向画上的教皇脱帽行礼。神圣罗马帝国的皇帝查理五世对提香十分欣赏,封他为帕拉丁公爵、金马刺骑士,有权出入皇宫。这等荣誉,画家一般是得不到的。

提香为查理五世画过很多幅肖像,最著名的一幅是在1548年查理皇帝坐镇德意志期间画的。查理五世一直想在罗马天主教会和新近叛离的日耳曼新教徒之间找点共同语言,为这件事他

图11 提香为教皇保罗三世画的肖像。1545年,教皇保罗三世像迎接"王子皇孙一般"把提香迎进罗马。

愁了好些年。1521年,马丁·路德领着新教徒闹分裂;1545年,几个信奉新教的小王国的王公结成同盟,拒不参加其后召开的特伦托*大公会议(会议的任务是回应新教运动,全面改革天主教),并回绝一切媾和努力。查理皇帝没别的办法,只好诉诸武力。1547年春天,双方在巴伐利亚的穆尔堡打了一仗,新教徒大败,其中的一个头目被捉。这个头目就是萨克森的选帝侯,提香还给他画过像。之后,在穆尔堡不远的奥格斯堡,提香又给查理画了一幅戎装肖像:查理全身披甲,胯下一匹宝马,和他打穆尔堡之战的那身装扮一样。

查理五世的铠甲是在奥格斯堡制作的。这座小城的金属工匠很有名,小城附近还有一个产金、银、铁的大矿区。在穆尔堡这幅画里,查理身穿的铠甲上有一样东西,也是奥格斯堡的名品:螺丝钉。早在

---

* 特伦托现为特伦蒂诺和上阿迪杰大区的区府,因1545—1563年在这儿召开的特伦托天主教大公会议而知名。——译者

古典时代*,人们就已知晓螺丝钉的原理。那时候,古人利用该原理制造压榨机榨橄榄,利用该原理汲水。不过,一直到文艺复兴时期,金属制的螺丝钉才发明出来,用途之一就是钉在铠甲上。铠甲有一块铁皮叫**护心镜**(就是一块坚固的盾牌,固定在左胸左肩,骑马抡枪格斗时用的)。护心镜用一根方头螺栓固定在铠甲上,拧紧螺栓的工具是一把扳手。查理皇帝在穆尔堡穿的那种仪仗铠甲常带这种铁披肩式护心镜。

金属螺丝钉可能就是奥格斯堡的首饰匠或金匠发明的。他们在贵重金属品的制作方面有着深厚的经验,无怪乎后来发明了一种造币新方法。大约是1550年的某个时间,经法国驻奥格斯堡大使的热情举荐,一位名叫施瓦布(Max Schwab)的金匠应法兰西皇帝亨利二世(Henry Ⅱ)的邀请,带着一台他发明的新式平衡压模机来到巴黎。施瓦布的压模机由一个长长的横向木制手柄驱动,各端加载负荷;转动手柄,将印板向下拧紧,手柄上的配重即产生平衡压力,嵌在印板里的印模便会均匀地压在金属上,印出异常清晰的图案。

亨利二世很想彻底改变一下硬币币制,因为此时他正面对着一个令所有王国首脑都头疼的问题:账单都是用现金结算,而手头的现金又少得可怜。1530年,查理五世扣留法国国王弗朗西斯一世(Francis Ⅰ)的几个儿子,要他拿200万金埃居**赎人。法国没有那么多金埃居支付赎金,弗朗西斯被迫购买外币,将其回炉熔化,再铸造成埃居。战争化费、请雇佣兵的花费都摆在那儿,逼得各国工公们四处借钱。施瓦布来到法国时,亨利二世欠里昂银行家的钱差不多和他的全年总收入相当。更糟糕的是,当时假币横行、无以计数,而不管是

---

* 古典时代(classical times)广义上指古代文明发祥地的整个古代文明时代,狭义上指古代文明发祥地文化最为繁荣的时代。——译者

** 埃居是法国古代钱币名。——译者

什么样的硬币，三擦四蹭成色就下降了，价值自然也就降低了。亨利的想法是铸造新币，取代已经贬值的货币。"埃居"改成"亨利"，含金量也减少一些。为了更好地管理新造硬币（和普通货币），亨利在卢浮宫设立皇家金库，钱柜都放在那儿。拿着柜门钥匙的只有两个人，一个是亨利，另一个是他的财政大臣。

要亨利掏腰包的大宗支出有几项，其中一项就是他老婆卡特琳·德·美第奇（Catherine de Médicis）的花销。卡特琳嗜好排场、讲究奢华，刚当上王后便一改旧制，把王后的随从扩编到100人，比原先增加了一倍。每次她跟着国王巡幸王国时，恣富贵、夸豪华的排场回回不落。计在她名下的城堡和宫殿就有9座，其中一座叫图尔奈勒宫，位于塞纳河畔，后来卡特琳将它拆除，修建了杜丽乐宫。她还在卢浮宫一侧新修一座厢房，在巴黎新建两座小城堡（一座叫蒙瑟，另一座叫榭洛），又给舍农瑟城堡添设了一个画廊。她的私宅里到处都是宝贝：印度餐桌、土耳其地毯、金银丝线帷幔、玉花瓶、镶银柜、珍珠母几案、翡翠、细瓷器、玻璃饰品、壁毯，以及几百幅肖像画。据说卡特琳把好多意大利菜肴引进法国，向法国人普及了餐馆的概念。

卡特琳多次举办大型游乐会，称之为"**盛会**"，让王室成员亮相，向各国外交官和使节展示皇家气派。想必大家都知道卡特琳患偏头痛的事。有一回她正开游乐会，偏头痛突然发作，她不得不退场吃药。这回，她吃的是一种新药。1559年，一名荷兰探险家把不久前发现的烟草植物带到了伊比利亚半岛。他送给法国驻西班牙大使尼古（Jean Nicot）一些种子，尼古试种了几棵，又摘了些叶子送给了卡特琳。后来，伟大的瑞典生物分类学家林奈（Carl von Linne）就着尼古的姓氏造了一个词儿——"尼古丁"。

卡特琳可能是欧洲第一个烟民，不过没多久，就有人跟她做伴了。1560年，尼古给洛林的红衣主教写信，说烟草能治愈溃疡，还能根除瘘管,后一种病连医生们都说是无药可治的顽症。又过了20年,医生动不动就把烟草写进药方里,拿它当抗菌物、催吐剂,什么胃胀、腹满、牙痛、咳喘(就把烟深吸进肺里)、妊娠疼痛、口臭、恐水症、坏疽、瘙痒等等,烟草全能治。1610年时,烟草已经有了包治百病的美名。

不过,对各地的统治者而言,大家急慌慌地争购烟草也是个问题:为了买烟,大量的金银从本国流走了。于是英国的伊丽莎白(Elizabeth)女王传旨,禁止"滥用"烟草;土耳其苏丹穆拉德五世(Murad Ⅳ)规定谁敢吸烟就处以极刑;教皇乌尔班三世(Pope Urban Ⅲ)发布禁令,任何人不得在敬拜场所吸烟。但这些措施没什么效果:伦敦竟有"专事吞云吐雾艺术的教授"开班上课,传授吸烟技法。17世纪中叶,法国、西班牙和英国等国政府蓦然想到:何不在美洲建几个种烟叶的殖民地,同时在国内实行国家烟草垄断呢?说不定这是个化不利为有利、借机生财的好办法呢。

英国人在北美开辟马里兰殖民地,差不多就是为了生产烟草。马里兰是著名的大贸易"三角"中的一角:英国的商船把奴隶运到加勒比海,用奴隶换取蔗糖、香料和朗姆酒,再把这些东西运到美洲殖民者那里换成烟叶,运回英国。在殖民地种烟叶是一件起早贪黑的苦差事,仅互不沾边的工序就有36道,包括翻土耕地、移苗栽培、盖栎树叶、"打畦儿"、挑虫、掐蕾疏花、插枝、干燥、烘烤、分片、包装等。烟叶烤好后,就被结结实实地打成啤酒桶粗细的大包,每个重400磅,由人推滚到最近的码头装船。有几条路就是当年专门滚烟叶包用的,所以现在有人还管它们叫"滚包"道。马里兰是个种烟叶的好地方,因为环绕切萨皮克湾有数百条小溪和水巷,种植园离水边很近,最远也就几英里。

不过,早期种植园经营得比较差。马里兰大部分移民是年轻的单身汉,因为17世纪中期后,巴巴多斯的种植园主只要黑奴,而新英格兰外汇短缺,只要有技术或有钱的移民。马里兰规定,移民只要按服务协议工作满5年,就可以得到一块土地。但是,有了土地还得再干5年,才能攒够钱娶妻成家。种烟叶不需要什么工具:一把伐树辟地的斧头和一把锄头就够了。大部分种烟者都住在一间木板房里,用厚木板架在两边的椽子上,搭成供睡觉的阁楼。这种房子常用湿木头搭建,坏了修、修了坏是常事,顶多住上10年就不能住了,到时房主只需要挪个地方再建一座即可。这种"废弃板房"就成了马里兰的特色一景,大多数到过马里兰的人都对它印象很深。

  欧洲的烟叶进口急剧增长,正巧赶上国际贸易蓬勃发展。国际贸易之所以兴盛是因为新兴的欧洲民族国家纷纷建立了殖民地,并开始到非洲和东方探险。各国政府可以从进口物资里捞油水,增加收入。这可是一个大好的机会,政府可不能错过。于是,17世纪头25年,大部分欧洲国家都更新、扩编了负责征收消费税的部门。1643年,英国政府推行征收首份消费税,最初征税的对象是国产商品,如啤酒、白酒、苹果酒、肥皂、肉、盐、皮革和布都要缴税。这个税征得极不得人心:其一,本来保证只收一年,不复征缴,现在要年年征;其二,对生活必需品征税把穷人害苦了。随着含税商品数目的增加,管理也日渐复杂起来。对不同的商品执行的征税办法也不一样,比如玻璃、盐、窗户、瓶子、皮革、木材和烟草,各有一套征收办法,所以,消费税的计算是件非常麻烦的事。贸易越来越繁荣,市场也越来越多样,捐税的计算也越来越复杂。

  17世纪早期,一种全新的计算方法出现了。它一出现,税务员身上的担子顿时轻了。1614年,苏格兰数学家纳皮尔(John Napier)出版的一本专著*,详细讲述了他创立的"对数"计算方法。4年后,这种

---

* 指《奇妙的对数定律说明书》。——译者

计算方法吸引了全欧洲科学家和数学家的注意。简单说吧,纳皮尔利用它可以把复杂的算术计算转化成简单的加减运算。例如,以10为底数,100可以写成10^2($10×10$),1000可以写成10^3($10×10×10$)。这两个数相乘可以通过将它们的对数(即小上标数字)相加来求得。所以,$10×1000$(即10^{1+3})$=10^4$。而两个数相除的结果可通过对数的减法得到:$1000÷100$(即10^{3-2})$=10$。如果以2为底,则计算8(2^3或$2×2×2$)和32(2^5或$2×2×2×2×2$)相乘可以将它们的对数相加($2^3×2^5=2^{3+5}=2^8$),再查找以2为底哪个数的对数是8($2^8=256$),即得答案。如果求32(2^5)的平方,就把两个对数相加,即得$2^{10}=1024$(即32的平方)。求平方根时把对数减半即可,比如,求256(2^8)的平方根,将它的对数减半,得到2^4,结果为16(即256的平方根)。纳皮尔还制作了几张详细的大表,将各个数的对数都列在上面,这样,求和的数值即便很大、很复杂,也能快速准确地计算出来。

对数创立后不久,有人研制出一种工具,使对数计算更加方便。1622年之后的某个时间,剑桥大学数学家奥特雷德(William Oughtred)* 做了一个圆形的铜质表盘,上有两个连在一起的指示器,可以沿刻度"滑动",计算任一对数。奥特雷德的滑动计算尺应该是艾伦(Elias Allen)制作的,他是当时最著名的仪器制造者之一。1631年皇家御准成立"伦敦钟表匠行会",艾伦是首批入会的师傅之一。成立行会的目的是保护钟表制作手艺,不让外来移民学走(当时伦敦城里所有的钟表制造商都是外来户)。行会有权监管和规范英国境内的一切钟表制造活动。

那时候,伦敦有一家很牛的钟表企业,是荷兰弗洛曼蒂尔家族开

---

* 奥特雷德(1574—1660),英国数学家,毕业于剑桥大学神学院,著有《数学》《三角法》等。在纳皮尔发表对数概念后不久,牛津大学的甘特(Edmund Gunter)发明了使用单个对数刻度的计算工具。1630年,奥特雷德发明了圆算尺。——译者

办的。1658年,弗洛曼蒂尔家有个人出来做广告,力推一台令人称奇的新式钟表,他说:"近来制钟有新法,即使用此调节器:钟走时准,时长相等,是其他钟所不及……且不为四时阴晴寒暖所扰;紧一次发条,可走一周、一月、一年,和需要每日紧发条的钟相同,却无碍计时。"弗洛曼蒂尔的新方法就是他的朋友、荷兰老乡惠更斯(Christiaan Huygens)[52]研制的小东西。一年前,惠更斯发明了摆钟,大大提高了计时精度,一天误差不超过10秒。

图12 巴斯德的研究成果令卡尔斯堡酒厂厂主颇受启发,于是建立了第一个发酵研究实验室。

惠更斯在巴黎皇家科学院待过一段时间,给他当助手的是一个叫帕潘(Denis Papin)的法国新教徒。此人绝对是个能工巧匠,制造仪器非常在行。他还学过医,拿到了学位。1675年,帕潘来到伦敦——可能是架不住法国的宗教迫害吧,给玻意耳(Robert Boyle)[53]打工,做了一系列跟真空有关的实验。1679年,为玻意耳制作仪器的罗伯特·胡克(Robert Hooke)把帕潘介绍给皇家学会,帕潘向皇家学会的会员们展示了他的新发明"消化器"。这个消化器其实是一个加压烹煮食物的装置:一个密闭的铁锅,上边安了一个安全阀。

300年后,帕潘的消化器又有了新用途——给医疗器械消毒。这得归功于法国科学家巴斯德[54]。1854年,巴斯德担任里尔大学理学院院长,着手研究最近遇到的一个问题:用甜菜生产酒精时,生产出的酒精会莫明其名地变酸。巴斯德在变酸酒精里发现了微生物。继而他用肉汁反复实验,发现了类似的微生物,还证明这些微生物可以用蒸煮法杀灭。他把煮过的肉汁装入细颈瓶里密封,过一段时间把瓶打破,发现又有微生物出现。巴斯德就此得出结论:"微生物"来自空气。后来他通过进一步研究发现,变酸的酒液里有酵母菌;把酒加热至55摄氏度,既能杀死这一微生物,又不破坏酒的品质。加热灭菌在牛奶工艺上也获得了同样的效果。巴斯德立志要让法国啤酒赶上德国啤酒,于是又豪情满怀地去啤酒厂开展类似的研究,结果也是一样。巴斯德发明的灭菌方法就是著名的"巴氏灭菌法"。最终,巴氏灭菌法和帕潘氏消化器的提高版"自动高压高温灭菌锅"结合在一起,专用于医疗机械消毒。

19世纪70年代,德国啤酒厂(巴斯德为法国啤酒业出力原本就是针对它们的)委托一位名叫林德[55]的机械工程师*研究出几种能够在夏天保持啤酒清凉的办法,这样他们就可以一年到头生产啤酒了。林德不负众望,研制成功第一台压缩氨制冷机。大概在同一时期,一位身在澳大利亚、名叫哈里森(James Harrison)的苏格兰工程师,为解决英国发生的近乎灾难的粮食短缺问题(缺粮的原因是工业化城镇人口增加太快,远远超出英国的供养能力),正忙着改进一台类似的制冷系统。

最终研究出冷冻技术、给澳大利亚的牛羊肉"雪上加霜"的人不是哈里森,而是别人。澳大利亚的牛羊肉用冷藏船[56]运来,让英国躲过了19世纪70年代的饥荒。不过,就在此前10年间的某个时候,哈里森返回伦敦,办了一家专事冷却的工厂,将石蜡油冻成固体石蜡,变为生产蜡烛的好原料。这之后不久,人们发明了机器折叠纸板的新工艺,经过浸蜡处理的纸板箱为快餐食品的出现提供了可能。1906年,出现了第一批经过浸蜡处理的纸奶盒和纸杯;后来,西方国家的自动咖啡机上都配着纸杯,人们对它已经熟悉到了熟视无睹的地步。

---

* 林德,德国发明家,制冷技术的先驱,1872年发明制冷机。——译者

5. 生活不易

速溶咖啡是现代方便食品的一个绝好例子。20世纪30年代，南美地区的巴西等咖啡生产国都赶上了好天气，咖啡豆获得大丰收，产量过剩。大家尝试各种办法把咖啡豆变成卖得出去的商品，速溶咖啡就是在这样的背景下应运而生的。1938年，瑞士雀巢公司的莫根塔勒(Hans Morgenthaler)想出了一个好办法：先将咖啡送进一座两层楼高的巨型过滤塔中冲泡，再将冲泡好的咖啡抽送到另一座塔的塔顶，然后从塔顶将咖啡喷入干燥室；咖啡喷落过程中，喷射热气对之猛吹，这样，等咖啡落到塔底时，咖啡里的水分已被全部蒸发掉，只剩下干燥的咖啡细末。

当时，速溶咖啡的市场前景并不明朗。不久，第二次世界大战爆发了，速溶咖啡市场迅速形成。美军的军需官(和战士们)很想减轻口粮的重量，越轻越好，这样给养包可以小一点；同时他们又希望食品做得美味好吃，又不容易变质。最后，"K"型口粮成为美军的标准野战口粮。它有三只小盒，每只盒子里装有一听每顿都吃的罐头(内含肉，或者肉和蛋，或者加工过的奶酪)、饼干、脆饼、葡萄糖片、一块水果、一块巧克力、肉汤、柠檬晶、砂糖片、一片口香糖、4支香烟和速溶咖啡。这份给养包每天可提供3400卡的热量，且容易运送。第二次世界大战期间，军队的机械化程度达到了前所未有的水平，在高度机动的条件下作战，给养便于运送是十分重要的。第二次世界大战末期，美国参战部队超过800万，大量使用坦克、卡车、吉普车。作战部队常令军需官犯愁，因为他们转战的速度太快，位置几乎每天都变。后勤保障工作极其庞杂。5万美军在D日*登陆诺曼底时，背后有50万军需、医疗、军械、信号、运输等部门的人员鼎力支持。

  如此巨量的战时物资供应工作是靠什么来完成的呢？靠的是一种特殊的运输工具——吉普车。本来是要设计一款四轮驱动的卡车，现在其空载重量为1300磅、可坐4人（包括司机）、车底与地面的最小距离是6.5英寸、行驶速度每小时3—50英里、预留空间可安装0.30毫米机枪。对制造商的要求是：49天内提交一辆样车，75天内再交付70辆。威利斯越野汽车公司拿到了合同，最后他们生产出完全符合要求的汽车，车的重量甚至还轻了7盎司**，因为他们考虑了油漆的用量问题。吉普车是战时交通工具，用途很多：可以当指挥车，可以运载武器、救护伤员、运载物资、人员、运送弹药（可以挂车），还可以当移动指挥塔台。不过最重要的是，每天的最后一道工作——给前线部队运送给养和物资是吉普车做的。每个美国兵每天维持作战能力所需的补给为27磅，其中汽油就占了15磅还多。

  吉普车每天在战场上纵横驰骋，都快把汽油这点珍稀资源用光了，而当初设计这种四轮驱动的家伙，竟是为了解决汽油短缺问题，你说可笑不可笑。早在战前人们就发明了一种生产汽油的工艺，这种工艺就是"裂化"。裂化流程是这样的：用油泵将原油抽入管道，管道排列在一个巨大而炽热的砖炉内，原油在管道中流动时被加热到

---

 * D日，美军术语，指一次作战或行动发起的当天。最著名的D日是1944年6月6日诺曼底战役打响之日。——译者

 ** 1盎司约为0.028千克。——译者

800摄氏度;达到这个温度后,原油再被输送到一个高大的钢瓶底部,这个钢瓶就是"分馏塔"。在分馏塔里,原油中除了分量最重的物质外,其他的全部汽化,并沿钢瓶上升。钢瓶内设有带孔的分馏塔盘,不同高度的塔盘均被加热到不同的特定温度,这样上升的原油蒸气就可按不同成分而分别被冷凝;蒸气越轻,升得越高。在塔的最高两级,原油蒸气分别被冷凝成煤油和汽油。裂化过程的最后一种产品是甲烷气体,它从塔顶逸出。

用甲烷能生产出乙炔[57],于是人们又开发出吉普车专用轮胎。乙炔自19世纪末发现以来,一直在用。它的发现可以说很偶然:有人将水滴在碳化钙(电石)上,碳化钙便放出乙炔气体。美国圣母大学化学教授纽兰(Julius Nieuwland)[58]着手研究乙炔的特性。1925年,他向美国化学学会宣读了一篇论文,讲述他如何利用乙炔成功制取了一种不同寻常的化合物——氯丁二烯。杜邦公司对此很感兴趣,他们又进一步开展研究,让氯丁二烯发生聚合反应,生产出氯丁橡胶。聚合反应就是把某些分子和其他分子的末端链接在一起,形成巨型的长分子链(即聚合物),这种聚合物具有弹性和热敏性;因此用这种工艺过程生产出的产品统称为"热塑性塑料"。早期聚合反应生产的产品——氯丁橡胶就是合成橡胶。1940年,第一批走下生产线的合成橡胶轮胎赶得正巧,被装在了吉普车的轮子上。

| 57 | 39 | 56 |
| 57 | 127 | 227 |

| 58 | 115 | 199 |

图13 第二次世界大战中令人称奇的"全能"吉普车。除了吉普这个名字外,还有人叫它"嘀嘀车"、"小跳车"。

卡罗瑟斯(Wallace Carothers)是当年在杜邦公司研究氯丁橡胶的化学家。1935年,他制出一种聚合物,因为该聚合物有两个链接起来的分子，又各含有6个碳原子，所以，卡罗瑟斯称它为"聚合物66"。"聚合物66"能被挤压成细丝，冷却之后可以拉伸到原来长度的7倍；纺成的丝线异常结实，既有弹性，抗拉强度又高。这种丝线还有轻、抗皱、防水等特点。1940年，杜邦公司用这种新型纤维织成女士长袜投放市场，并将这种纤维命名为"尼龙"。战争结束后，尼龙再度用于民用产品，引发了一场时尚穿戴的革命。

说来挺有意思：织出尼龙长袜的机器竟是"科顿"袜机。科顿袜机不是"棉"袜机嘛*，怎么改织尼龙啦！该袜机的发明人是英国拉夫堡的科顿（William Cotton）。经他一双巧手，长袜织机差不多已被改造成了终极版，自1864年以来，基本没怎么变过。织袜机同时织出两只袜坯，用特定行的针脚数确定袜腿的形状，而后将两只袜坯沿袜腿背后缝合起来。

早期的织袜机还在工业革命初期引发过一场极为惨烈的事件。1812年，英国人跟拿破仑打仗，实行贸易封锁[59]，切断了英国同海外市场的联系，致使商业萧条。贸易停滞，物价飙升，课税增加，人均工资降低了1/3。1809—1811年连续两年年景不好，粮食作物收成很差，一块4磅重的面包差不多要花掉一个工人一周收入的1/5。投机倒把行为十分猖獗。随着战争的延续，小企业、小作坊纷纷破产，失业率节节上升。诺丁汉郡是长袜制造之乡，那里拿计件工资的织工通常是租袜商的织袜机在家里织袜子（他们居住的小屋窗户都很长，这样白天可以最大限度地采光；这种长窗现在还能看得到）。经济危机越来越严重，袜商们开始削减订单、降低工资、抬高袜机的租赁费。

情况本来就够糟糕的，偏巧这时又碰到了一个出人意料、雪上加霜的情况：时尚变了。大约是在1790年，人们纷纷换掉了齐膝短裤和

---

* Cotton意为棉花、棉线，而发明者William Cotton的姓氏即棉花之意。作者此处是巧用谐音。——译者

长筒袜,改穿新式长裤。穿上长裤,谁还在乎里面穿什么长袜。袜商们见势不妙,干脆将长筒袜从普通织机织出的大件织品里去掉。长袜织工们眼看着就没活路了。1811年3月11日,织工们在诺丁汉示威游行,被一团重骑兵驱散,于是,他们转移到附近的阿诺德村。闹事者冲进农舍,砸烂60台织机。接下来的几个星期,诺丁汉郡到处都在砸织机。不久,街头巷尾出现了好多公告和宣传小册子,作者是领头闹事、自诩为将军的卢德(General Ned Ludd)。也是在这个时候,英语里添了一个词"卢德派(分子)"(Luddite),专门指破坏机器的人。*

闹事者搞活动,组织得越来越周密。为了不暴露身份,他们戴上面具和围巾。捣毁织机运动迅速蔓延到约克郡以纺织为主业的大小乡镇。政府马上实行宵禁,还调集部队3000人。英国人猛然联想起近时法国大革命出现的骚乱和暴行,以及政府对此作出的过激反应。1812年2月,英国内政大臣提出一份立法议案,要求将毁坏织机定为死罪。当月,诺丁汉郡有9人被指控犯有毁坏织机罪,要发配到澳大利亚流放7—12年(其中两人才16岁)。那边判完,这边马上有人提出抗议说:判得太轻,太心慈手软了。结果怎么样?只要是跟着念过卢德派誓词的人,一律流放澳洲。1813年1月,约克处决了14人,他们很年轻,也很勤劳,都是虔诚的教徒。他们在绞架上高唱圣歌,观刑的人群也跟着一起唱。

在议会讨论死刑议案期间,竟有人冒出来替卢德派辩护。这是一位默默无闻的贵族青年[60],他在议会慷慨陈词。这是他的首次议会演讲,他谈到那些"被判犯有贫穷这一死罪"的人们,"……你们制定的法令判了他们那么多死刑还嫌不够吗?难道你们还嫌刑典上沾

60 30 41
60 132 232

---

* 卢德派指强烈反对任何提高机械化程度的人。——译者

染的鲜血不够多,非要更多的人被迫升入天堂,向上帝证明你们的不善吗?这些难道就是拯救饥饿之人、绝望之民的佳策良药?那些饿得前心贴后背的不幸之人既然敢怒向刺刀,难道还畏惧你们的绞架?当死是一种解脱时(看样子是你们给予他们的唯一解脱),谁还在乎你们举刀动枪施用钳口术?"

发言的年轻人就是拜伦勋爵。几个星期后,拜伦发表了长篇叙事诗《恰尔德·哈洛尔德》(*Childe Harold*),很快成为家喻户晓的人物。用他自己的话说:"一天早晨醒来,我发现自己已经是名人了。"这部叙事诗出版头几天就卖出500册,当月销售达5000册。该诗内涵丰富:有对自由的呼唤,有放浪无羁的情怀,有东方的神秘故事,有在劫难逃和阴暗悲凄的预示,还有一段某英雄背负莫名之罪被放逐的传说。女人们无不拜倒在拜伦脚下,她们觉得这诗就是一封专门写给她们的情书。

1812年拜伦为卢德派辩护之时,正值他刚旅行归来不久;《恰尔德·哈洛尔德游记》就是他在旅行期间写的。这趟出游由一个朋友资助,这位朋友赌钱赌赢了,凭赢来的钱筹到一笔贷款。拜伦之所以去神秘的东方游历,一个原因是受传统的激励:当时,既有钱又对文化感兴趣的英国贵族青年,都要去欧洲大陆转一圈(这就是欧陆大旅行)。该传统已有75年的历史。18世纪中期,人们对庞贝古城、赫库兰尼姆古城等考古发现的兴趣越来越浓厚,于是就有了大旅行。到了拜伦时代,文化重心已经转移,浪漫主义运动正值古希腊文化的复兴阶段。大家关注的焦点是如何开展斗争,把希腊从土耳其人的奴役下解放出来。拜伦去旅行,肩负着找事实、寻根据的任务。他先去土耳其,再到希腊和阿尔巴尼亚,后两个地方都在土耳其的统治之下。旅行期间,但凡一个浪漫主义青年会干的事,拜伦都干了一遍:他穿着阿尔巴尼亚民族服装,纵酒狂饮,跳希腊民族舞,天天坠入爱河(还男女不限),通宵达旦围坐在篝火旁策划革命,畅泳达达尼尔海峡,寻访特洛伊遗址。

旅行期间,有一次拜伦去直布罗陀卫戍部队的图书室,正巧被一个叫高尔特(John Galt)的苏格兰人看见,两人还是乘坐同一艘船从英国出来的。高尔特此行的首要任务是在直布罗陀设立格拉斯哥柯尔曼·芬利(Kirkman Finlay)纺织公司的分公司。另外,高尔特还打算寻找一条通路,绕过拿破仑战争的贸易封锁圈;这个封锁让织袜工人吃尽了苦头,中断了英国所有的进出口贸易。对于一个新兴的工业国家来说,这不啻一场灾难;英国的制造商们也都在焦急地寻找出路,想避开贸易封锁。

柯尔曼·芬利委托高尔特找一条走后门进入中欧市场的路线。在高尔特看来,这条路线就是横穿地中海把货物(100包棉花)运进土耳其,再越过土耳其—匈牙利边境进入欧洲。不过最终,这个计划还是功亏一篑了:当他带着货物、牵着45头骆驼到达土匈边境时,跟他联络的人却没来。高尔特不得已,把货物亏本贱卖给了当地的一个土耳其人。过后,他回到英国,娶妻成家,做了一名记者。1830年,他出版著作《拜伦生平》(The life of Byron),获得成功。

这时候,英法两国间的贸易封锁还有一个副作用,也在到处惹事生非、制造麻烦。战时需要大批水手入伍参战,英国海军几十年来的征兵办法就是抓壮丁。1806年,英国海军拥有各种舰船800艘,舰船须配备人员多达150 000人。抓壮丁一般是派搜捕小队到海边寻找,发现男丁,不论愿不愿意,即刻拖走,上船出海。这种做法引发了国际纠纷,因为英国人对美国船员竟也这么干。美国人认为这直接侵犯了他们的主权,但是英国人却争辩说美国商船上有几千名水手都是从英国逃出去的,只是到美国弄了个假公民身份证而已。

这事儿还得从弗吉尼亚州的诺福克说起。1807年,美国军舰"切

61 12 15　萨皮克"号正准备去地中海巡航。英国驻诺福克领事向基地司令迪凯特[61]上校正式提出抗议,说"切萨皮克"号上载有4名英国逃兵。迪凯特拒不承认,"切萨皮克"号就要扬帆启航了。下午3点,"切萨皮克"号开始清理航区,船员们都忙着装载给养和货物,就在这时,英国战舰"美洲豹"号忽然靠上前来,要求"切萨皮克"号舰艇立即停航,"美洲豹"号要往船上装载发往英国的急件。谁料信件一封没装,"美洲豹"号却提出一个要求,要"切萨皮克"号立即交出4名"逃兵"。这个要求遭到了"切萨皮克"号船长、海军准将巴伦(James Barron)的拒绝。"美洲豹"号开炮射击,打死美国水兵3人,打伤18人。随后,英方人员登上"切萨皮克"号将4名逃兵带离该船。针对英舰的暴行,美国总统杰斐逊发布命令,中断英美两国间一切贸易活动。贸易封锁最终导致1812年战争的爆发。

　　英军攻入华盛顿,火烧了除专利局之外的华盛顿所有建筑,包括白宫和国会大厦。1814年8月,英军攻打巴尔的摩。他们直接攻击的目标是麦克亨利要塞,那里是进抵巴尔的摩港的咽喉要地。9月13日下午,英军赶到麦克亨利要塞,发现从陆地无法攻取它,于是决定先从海上实施炮火轰击,削弱守军士气。英军将"恐怖"号、"米特罗"号、"埃特纳"号、"毁灭"号、"火山"号等5艘炮舰开到距要塞2英里处,实施轰击。轰击持续了25小时(从13号下午6点到14号早晨7点),发射炮弹和康格里夫火箭共计1800枚,轰击的目的是把守军炸得六神无主、魂飞魄散、不战而逃。英军攻打要塞的时候,一位年轻的美国律师正在和英方交涉释放一名美国公民的事。英军的攻击计划传来时,他恰好在英军舰队司令的旗舰上。结果那名美国人暂不释放,律师一行也被送回由美国人驾驶的非战船上,他们从船上看到了轰击的全过程。

　　13日晚上,他们最后看到的麦克亨利要塞景象是美国国旗被英国的炮火撕扯得破破烂烂。一名英国卫兵叫他们再多看几眼美国国旗,不然第二天早晨戍守的美军一跑,怕是再也看不到它随风飘扬了。第二天早晨,炮击停止了,借着黎明的灰光,律师他们举目望向要塞,国旗仍在飘扬。英军的进攻失败了。此情此景令这位

图14　1813年,美国军舰"切萨皮克"号在波士顿沿海被英国得胜的战舰"香农"号俘获。

名叫基(Francis Scott Key)的年轻律师心潮澎湃,他草就了一首诗,并称之为《星条旗之歌》(The Star Spangled Banner),日后这首歌成了美国的国歌。这首歌最早是以《麦克亨利要塞保卫战》(The Defense of Fort McHenry)之名发表在9月20日的《巴尔的摩爱国者及晚间广告报》(Baltimore Patriot and Evening Advertiser)上。那一天恰好是该报战后复刊的第一天,1812年的战争让它停刊了一段时间。

颇具讽刺意味的是,这首爱国情最浓的美国歌配的却是一首英国小曲《致天堂里的阿那克里翁》(To Anacreon in Heaven)。这段乐曲在英国早就是名曲,它是史密斯(John Stafford Smith)在1766年创作的。史密斯应该是英国的第一位音乐学家。他在18世纪50年代陆续写了不少颇受人们喜爱的轮唱和重唱歌曲(均为逗乐的短歌),逐渐出名。1766年,阿那克里翁学会在伦敦成立,学会的首任会长汤姆林森(Ralph Tomlinson)就着学会的名字赋诗一首《致天堂里的阿那克里翁》,史密斯为它谱了曲。

学会的会员都是有钱人,每两周聚会一次,吃饭、唱歌、饮酒、诵诗。成立学会主要是写作、背诵"阿那克里翁体"诗词。这是一种比

较晦涩的诗词，为公元前6世纪的希腊作家阿那克里翁首创。公元前570年，阿那克里翁出生于小亚细亚的爱奥尼亚小城忒欧斯，后在雅典长大。他在雅典创作了好些以男欢女爱、饮酒取乐为主题的情诗。1554年，阿那克里翁的作品被再度发现，发现人是法国出版商亨利·艾蒂安（Henri Estienne）。艾蒂安平常喜欢到处搜罗古人的手稿，有一次他到荷兰鲁汶大学图书馆淘古书，碰巧在一份被丢弃的手稿里发现了阿那克里翁的诗。亨利家是出版世家，他爷爷就是出版商，到他这儿是第三代。他爷爷也叫亨利，在巴黎大学的校园里做图书生意，渐立家业。1520年老亨利去世，其后，他的儿子罗伯特（Robert）凭借出版希腊文书籍创出名气。罗伯特是新教徒，因为宗教信仰问题，于1550年携家眷离开法国前往加尔文教派占主流的日内瓦，后来成为日内瓦公民，并开了一家印刷厂。罗伯特的大儿子就是亨利，是他让欧洲人认识了作家阿那克里翁。

　　亨利从小在印刷厂长大，那里有一种很浓的国际化氛围，一帮职员竟来自10个不同的民族，他们各司其职，用母语编辑文稿。很多时候，亨利不得不用学界的通用语言——拉丁语——跟他们交流。14岁时他又掌握了希腊语。两年后，他经由雅典奔赴意大利，追求那一时期所有文人都念念不忘的梦想——寻找古希腊语和拉丁语的手稿。16世纪后期是古代"遗失"手稿的大发现时期，手稿内容几乎涉及了古代学术的所有领域——植物学、气体力学、物理学、化学、医学、地理学、哲学、冶金术、文学等。接连发现的古代手稿让文艺复兴时期的思想家们惊喜不已，也让他们深受启迪。古人的手稿有了，就要有人来作评注——分析古人遣词造句要说些什么。评注工作吸引了各专业的学者。每每有新发现的手稿需要分析诠释时，编辑们常将以前谈同一主题的所有手稿先拿出来比对、勘校一番，然后搞出一个比较权威的版本。这种分析与综合的方法为17世纪早期的科学革命奠定了基础。编勘的智力活动还有无心插柳之效：一批新学科随之产生，老学科的基础则更加坚实。

亨利的女婿卡索邦（Issac Casaubon）后来成为编辑勘校的领袖人物，因为是他将注疏之术变成了一种分析技能，这种技能适用于任何文本，不论其专业内容是什么。卡索邦是日内瓦的另一位希腊学学者，出生于亨利的父亲来到日内瓦扎根落户9年之后。卡索邦的父母也是新教徒，也是不堪法国迫害，逃难出来的。1578年，19岁的卡索邦被送到加尔文（Calvin）创建的日内瓦学院念书，23岁即被任命为希腊学教授。1591年，他已经是名满欧洲的希腊学学者。1586年，卡索邦和亨利的女儿弗洛伦斯（Florence）结婚，弗洛伦斯为他生了18个孩子。

卡索邦收集手稿真下工夫，凡是能找上的人，他便缠着人家帮他收集。很多时候他收到的手稿是原件的抄本，都是旅行的朋友、同行专门为他一笔一画誊抄下来的。如果某人去世了，藏书要卖掉，卡索邦一定会找个熟人到场竞价。一些出版商刊印新版图书时也常会送他几本。那时候还没有图书出版目录，要想知道即将上市的是什么书，只能去一年两次的法兰克福书市上看一看；卡索邦就是这么做的。

日内瓦当局小气又抠门，既不给卡索邦提供图书，也不给足额的补偿，这令卡索邦很是气恼。1596年，他接受邀请去法国蒙彼利埃大学当老师，在那里他的价值最终获得承认。这时的他已经是欧洲大陆希腊学的领头羊。不过，还有一位从法国来的胡格诺教派的流亡者也不逊于他。此人落脚在荷兰的莱顿大学，名叫斯卡利杰尔（Joseph Justus Scaliger）。1593年，34岁的卡索邦第一次和斯卡利杰尔接触，时年53岁的斯卡利杰尔早已是学界的大师。卡索邦鼓足勇气给斯卡利杰尔写了一封问候信，两人由此开始了望年交。不过，当时卡索邦并未收到回信。后来，一个英国朋友写信说，斯卡利杰尔最近读了卡索邦编辑的一本新版古书，印象深刻。很快，卡索邦就收到了这位良师的两封信（要知道斯卡利杰尔有名可不是因为他性情开朗友善啊）。从此两人常有书信往来，一直到1609年斯卡利杰尔去世。那段时间，卡索邦给斯卡利杰尔写了1200多封信。他把斯卡利杰尔视为良师，并评价斯卡利杰尔是"惊世天才，孜孜求知，学识深厚，非常人能及；其胸中之博学好似随时奉命，或与人面谈，或受人写信请教，均以毕生劬勤所获慷慨相赠"。

斯卡利杰尔身为学者却四处漂泊，与同时代的许多人一样，为了躲避战乱和宗教迫害，他从一地迁居到另一地［有段时间还在苏格兰玛丽女王（Mary Queen）[62]的王宫里待过］。斯卡利杰尔最终定居荷兰，这也和同时代的许多人的选择一样。17世纪的欧洲，荷兰算是最宽容的国家了。斯卡利杰尔定居荷兰时，已经作出了极为了不起的学术贡献，这个贡献就是被称为"儒略周期"的一种新编年体系。这一研究意在解决新发现的古代手稿年代标注混乱的问题。古代文献里常有一些地方提到日期，但是对确定手稿产生的历史年代几乎无帮助，因为那些日期一般是与本地事件有关，像一场战斗、一次围攻、孩子的生日，或者一些天象的出现。而大部分日期跟机构内部使用的编年表有关，手稿最初就是按内部编年表抄录的。不同的纪日体系把文本分析人员弄得痛苦难当，因为要想知道一份手稿是写在其他手稿之前还是之后，就得先搞清楚该手稿产生的日期。

斯卡利杰尔决心研究出一套编年体系，既简单明了又不易出错，所有事件均能准确地标定日期。为此，他以3种时间周期为基础，这3种时间周期分别是：28年的太阳周期（每经过一个太阳周期，儒略历中星期的日序会重复）、19年的太阴周期（经过一个太阴周期，月相会重复发生在星期的日序中）、15年的戴克里洗税收核查周期*。向后

---

* 此为古罗马的纳税周期。罗马皇帝君士坦丁一世（Constantine Ⅰ）规定，每15年评估财产价值供课税。——译者

推算，斯卡利杰尔得到3个周期首次同一天开始的年份是公元前4713年。他将这一年称为新编年体系的"第1年"。从第1年开始，3个时间周期同时行进，任何历史日期都能用这3个时间参考点来确定。举个例子："第1年"后的第29年——也就是公元前4684年，在最近的太阳周期里是第2年，在最近的太阴周期里是第10年，在最近的纳税周期里是第14年。斯卡利杰尔就把公元前4684年记为"2∶10∶14"。因为三重周期每28×19×15（即7980）年才重复一次，所以斯卡利杰尔认为，他的时间体系对于可预见的未来是足够用了。

可惜，事情并不顺利。1582年，罗马教皇格里高利降旨：废黜旧的儒略历，改用新的格里历（而斯卡利杰尔的研究恰恰是以儒略历为基础的）。这让斯卡利杰尔发明的编年体系顿时变得毫无价值。再等几个月，斯卡利杰尔的大作［据他说标题是《论编年表的更正》(*A Treatise on the Correction of Chronology*)］就要出版了。

斯卡利杰尔在莱顿大学度过暮年。其间，他确立了自己的人文主义学界领袖的地位，还成为了荷兰统治者拿骚的莫里斯亲王（Prince Maurice of Nassau）的座上嘉宾。亲王常把他找去解决难题，比如翻译某穆斯林国王寄来的阿拉伯文信件。斯卡利杰尔等众学者能在荷兰找到安身立命之所，主要是因为荷兰摆脱了西班牙的统治桎梏，随之也摆脱了西班牙对学术自由的严厉束缚。在荷兰摆脱西班牙人掌控的斗争中发挥领导作用的就是莫里斯亲王本人，是他逐步收复了莱茵河和默兹河以北的荷兰领土。1596年，新生的荷兰共和国的独立地位得到了英、法两国的承认。

莫里斯亲王的另一丰功伟绩是重整军队。他常说他的军事改革措施均源于自己对古罗马军事战术的兴趣。话虽如此，他的改革思维受作战技术发展的影响恐怕要更多一些。过去300年间，打仗主要靠骑兵和长矛兵。长矛兵排列成阵，每阵有3000人（称为方阵、矩阵），人手一杆12英尺长的长矛，既可构成密不透风的防御队形"刺猬"阵，周围支楞着一圈矛刺，又能以绝对优势的兵力出击，粉碎敌军的抵抗。莫里斯改革之前的那些年，长矛兵也开始排列环阵，形成防御墙，掩护使用新式滑膛枪的部队。不过，这种滑膛枪射速很低。16世纪90年代，莫里斯想到一个办法，可以提高滑膛枪的射速：他让枪手排成10排，前排射击后退后填装弹药，第2排枪手开火，之后像第1排一样退后装填弹药，给第3排枪手让出射击位置，就这么依次重复下去，基本能保持连续火力齐射。但是这种队形也让大批士兵暴露在敌军的火力之下，纪律和协同动作也由此变得空前重要，继而要求动作和武器装备要实现一定程度的标准化。

1599年，莫里斯给全军配发了长短和口径都一样的武器，他的弟弟约翰（John）着手撰写新的军训工具书——训练手册。约翰认真分析了所有同使用长矛和滑膛枪有关的单个动作，并给它们标上数字。1607年，海恩（Jacob de Gheyn）发表一本书，不久被译成英语、法语、丹麦语和德语［英语书名译作《兵器全书》（*The Book of Arms*）］。书里印有详细的插图，示范士兵须遵循的动作次序。长矛用法被细分为32个不同姿势，滑膛枪装填弹药和开火共有42个分解动作。1616年，约翰在德国锡根创办一所军事学院，训练年轻绅士学习使用武器、盔甲、地图和地形模型；还出过几种训练教材，一看便知是以荷兰的军事训练为依据的。好多外军人员——英军、法军、苏格兰军、德军——也来参加训练，莫里斯的军事思想不久就传开了。可惜的是，莫里斯的新战术从未经过真枪实弹的全面检验。

军事革新仅仅搞了25年，瑞典国王古斯塔夫斯·阿道弗斯（Gustavus Adolphus）就让人们看到了革新的真实潜力。因为坚持不懈地抓训练、抓实际操作，古斯塔夫斯的火枪手提高了射速，只需排6排就能保持连续齐射。古斯塔夫斯还为部队配备标准口径的野战炮，有些野战炮还自带弹药,一小时能打20发,也不比滑膛枪慢多少,所以火力大大增强。古斯塔夫斯对荷兰阵法作了一个非常重要的改进,那就是让前排枪手要先前进10步再开火,射击完毕后站在原地装填弹药,而此时后排枪手跟进,超过前排枪手,再向前进10步后开火;各排依次重复上述动作。这样不仅保持了火力的连续性,还不断迫近敌军。这个战术在莱比锡城外的布赖滕费尔德战役中显现出慑人心魄的优势:1631年9月17日,古斯塔夫斯率兵一举击败一支数倍于己的天主教军队。瑞典凭这次胜利很快成为世界强国。难怪古斯塔夫斯有"诸王之帅,诸帅之王"的美誉呢!

图15　选自海恩编写的"武器操作"手册。4幅插图显示击发前如何给滑膛枪填装弹药。

1632年,古斯塔夫斯在一场战役中阵亡,6岁女孩克里斯蒂娜(Christina)继承王位。1633年2月1日,克里斯蒂娜被宣布为瑞典国王(瑞典君主都是国王,只有一位君主的妻子是女王)。接下来的13年里,首辅大臣乌克森谢尔纳(Axel Oxenstierna)代理朝政。1644年,克里斯蒂娜成年亲政,开始了她短暂统治的大手笔:结束同丹麦的血腥战争。克里斯蒂娜天资非凡,精通德语、希腊语、拉丁语、法语、西班牙语和意大利语。面相"丑陋"是她的一块心病,所以她洗漱梳妆从来不超过15分钟,不管什么衣服,只要顺手,捡起来就穿在身上,一点不注意形象。到斯德哥尔摩王宫拜访的宾客,见她老穿着一双男士鞋,无不惊诧。克里斯蒂娜热衷文化、喜欢学习,她机敏过人,人们赞她是"北方的密纳发"*。

1650年,克里斯蒂娜正式加冕为瑞典国王,而4年后即告退位,这让欧洲,尤其让她的臣民大为震惊。克里斯蒂娜选择她的表哥查尔斯(Charles)继承王位。1654年6月6日就在她退位的当天,查尔斯被加冕为瑞典国王。那天晚上,克里斯蒂娜剪短头发,女扮男装离开瑞典。12月23日她来到罗马,受到红衣主教和罗马元老院众议员的欢迎,由众僧侣导引着步入圣彼得教堂。圣诞节那天,罗马教皇本人还亲自将克里斯蒂娜接入天主堂,让欧洲人十分惊异。克里斯蒂娜就在罗马住下了,没多久便成为罗马文化生活的核心人物。她的宫殿收藏着威尼斯画派的绘画作品,数量之多无人能及;她创建阿卡迪亚学园,专事哲学、文学研究;在她的督促下,罗马建成第一座公共歌剧院;她资助过斯卡拉蒂(Alessandro Scarlatti)和科雷利(Angelo Corelli);她积攒了大量的图书、手稿,可谓汗牛充栋;她还尽力保护罗马城里的犹太社区。另外,她跟梵蒂冈政坛领袖红衣主教阿佐利诺(Decio Azzolino)长期保持情人关系(有人怀疑是这样)。

尚在瑞典之时,克里斯蒂娜就对欧洲的文人圈子有着深切的影响。她平时喜欢身旁有才华横溢又声名赫赫的外国艺术家、学者和音乐家相伴。1649年,她邀请笛卡儿(René Descartes)来瑞典当她的宫廷哲学家。她争强好胜的个性最终酿成了一场灾难。她令笛卡儿写诗词配合剧院演出,还让他参演芭蕾舞、写剧本;间或笛卡儿还要给克里斯蒂娜上课,上课时,克里斯蒂娜不讨论哲学,非要讨论文学。最要命的是上课时间:克里斯蒂娜执意要笛卡儿早上5点去她的

---

* 密纳发为古罗马神话中掌管智慧、工艺和战争的女神,相当于希腊神话中的雅典娜。——译者

图书馆上课。可怜笛卡儿屡屡冒着瑞典冬天清晨的严寒去上课,刚到斯德哥尔摩6个月就不幸染上肺炎,在1650年2月11日与世长辞了。

笛卡儿也是个流亡知识分子。和斯卡利杰尔一样,他最终在荷兰找到了安身之所。1618年,他在莫里斯的军队里当军事工程师,但时间不长。此前,在大学毕业之后,笛卡儿心里越来越觉得沉重,因为苦读几年学得的知识既无用处,又全是似似乎乎的,不能确定。说起研究经典名著,他写道:"有一些人对几百年、几千年前的事情太着迷……对现在的事情却经常茫然无知。"谈起文学,他又写道:文学"让我们浮想联翩,认为好些事情有可能发生或存在,而实际是根本不可能发生或存在……凡是比照书中的例子约束个人行为的人,很容易学会传奇故事中骑士们的骄奢无度"。古代的大思想家研究哲学,并没有"搞出来不存在争议的东西,故而其研究成果是可疑的、不确定的"。

关于一般知识,笛卡儿总结道:"我注意到,学者们对同一个学科所持的见解各种各样,不过没一个人是正确的,事实就是这样。于是,对一切仅仅是看似可信的见解,我干脆就认定它们基本是错的……从儿时起,我就活在书的世界里……自忖有了书,便可以清晰而确切地认识和了解生活中一切有益的事物……可是,等我完成了学业(一般是完成之后便可登堂入室,成为一名饱学之士)……我发现自己的心里满是疑惑和谬误,似乎下那么大工夫读书,到头来竟毫无收获,只是发现自己愈加地无知了。"

1637年,他将这些思考连缀成文,写成巨著《方法论》(*Discourse on Method*),为还原论奠定了基础,也为形成现代科学的严谨规范作了铺垫。他的合理怀疑为理智分析体系设定了基本规则,使思想发现更加确切可靠,既而也规定了一套思考事物的逻辑方法。获得确定性的途径是:首先是怀疑一切,然后把经得起怀疑的东西当作公理。笛卡儿认为,唯一确定的就是怀疑能力的存在。他把这个观点概括为他的一个著名公设:我思,故我在(cogito, ergo sum)。笛卡儿对他之前的经院学派思想模式的思辨的、形而上学的本质进行了批判,而后于1633年发表《论人》(*Treatise on Man*),将探索的目光转向生命本质。他从机械的角度研究人的身体和大脑,按照机械系统描述了人体的10个主要功能(消化、循环、生长、呼吸、睡眠、感觉、想象力、记忆力、食欲和运动)。

那时,圣日耳曼昂莱是法国王室的居住地。那儿有一座皇家城堡,城堡遍布花园,花园里安装了不少那个时代的高新科技小玩意儿。笛卡儿的思想没准儿是受了这些高科技小玩意儿的影响呢。1598年,一位名叫弗兰奇尼(Tommaso Francini)的佛罗伦萨建筑师、机械师来到圣日耳曼昂莱,用洞室和喷泉装点皇家花园里的一块块露台。弗兰奇尼引来塞纳河水,并设计了一个非常别致的水网,其主要标志是有一座巨型的喷泉。喷泉喷出的水经过斜坡内的管道,流进无数个水池;连接水池的次级管道再为其他喷泉供水,同时驱动花园里的所有水力自动装置。在景观一处,可以看到一条栩栩如生的龙、一个管风琴手、一尊海神。大力神赫尔克里斯(Hercules)洞穴、珀尔修斯(Perseus)与安德罗米达(Andromeda)洞穴、俄耳甫斯(Orpheus)洞穴都有这类神话形象;探访者无意间踩到藏于地板内的踏板时,这些神仙们便会做出复杂的动作。比如珀尔修斯,他会从天花板降下来,用宝剑杀死从水池里蹿出的一条恶龙。再到另一个洞室看看:酒神巴克斯(Bacchus)正坐在那儿对着酒桶饮酒呢。

笛卡儿在研究大脑的著作里提到这些供人赏玩的奇巧之物,他写道:"完全可以把体内神经比作喷泉机关里的管道,把肌肉、筋腱比作控制这些机关动作的引擎和弹簧,把肉体情绪比作驱动机关的水,而心脏就是源泉,颅腔就是总管道。另外,呼吸及其他类似活动,乃是平常的、自然的状态，取决于活力的流动，就像钟表或者磨坊，对磨坊而言水的正常流动才能使之运转不歇。"

笛卡儿认为颅腔里的脑脊髓液和花园供水系统的工作原理差不多，它沿着神经向下流动，为肌肉动作提供动力。他从工程学角度来解释大脑机理，这让一名叫威利斯(Thomas Willis)的英国医生兴奋不已。1664年，威利斯是牛津最成功的内科医生。他还是一个文人社团的团员，除了他，伊夫林(John Evelyn)[64]、威尔金斯(John Wilkins)和玻意耳[65]也都是团员。他们经常在瓦德汉姆学院聚会，讨论近期的科学发现，尤其是讨论近期的真空试验和应用。不久前，意大利人托里拆利(Evangelista Torricelli)发现真空，当时不少学者都在搞真空试验及真空应用研究。1664年威利斯发表专著《人脑解剖》(*The Anatomy of the Brain*)，开创了新的研究领域。他以笛卡儿的机械论作为自己研究方法的依据，详细描述了神经系统中的中枢神经、末梢神经和自主神经。他还通过病理观察、临床观察，将人脑划分为不同的功能区，提出大脑是思维之场所，而小脑则控制着无意识运动。当然，在很多情况下，威利斯的解剖方法是很不精确的，不过，他的实证方法较之以前纯粹的哲学推测还是前进了一大步。

威利斯自造"神经学"一词指称自己的研究活动。虽然他在书中阐述的一些见解未能经得起时间考验，但该书对神经系统的描述和说明依然是当时最完备、最精确的，激励着其他学者开展更深入的研究。该书作为标准版神经学教科书延用了150年。如此成功的一个原因是书里的插图做得好。那些插图让人们第一次从现代视角观察大脑。画面既美观又精确，创作者是威利斯在瓦德汉姆学院的同事，名叫雷恩(Christopher Wren)。

在威利斯的著作出版两年后发生了一件事，改变了雷恩的人生。当时，雷恩还在牛津大学担任天文学的萨维廉教授。他是个知

64	111	193
65	53	98
65	87	143

天文通地理、门门通样样精的真全才。大学毕业后不久,他就给自己开列了一张"需要研究的项目"清单,上面列有:月球固态假说,研究地球是否在移动,气象轮,勘察透视箱,雕刻和蚀刻新方法,只需转动一个轮子就能一次织出多条彩带的方法,改进畜牧技术,研究多种新式抽水机,比大理石还坚硬、美观、便宜的硬化路面,研磨玻璃镜片,研究出一种能织出便宜又美观的床榻绣花的方法,气动引擎,新式印刷术,结实、方便、美观的新式建筑设计,多种新乐器,会说话的机关,新的航海技术,海水淡化的可行性技术,计算纬度与海上观测的最佳方法,战舰的构造,海上修建要塞、防波堤等设施,提高船港修建质量、加固船港以及在海上除沙、测水深的技术发明,长时间待在水下的方法,潜水航行,捕鲸的简便方法,新式密码,采矿期间裂岩碎石的方法,通过血液注射就能通便、呕吐或改变身体状况的方法,解剖实验,只需翻过山便可测得山的高度的方法,车用或骑乘人用的指南针,划船的方法,舒适、结实又轻便的驿车。

这颗非凡的头脑在1666年接到了一个任务,不过这个任务十分艰巨,要求他全神贯注,心无旁骛。任务源起于"伦敦火灾"。这场火灾发生于1666年9月2日星期天的晚上,大火一直烧了5天才被扑灭。整个伦敦近80%的建筑被焚毁,包括海关大厦、市政厅、股票交易所、6座监狱、87个教堂及老圣保罗大教堂。灾后形势十分严峻,因为那时还没有保险来赔付失去家园和生意的人们。灾民们迫切需要有个新家、新货栈仓库、新办公室、新股票交易所,耽误不得。火灾后那些天,不少人向国王查理二世(Charles Ⅱ)献策,要重建伦敦,方案都写出来了,雷恩也是献策人之一。9月11日,查理二世宣布重建伦敦,建筑改用砖石结构,街道要修得宽敞,防止火灾跨街蔓延。查理二世任命6个督察员监督工程建设。雷恩是督察员之一,他完成了几件比较小的督察监理任务。其后,在他36岁那年——也就是1669年,他奉命担任皇家勘测员,还承担了圣保罗大教堂的重建工作。39年后,即1708年10月,这座建筑巨型圆顶上的穹隆顶塔的最后一块石头砌好了——教堂竣工了。这时的雷恩又去别处忙碌了。远观伦敦那高低错落的楼堂屋舍,处处闪耀着他的建筑才思。他一共修建教堂52座,其中有28座屹立至今。

1679年,雷恩在哈德孙湾公司理事会担任理事。其后5年中,他又当董事,又兼公司股东,干得生龙活虎。17世纪初,第一批茶叶和瓷器装在荷兰东印度公司⑥的货船上从中国和日本运抵欧洲。从那时起,各国竞相投资,进行投机贸易和探险开拓。英国不久也效仿荷兰做起了远洋投机生意来。东陆公司垄断了波罗的海沿岸的贸易,马斯科威公司把生意做到了波斯,土耳其公司则赶赴巴士拉*,该公司的一条货船甚至还跑到了马六甲。大部分船长在远洋返航回国后,都去和一位牧师谈航海观感。这位牧师名叫哈克卢特(Reverend Richard Hakluyt),是牛津大学的地理学讲师。他将收集到的信息资料结集成书,这就是他的名著《英格兰民族重要的航海、航行和发现》(*Principal Navigations, Voyages and Discoveries of the English Nation*)。谁要想在海外贸易这一行干出点名堂,此书乃必读之物。

66 44 62
66 109 191

各公司的贸易在不断扩张,英国海军显然不可能为每一艘做风险投机生意的商船提供保护,于是各家公司开始自行联合,组建各自的武装船队,这样既可为商船提供保护,又能使公司的货品价格有竞争力。每个投机商都把自己的股份同其他投机商的股份合在一起,这种合作形式就叫"合股公司"。雷恩担任哈德孙湾公司的董事时,股份市场越来越受人们关注,吸引了许多投资商,他们有钱,但之前把钱不是藏着掖着就是买田置地,除此之外不知道拿钱做什么。18

---

* 伊拉克东南部港口。——译者

世纪初,建立一个银行系统来扶持和促进新生的股票市场,已经成为一种迫切需要。

1716年,巴黎成立第一家合股银行,其目的就是吸引投资。这个主意是一位叫劳(John Law)的苏格兰人想出来的。劳既是赌徒又是金融家,一生经历了一连串的跌宕起伏,很不平凡。1694—1704年的某个时间,他跑到荷兰待了两年,了解了荷兰的银行系统。后来他移居意大利的热那亚和威尼斯,靠赌博致富。1703年他写了一份提案,建议在苏格兰推行纸币(那时只有瑞典、热那亚、威尼斯、荷兰和英格兰流通纸币)。劳认为纸币比硬币方便,硬币太少会严重妨害贸易发展。纸币以可耕地价值做后盾,能足量发行,释放大量货币,可推动经济增长。不过那时,苏格兰人更关注4年后跟英格兰合并这件事,所以劳的建议被否决了。

劳力劝法国采纳建议,发行纸币,为此花了好几年工夫,终于在1716年他说服了法国人,成立了通用银行。该银行是法国第一家私人银行,劳担任首任总经理,银行发行纸币。新钱按一定比率以硬币做后盾发行,法国硬币(常常遇着假币)的币值老是上下波动,跟它一比较,人们很快就喜欢上了纸币。1717年政府下了一道法令,规定可以用纸币缴纳税款。劳得知这个消息后,便开始按优惠利率放贷。几近破产的法国经济重新有了活力。接着,劳又启动了一个重振法国工业的大计划:他要建立一家贸易公司,独揽法国同法属路易斯安那[67]的贸易。这在当时意味着将密西西比河、俄亥俄和密苏里的大小河流的集雨区域全部囊括进去。

1717年,劳的贸易公司成立了,它就是著名的"西方公司"。劳的宣传广告上画着一幅光明灿烂的图画:有勤劳好客的原住民,还有堆成小山的翡翠和黄金,当地人拿它们换小刀和镜子。1719年,劳提出拓展公司业务,把在非洲、亚洲、印度和中国的贸易垄断权全拿到手。这个庞大的公司真正要跟全世界做贸易来赚取巨额利润了。1719年,西方公司更名为"印度公司",公司股票的投机活动发展到令人智乱神迷的地步。7月份股价1000里弗赫*的股票,到9月就涨到了6000里弗赫。时不时有消息说,有人炒股,一夜间赢利超过1000%。

尔后,劳又来了个惊世大手笔:公司获得权利,既可以收法国人的税,还可以筹集资金清偿国债。为此,公司要发行300 000新股。也就在这时,劳辛苦构建的纸币大厦出现了裂隙。

通用银行的业绩实在辉煌,摄政王忍不住把它接管过去,然后以骇人的速度印制钞票,为他的侍臣们发放巨额工资。后来,纸币不再以黄金作担保,却可以按当时的货币兑换。人们对纸币的信任度开始消退。路易斯安那股票的价值被估计得过高。在1719—1720年的那个寒冬,通货膨胀终于爆发了,随之而来的是物价飙升。5月政府宣布货币贬值。末日来了,泡沫碎了,经济一路踉跄,一溜跟头。劳被驱逐出法国,没收全部财产,包括今天香榭丽舍大街所在的那片土地。

其后30年,宫廷挥霍无度,国内财政混乱不堪,加上战争开支,法国的国力不断被销蚀,渐渐不敌英国。1760年,一种想法逐渐抬头:只有干掉大不列颠,法国才能恢复元气。这股反英势力的领头人名叫帕里斯-迪韦尔内(Joseph Paris-Duvernay),是个金融家,奉召出山收拾烂摊子。1760年,76岁的帕里斯-迪韦尔内结识了25岁的钟表匠,后来这名钟表匠彻底改变了欧美的财富格局。他就是博马舍(Caron de Beaumarchais),那时就住在凡尔赛宫,为王室做钟表,兼任4位年轻公主的音乐指导。此外,他还是个刚刚崭露头角的剧作家,《费加罗的婚礼》(The Marriage of Figaro)和《赛维勒的理发师》(The

---

* 里弗赫(livre),法国旧时流通的货币名,当时1里弗赫价值相当于1磅白银。——译者

图 16　美国革命者推倒位于纽约的乔治三世国王的雕像。

Barber of Seville)等名作均是他的手笔。

1776年,国王令博马舍当一回特务,赶赴伦敦查禁一篇讽刺文章,该文四下里流传,滥说国王情妇的闲话。到了伦敦,博马舍感到英国人正急着找个快捷途径,摆脱美洲殖民地的纠缠。法国要想削弱英国的优势,办法简单得不能再简单了:等独立战争打响就暗中使劲,助美国人一臂之力。1776年夏,一家空头公司揣着法国政府的心愿成立了,博马舍借公司的幌子,给北美的造反者送去大批资金、武器,还有法国的"军事顾问"。美国独立后,这次冒险投机活动造成的财政后果,让法国经济蒙受创伤。于是,法国请来瑞士银行家雅克·内克尔(Jacques Necker)[68]帮助治乱,整理困局。内克尔写了一系列著名的"报告"*,让路易十六(Lowis XVI)相信经济没问题,国库也有储备。而实际情况恰恰相反。从1776—1786年,国家举债12.5亿法郎,每年有1.15亿法郎财政亏空,经济已经到了崩溃的边缘。内克尔三次被解聘又三次被请回。随着他的每次起落,他的怪诞立场招来的咒骂越来越多。1789年,内克尔最终辞职,回到瑞士,却把女儿热尔曼·内克尔(Germaine Necker)留在巴黎,享受紧跟而至的大革命。

热尔曼·内克尔三年前嫁给了瑞典驻巴黎大使斯塔尔-霍尔斯坦男爵芒努斯(Eric Magnus Baron of Staël-Holstein)。现在人们都称她为德·斯塔尔夫人(Madame de Staël)。她十分健谈,字字珠玑,这让

---

* 暗讽内克尔的假账。——译者

她开办的沙龙成了法国文人汇聚的地方。每天早晨，德·斯塔尔夫人身着半透明的睡衣在卧室里接待宾客，卖弄一下她的自由思想。1802年拿破仑当权，她的那些思想就不像以前那么受欢迎了。她写的东西——主要是《论文学与社会体制的关系》(*On Literature Considered in Its Relations with Social Institutions*)和小说《黛尔菲娜》(*Delphine*)——此时已经让她红遍了整个欧洲。这一年，她去德国的魏玛游历，受到魏玛大公一家的热情欢迎。她就此机会结识了许多德国新知识界的精英，包括席勒(Schiller)和歌德[69]。不过歌德对她退避三舍，他说："她坚持解释一切，理解一切，测量一切；不容许有一丝晦暗；认为不存在不可度量的事物；凡是她的火炬照不到之处，就什么都不存在。"

69 22 29
69 82 136

正是在魏玛她写就了《论德国》(*On Germany*)，这部著作让她成为家喻户晓的浪漫派人物，并确立了新兴于魏玛的德国文化和浪漫主义运动。在此期间，德·斯塔尔夫人结识了新浪漫主义运动的主要理论家施莱格尔(August von Schlegel)。施莱格尔被她迷得魂不守舍。他先领着她在浪漫主义的迷宫里徜徉，之后就爱上了她。1804年4月18日，德·斯塔尔夫人获知父亲病重，滴溜溜地要马上赶往瑞士，施莱格尔当即决定跟她一起去，此后他一直跟着夫人，当了一辈子叭儿狗。他是否盼望把两人的关系发展到激情澎湃的地步，不得而知，反正那种事从来没有过。德·斯塔尔夫人还有别的情人，施莱格尔只能退而求其次，跟夫人搞柏拉图式的精神恋爱。

1803年，施莱格尔的家散伙了，老婆嫁给了他的朋友兼同事谢林(Friedrich von Schelling)[70]。谢林在莱比锡待过一段时间，一边当老师，一边研究自然科学。其中一项研究成果就是提出了"自然哲学"的重要理论。在随后的40年里，浪漫主义运动以及很多科学研究都体现了自然哲学的思想。谢林的观点大致可以概括为：自然的永恒

70 94 157

之力用于实现其自我演变和自我超越,由低级层次和形式到高级层次和形式。自然的这种永恒之力显现出明确的目的论模式。自然界的整体和谐是通过表面对立事物互相调和的方式体现的。谢林拿磁铁为例,他说,磁铁两极是互相吸引的,同样,酸碱之间、电磁之间的相互作用也存在这种平衡态。

谢林的一个同事歌德[71],在胚胎学里寻找着类似的目标和格局。其他自然哲学的学者们也都在作这样的研究,其中一位是爱沙尼亚解剖学教授冯·贝尔(Karl von Baer),他的目标就是找到所有生物体发育阶段所体现的自然的统一性。为此,他成了研究鸡胚胎发育的专家,仔细观察了鸡从受精到孵化的全过程。1828年,冯·贝尔发表一本专门研究鸡胚胎发育的著作,对胚胎发育的各个阶段作了详细描述。他发现,细胞的生长是一个从一般发展到特殊的过程:最初均质的鸡细胞群逐步分化,最后长成翅膀、眼睛、嘴、腿、内脏。最重要的是,冯·贝尔提出一个理论,他认为低等和高等生命的胚胎发育分不同阶段,高等生物的早期发育阶段相当于低等生物的发育成熟阶段。冯·贝尔的理论对19世纪下半期的生物科学产生了深远的影响。

1846年,皇家海军的"响尾蛇"号从英国启航,前往南部海域探险。船上有一位年轻的博物学家,名叫赫胥黎(Thomas Huxley),他将冯·贝尔等人的研究推进到新的阶段。1849年,赫胥黎在澳大利亚东部海域研究水母。他发表的研究成果指出,水母有内外两个胚层,其构建过程简直和冯·贝尔在研究脊椎动物胚胎早期发育时发现的两个胚层一模一样。高等生物早期发育阶段与低等生物发育成熟阶段存在诸多相似性,印证了冯·贝尔的理论。

赫胥黎一回到英国就开始替一个人辩护。这个人提出了生命发展的伟大理论,将胚胎间关系的深层含意总结为合乎逻辑的结论。

地球上的千万生命是如何通过冯·贝尔和赫胥黎所说的生物机制演变而来？新理论力图描述这个演化过程。根据新理论,生物要么千变万化适应环境,要么灭绝。活着不易,这才是冷静深刻的认识。这一主张的提出者就是达尔文[72]。

72　4　8
72　74　128

6 简单的东西

不少人认为进化论不该记在达尔文名下,而应记在华莱士名下。华莱士,全名艾尔弗雷德·拉塞尔·华莱士(Alfred Russel Wallace),是个自学成才的勘测员、钟表学徒、教师兼甲虫收集爱好者。他14岁辍学,做了铁路勘测员,渐渐对地质学产生了兴趣。他的自我提高方法就是阅读探险家洪堡(Alexander von Humboldt)[73]的《新大陆热带区域旅行记》(*Personal Narrative of Travels to the Equinoctial Regions of America*)、地质学家赖尔(Charles Lyell)的著作、钱伯斯(Robert Chambers)的自然史,以及马尔萨斯(Malthus)的《人口论》(*Essay on Population*)。赖尔的理论描绘了地球的远古面貌,钱伯斯的《创造的痕迹》(*Vestiges of Creation*)提出动物物种是其他动物物种的后代,而马尔萨斯的著作则指出:相对于食物的可供应量,人口若照当时的速度增长下去,必然导致生存竞争。

这些思想和观点触动了华莱士。他很想到处转一转看一看,尤其是在他认识了昆虫学爱好者贝茨(Henry Bates)、受到他的事迹启发之后,漫游的愿望变得更加强烈。华莱士和贝茨经常在下午去野外考察,收集各种甲虫;其后,两人还互通书信,交流捕捉甲虫的经验。华莱士攒了100英镑,1847年,他把这笔钱用作他和贝茨游历南美亚马孙河的川资。等到了亚马孙河,两人兵分两路,贝茨沿亚马孙河溯流而上，华莱士则去往亚马孙河的支流内格罗河。5年后，华莱士带着20箱标本乘船回国，不幸船在途中失火，他的东西被烧了个精光。不过那时，华莱士的脑子里已有了一个想法，这个想法此后为他的研究工作增光又添彩。

华莱士以前就发现，同一片森林里不同地带的昆虫等动物，其生活习性有很大差异，甚至在一条大河的两岸也会出现这种差异。华莱士想，不管收集什么物种，都应该一边收集一边作好物种生境的记录。1854年，华莱士再次离开英国，此后的8年里，他一直待在马来群岛，走了14 000英里，收集物种达125 000多种，其中很大一部分是甲虫，仅天牛就不下900种，新种蚂蚁也有200余种。

不同区域，似乎都有少量物种变种，且每个微小变异的物种均适应了其所在的地域环境。何以如此呢？华莱士花费好多心思研究这个现象。1855年，他往伦敦寄回一篇论文，题为《论制约新物种产生的规律》(On the Law Which Has Regulated the Introduction of New Species)。这篇论文显然是深受赖尔观点的影响，即如果地质过程由古及今没有什么改变，那么自然界的变化就会是极其缓慢、长期的过程。华莱士将这个观点和他观察到的物种变化联系在一起，写道："同它（即赖尔研究的无机世界）如此密切联系着的有机世界，被已经不再起作用的其他规律制约着；物种的灭绝和产生已经在其后的某个时期戛然而止了。除非拿出过硬的证据，否则得出这样的结论实在是毫无道理。"

华莱士认为，一个物种可分成两个或多个变种，假如某个时间原始物种灭绝了，那么它留下来的变种就是新物种。可以说华莱士已经创立了进化论。达尔文[74]读罢华莱士的论文，给他写了一封信道："大作字字珠玑，句句真理，吾甚赞同。吾以为读他人文章，字字句句与己见甚合，此事百无一遇；吾且不揣冒昧，猜先生定有同感。今吾可坦率相告:吾与君思想几近一致,结论也略同。"

三年后,达尔文(再没别人)收到了华莱士的另一篇论文《论变种无限偏离原始物种之倾向》(On the Tendency for Varieties to Depart Indefinitely from the Original Type)。用达尔文的话说,这篇论文对他的刺激犹如"晴天霹雳":自己苦苦思索了20年的东西全被华莱士写在论文里了。达尔文匆忙铺纸提笔,很快写成一本著作,不过这本著作跟华莱士的论文出奇地相像。1858年7月1日,伦敦林奈学会宣读了达尔文和华莱士的论文。华莱士把创立进化论的优先地位让给了达尔文。

不过,华莱士和达尔文有一点非常不同。华莱士认为,进化解释不了人类意识的特殊性。他写道:"无论是自然选择还是更具普遍性的进化论,都无法解释知觉生命或意识生命的起源。自然选择和进化论也许会让我们认识到有机体是如何依据化学规律、电的规律,或者更深刻的自然规律构成、成长和繁殖的,但是无论如何我们也不能想象这些规律和有机体的生长会把意识赋予刚刚排列组合好的原子。"华莱士和许多维多利亚时代的杰出科学家一样,转而向唯灵论寻求答案;他很快就成了英格兰唯灵主义运动的领袖级辩手。他相信,超自然世界的一切具象,如鬼魂、鬼屋、与死人交流、悬浮和通灵等等,都是有根据的。1882年,他加入了新成立的心灵研究会,但拒绝担任会长。

华莱士有个同事名叫洛奇(Oliver Lodge),是利物浦大学物理学教授,也是心灵研究会的会员。和许多科学家一样,洛奇试图用科学的方法赋予生命一种哲学意义或宗教意义,想以此来冲淡科学研究的无神论色彩。1883年,洛奇接受委托调查两名百货店的女店员,这两名店员好像有传输思想的本领。为避免测试结果模棱两可,洛奇设计了今人熟知的"心灵感应"测试卡,上面画有圆、三角或方块。

对其他传输方式,洛奇也很有兴趣。他曾多次使用避雷装置和瞬间放电产生的电波进行实验。在此基础上,他于1889年开始潜心研究一种灵敏的接收器,这种接收器能接收放电传送器发出的极微弱的电信号。1889年,他写道:"我发现了一种奇特的效应……几个小旋钮很轻微接触时,正常情况下并不会传送电流,但是只要有一丝微弱的电火花通过,它们的接触点便会紧紧地粘在一起或连接起来,使一股由微弱电动势[电压]产生的电流通过检流计,直到接触点断开为止;而要让它们断开,只需轻拍一下就行了。"

洛奇注意到,电流通过铁屑时也会产生同样的现象。即便信号比较微弱,也足以让铁屑聚集在一起,传递电信号。于是,洛奇制作了一个小玻璃管,里面装满金属末,后来又加上一个拍打用的"拍子";待金属末粘在一起时,"拍子"就连续拍打玻璃管,使金属末分散,等着接受下一个信号。1891年,洛奇设计的这个识别装置被命名为布朗利—洛奇(Branly-Lodge)"金属粉末检波器"[布朗利(Edouard Branly)是法国物理学家,他和洛奇同时琢磨了同一种原理]。

后来,还是一位名叫费森登(Reginald Fessenden)的加拿大工程师将两人的研究工作又向前推进一步。金属粉末检波器有一大缺点:它只能检测由电火花发送器(马可尼的新式无线电报就是用它发送莫尔斯电码的点和线)传递的脉冲信号。费森登想,除了莫尔斯电码,要想发送其他信号,必须有一套完全不同的无线传送方式。他曾经跟着爱迪生[75]设计过发电机,还担任过威斯汀豪斯[76]电气公司的电工长,这些工作经历对他以后的研究很有帮助。他研究发电量和电动机时,同交流电打过交道。交流电是一种大小和方向都做周期性变化的电流:先由零变到最大,再由最大变为零,然后改变方向,再由零变到最大,由最大再变为零,接着回到初始状态,完成一个周期;这种周期一秒钟可以重复几千次。费森登想,可以利用这个交变过

| 75 | 23 | 29 |
| 76 | 25 | 30 |

程按某个设定的频率作连续电波传输（这样接收器就可以调到相同的频率），再利用连续电波作载体。声音通过话筒转换成音频电信号，这个信号能量较低，由连续电波搭载，并对载波进行调制。调制信号到达接收端后被送至扬声器的振膜上，振膜随着信号的变化产生振动，将其还原为声音。

1906年圣诞节前夕，费森登在马萨诸塞州的布兰特罗克描述了将该理论付诸实践时的情形，他说："节目……是这样进行的：首先我简单讲了讲我们要做什么，然后用留声机播放音乐，音乐是亨德尔（Handel）的《广板》(Largo)……最后节目结束时祝大家圣诞快乐，还告诉他们元旦前夕我们会再次播音。"他请收听首次广播节目的听众给住在布兰特罗克的费森登写信。还真有人照着做了，其中几位是在加勒比海航船上的无线电报员。他们乘坐的船只属于一家公司，此后，这家公司的命运被费森登的科研成果彻底改变了。这些船是联合果品公司的香蕉运输船。

1870年，一个波士顿的纵帆船船主把一船寻找黄金的人送到委内瑞拉，而后返航。从那时起，香蕉就成了一种能赚大钱的商品。这名船主于返航途中将船停靠在牙买加维修，顺便买了160串香蕉，每串25美分；之后他将香蕉带回波士顿全部卖掉，获利近10倍。费森登在布兰特罗克传送广播节目的时候，香蕉生意正一片繁荣。哥斯达黎加、古巴、洪都拉斯、牙买加、圣多明各和哥伦比亚等地共有香蕉田100万英亩，其中差不多有1/4为美国的香蕉种植者所有。很多种植者势力很大，当地政府都要敬让其三分。这些国家的经济越来越依赖香蕉出口，由此得名"香蕉共和国"。

联合果品公司马上接受费森登的发明，原因很简单：香蕉的利润非常高。1英亩小麦的产量是1300磅，1英亩玉米的产量是2800磅，而1英亩香蕉的产量可达18 000磅；而且香蕉全年都能收获，生长也迅速。不过，联合果品遇到一个难题：香蕉熟得快，烂得也快，采摘后必须尽快卖出去。几万串的香蕉在种植园装上火车，运往码头，必须在计划好的几小时内装船发运。一艘船的装载量一般要火车装运几十趟才能装满，所以投资风险是相当大的。1900年，由12家香蕉公司联合而成的联合果品公司拥有汽船11艘、铁路线长112英里、火车头17部、牛12 000头、骡马2000匹，雇佣员工15 000人，每年开垦8000英亩原始丛林种植香蕉。

1908年，冷藏船[77]的价值已经得到验证，联合果品公司委托建造了17艘5000吨级的冷藏船。公司开始自建码头，铺设铁路数百英里，在十几个热带港口建立码头设施。随着市场需求不断增加，该公司还组织人手铲除数千英亩丛林，开拓香蕉种植园。公司的业务越做越庞杂。这是一个网点分布广泛但零散的商业帝国，对高效准时的调度要求又特别高。管理这样一个巨型的商业企业，做到巨细无遗是很有难度的，但是有了费森登的无线电设备，这一难题几乎迎刃而解。

在开展香蕉贸易最初那几年，研究水果的世界级权威著作是《栽培植物的起源》(The Origin of Cultivated Plants)，此书写于1882年，作者是一位瑞士植物学家、隐士，名叫康多尔(Alphonse Pyramide de Candolle)(出身于植物学世家，家人也都是隐士)。这本书首次从植物学角度对香蕉作了详细描述。康多尔还写过果树栽培、树龄、植物休眠等方面的专著。另外，他是日内瓦大议会的议员。经他提议，日内瓦州开始推广使用邮票。1843年，日内瓦议会投票，决定(比照英国4年前的模式)采用单面值邮票，预付所有本埠邮资，而寄往其他州省的邮件要贴两枚邮票。1852年，这种邮资计费办法在瑞士全境推广。

19世纪60年代，国际邮政[78]几乎是一片混乱。各国对不同种类的邮件和投递距离都是自行规定邮资标准（有些标准多达6种）。邮件的错投、遗失屡见不鲜。奥普邮政联盟自1850年运作以来成效非凡；一些国家很想比照奥普邮政联盟的运营模式，实现国际间邮政业务的协调一致。终于，在1874年，北德意志联盟的邮政总长冯·斯特凡（Heinrich von Stephan）在瑞士的伯尔尼组织召开了国际邮政大会，21个国家派代表参加。大会的宗旨是"让世界实现邮政统一，便利国与国之间的邮件交换"。在伯尔尼，与会国代表一致同意：使用邮票预付邮资，邮件发出国可在简单互惠的基础上各自保留销售邮票获得的收入。有来有往嘛，有去信一般也会有回信。

大会还通过其他若干决议，其中之一是确定不同种类邮件的资费标准。印刷品、信件、明信片（一个新种类）均列入邮件种类。明信片是冯·斯特凡提出的，他觉得写信是件很啰唆的事，也许人们需要一种更简洁的通信方式。他建议使用一种特制的卡片，事先在卡片上印好邮票，这样就不用再将其装入信封了。卡片本身是不收费的。这最后一条引起了很大争议，结果整个创意竟被搁置在一边。1860年，奥地利印制出正式版"明信片"，广受欢迎，冯·斯特凡的创意又焕发了生机。奥地利版明信片在发行头一个月就售出50万张，第一年寄出几百万张。德国一看马上效仿，英国紧随其后。1870年出现了印有圣诞问候语的明信片。1872年英国授权私营印刷商印制明信片。1889年图版明信片赫然在巴黎博览会上亮相。人们可以从埃菲尔铁塔[79]塔顶邮寄图版明信片。明信片的一面印有埃菲尔铁塔的版画，另一面是空白，供填写地址和问候语。该创意获得巨大成功，引来众人纷纷在明信片上做起了文章。

19世纪末，第一批美术明信片出现在法国，主要是布泰（Boutet）、穆哈（Mucha）等海报画家的作品。1900年，英国印出了插图卡，不过上面的插图多以诙谐幽默的卡通画和表现海边"一日游游客"的漫画为主。在此后的10年间,明信片上的图画越来越讲究,尤其是美术家梅(Phil May)等人的作品。梅14岁就在利兹大剧院帮忙画布景。他给一些演员画肖像,逐渐显露才华,而后开始为伦敦的多家杂志画插图。

末了,梅受雇为一本叫《笨拙》(Punch)的讽刺杂志

图17　英国早期发行的明信片,表现了工人们在海边度假时的"淘气"场面。

画卡通画,针砭政界的大腕要人。《笨拙》于1841年创刊,那时候英国正在遭受工业过快发展造成的过剩危机。前10年人们对伟大的改革法案怀揣的热切期望已经化为泡影。城镇里挤满了产业工人,其生活境况令人惊骇。政府官员腐败成风,下院议员贪赃枉法,只顾谋取私利。贫富差距悬殊,而且还在拉大。《笨拙》杂志站在穷人和无产者一边,参与辩论,对当权者进行无情的批判。

1843年,好机会终于来了,好得不容错过。维多利亚女王的丈夫阿尔伯特(Albert)亲王(人们不知道他有艺术才能)参加一个评委会,评审壁画设计大赛的参赛作品,那些壁画是为新落成的议会大厦设计的。评委会规定,比赛须取材于古典主题或者英国历史。但是,参赛作品的质量实在太差,《笨拙》杂志决定自己组织比赛,然后将入选作品提交上去。这些作品包括揭批工厂主、贵族等富贵阶层的卡通画。待入选设计被画上墙,这场货真价实的比赛触发了一场批判风暴。到1895年,壁画只剩下一幅,其他要么铲掉了,要么盖上了。现在,一幅也看不到了。

壁画的历史题材同议会的建筑风格是很般配的。1733年以来就

一直有人提议给政府安个新家。威廉四世(William Ⅳ)曾说把白金汉宫腾出来给政府。白金汉宫是新古典[80]风格的建筑,这样的建筑在当时到处都是。但是在18世纪末,新哥特式建筑代替了新古典式建筑,因为英国正在和法国打仗,而新哥特式建筑更能唤起民众的爱国激情。英国人认为哥特式建筑起源于英国。爱回忆撒克逊自由的黄金时代的人们偏爱哥特式:那个时代第一次宣告自由的英国人所拥有的权利。1801年,英国和爱尔兰实现了立法机构合并。尔后,在19世纪30年代(改革法案通过之后),英国议会的议员增加到600多人,老议会大厦已难堪重负。不巧的是1834年伦敦发生大火灾,又将老议会大厦焚毁,议会的工作场地更成了一大难题。

　　于是政府决定将新议会大厦建成新哥特式建筑。装修工作交给英国哥特式复兴运动的巨擘普金(August Pugin)。普金在他的第一本著作里就明确陈述了自己的观点。这本题为《尖顶式或基督教建筑纲要》(The True Principles of Pointed or Christian Architecture)的著作,援引中世纪建筑师的宗教信仰作典型例子,描述了精神与建筑设计之间的直接联系。在普金看来,哥特式建筑就是用石头放大的信仰。普金为议会大厦做了全套设计,从怪兽状滴水嘴到天花板的装饰线、木工、地毯、金属装饰、家具、雕刻、玻璃,以及上议院的几个大会议厅内的所有装饰。上议院的内饰效仿中世纪风格,做得最壮观。普金设计上议院的主题,突出了议会制度起源于中世纪的历史。他为当年逼迫英王约翰(John)签署《大宪章》(Magna Carta)的几位男爵塑了铜像,又仿照1388年威斯敏斯特议事大厅里的天使形象塑造了天使,还修造了一个由三部分构成的高台式中世纪御座。美国作家霍桑(Nathaniel Hawthorne)形容这座气象非凡的大厦时用了四个字:"壮美绝伦"。

　　说来挺有意思:英国人决心把议会大厦建成哥特式,背后有民族主义热情撑着,可是,哥特式复兴早就随着近时兴起的浪漫主义运动在德国开展起来了。浪漫主义运动的美学领袖是前医科学生兼作家赫尔德(J. G. Herder)[81]。1764年,赫尔德最初是在爱沙尼亚里加的一所教会学校教书。其间,他开始撰写研究德国文学的著作和文章。5年后,他去法国、荷兰旅行。1770年,他前往斯特拉斯堡治疗眼疾,在那儿结识了一位即将毕业的法律专业的青年学生歌德[82]。歌德对赫尔德影响巨大,他令赫尔德相信自己无愧为德国的一位重要作家,继而赫尔德鼓励歌德扔掉法律,专攻文学。

赫尔德对民间诗歌和古代语言很感兴趣,这让他越发用心地钻研德国古文化,对德国文化特质的认识亦越来越深入。他从德国艺术史家温克尔曼(Johann Winckelmann)那里借鉴了一个思想:必须弄清楚文化表现的历史背景。他的英名成就于三点:他是"历史观"的创立者;他最先提出在一切时代和一切条件下人类结为一体的思想;他相信人是自然的一部分。这些见解成为随后兴起的浪漫主义的早期指导原则。赫尔德还专门著文,讨论语言的发展。他在1770年发表的《论语言的起源》(*Treatise on the Origin of Language*)一书中追踪了语言发展的历史。他说,语言是神赐的礼物,它能表达人对于神的启示的最根本的领悟。古代语言的价值在于:因为它们古老,所以它们是最纯粹的,绝少受历史发展的影响。赫尔德认为,语言越是古老,人们就越能从中获得对人类起源的深刻认识。

难怪后来有人发现了一部公元3世纪的盖尔语史诗,赫尔德等浪漫派人士好像觅到真理似地就信了。这部史诗全称为《芬戈尔——六书之古代史诗,附以芬戈尔之子奥希恩所作其他诗词若干》(*Fingal, an Ancient Epic Poem in Six Books, Together with Several Other Poems Composed by Ossian the Son of Fingal*)。赫尔德等浪漫派学者在诗句中找到了他们祈求的答案。这部长诗就是公元3世纪凯尔特人生活的生动写照,揭示凯尔特文化和罗马文化、希腊文化一样伟大。为德国文化苦苦寻找个性和传统的人们都将芬戈尔史诗当作指路灯塔。《奥希恩》(Ossian)以抒情的笔调描绘了一个朴素农民如何生活在一个没有阶级、没有贫富,没有现代启蒙运动(法兰西)文明的人为因素捣乱破坏的社会。在赫尔德看来,这首诗就是高贵的野蛮人向所有日尔曼人发出的嘹亮召唤。他在论文《奥希恩与古代民间诗歌》(Ossian and Ancient Folk-poetry)里号召一切浪漫派人士为了浪漫主义大业团结起来。

可惜呀可惜,《奥希恩》史诗是伪造的,是一个会说盖尔语的苏格兰高地的文学青年麦克弗森(James Macpherson)编出来的。麦克弗森之所以要伪造史诗,是因为他担心盖尔族文化会消亡,急着要保护它。他在苏格兰的高地和岛屿四处巡游,搜集古代的盖尔族故事、歌曲和诗词,于1761年将它们汇编成册,以《奥希恩》为名发表。麦克弗森"创造性地复原了"他记录的那些诗歌的断章残句:添加他自己的想象,采用史诗体的篇章结构,遣词造句以《圣经》为典范,风格直追古典,生生造出一派凯尔特人蒙昧渐开、文明肇始的景象。神鬼妖魔、呼风唤雨、力拔山兮气盖世,净是这种事儿。天人合一,那境界特别符合浪漫派的思想。

伪造史诗更深层的原因是18世纪早期苏格兰的社会环境发生了变化。1707年,苏格兰和英格兰合并。合并之初,北部边陲地区的苏格兰人已经郁积了很多怨愤,因为当地的苏格兰政府已经解散,苏格兰人觉得在伦敦替他们说话的人太少。1715年,詹姆斯·斯图亚特(James Stuart)率领苏格兰人造反,反抗英格兰人。斯图亚特说英国王位是他的,还联合几个苏格兰氏族抗击英格兰占领军。这次造反被残酷镇压,英格兰人费了好大劲儿才没有让苏格兰人造反一幕重演。学校禁止使用盖尔语。为了提高英国驻防部队的机动性,威德元帅(Marshal Wade)指挥修建了多条经过苏格兰高地的军用道路(为纪念他,英国国歌还专门加了一段歌词)。苏格兰的基督教知识传播学会极尽所能,千方百计破坏苏格兰高地的天主教信仰,并以新教取而代之。新教替代天主教的活动在低地地区尤甚。这一起促进了低地地区的经济增长,将格拉斯哥等地变成了商业贸易中心。低地的工业化还有一个成效,那就是将苏格兰一分为二,进一步削弱了经济落后的高地地区的地位。

逃亡到欧洲大陆的斯图亚特一家还时不时跟英国索要王位。詹姆斯移居罗马,靠梵蒂冈和意大利贵族的施舍度日。1719年,他娶了一位波兰王室的女儿为妻,他们在罗马的宅邸穆提宫成了詹姆斯党人* 放狠话发牢骚的地方。1720年,詹姆斯的妻子生下一个儿子,受洗取名叫查理·爱德华·路易斯·约翰·卡西米尔·西尔韦斯特·玛利亚·斯图亚特(Charles Edward Louis John Casimir Silvester Maria Stuart)——好长的名儿。这娃娃被包裹在威尔士亲王的袍襟里,躺在皇家的华盖下,有数百名詹姆斯党人前来瞻视,祝福祈愿。大家在方方面面都把这个小娃娃当英国王位的继承人看待。此后25年,查理伴着半真半假的君主身份长大。他长得英俊迷人,天生是当运动员的料,讲英语还带洋腔。

1740年,英国和法国打仗,詹姆斯党人在法国人的支持下决心重振旗鼓。詹姆斯挂帅领兵实在是太老了,于是查理被推上帅位,法国舰队和运兵船紧随其后作支援。但是海上风狂浪高,

图18 年轻的骑士"美王子查理",佩戴着皇家嘉德勋章(实际上没授予他)。

---

* 支持詹姆斯二世(James Ⅱ)及其后代夺回英国王位的一个政治军事团体,成员多为天主教教徒。——译者

活活打散了这支舰队,路易国王对查理征伐的支援顷刻化为乌有。这时的查理真是脑子进水了:他决定不等支援,独自行动。1745年7月,他登上苏格兰西部群岛,高地人像欢迎救世主一样欢迎他,"美王子查理"率领衣衫褴褛的高地军向南进发,竟不可思议地打到了德比,距伦敦仅50英里。后来被英军击退,逃回北方。1746年4月16日,库勒登决战打响了。一方是装备破烂、营养不良、挥舞着双刃砍刀的1000名高地兵,一方是训练有素、使用大炮的9000名英军。结局是后者把前者杀得尸横遍地。查理逃回了海岛,不久又从岛上出逃。

英军开始剿灭苏格兰高地人。他们一路烧、杀、淫、掠,无恶不作。美王子查理跑了,跑回欧洲大陆,后半辈子居无定所,寄人篱下,靠别人施舍过日子,后来酗酒成性。垂暮之年,他夜夜用他那把大提琴拉苏格兰小曲,饮酒至酣,想起曾经的堂堂威仪,不禁泪如雨下。最终查理于1788年死在罗马,享年68岁。

他逃走后,苏格兰高地人被禁止携带武器,禁止吹奏风笛,禁止穿格子花呢。苏格兰高地最显赫的14位高地氏族首领的财产被英王没收,古代封建管辖权一律被废止,氏族首领的世袭权利也被永久取缔。又过了13年,苏格兰高地人基本上都臣服了英王。英国靠耍嘴皮子指点江山的阶层里又有人开始讲述古时候苏格兰高地的面貌如何如何,言语间还透着几分伤情感怀。英王巡幸苏格兰时竟穿着方格呢短裙。

成千上万的高地人离弃了苏格兰。1775年,流亡者中有一位53岁的女士,名叫弗洛拉·麦克唐纳(Flora MacDonald)[83]。1745年苏格兰暴动时,她出了大力、立了大功。那年她23岁,是她把美王子查理从英军的鼻子底下偷渡出去[查理乔装成一女仆,取名伯克(Betty Burke)],摇着船送他到斯凯岛避难。此举为她赢来了美誉,多年后,约翰逊(Samuel Johnson)这样写道:"她的名字一定会载入史册。只要勇气和忠诚还是美德,她一定会受到人们的敬仰。"

弗洛拉和丈夫离开苏格兰后,便跟随同乡的足迹,乘船去了美洲的殖民地,那里有万里沃野,又是自由之土。他们决定远走他乡的一个重要原因当然是英国人迫害苏格兰高地人,不过主要原因还是穷。在旧的封建体制下,氏族首领以物代租或以工代租收取租金。现在,封建体制瓦解了,新的社会条件弄得地主收租时只要现钱,很多高地人无力支付租金。1771年的冬天和随后湿冷不堪的春天,高地人的牲畜大批死亡。人口压力大也是迁徙的原因之一,高地女人的生育能力是出了名的,生一二十个孩子不算什么。另外,高地养羊也迫使高地人大批迁离乡土。1773年,博斯韦尔(Boswell)和约翰逊去苏格兰旅行,所到之处发现好多人在收拾东西,准备离开。可谓村村炊烟淡,声声骊歌悲。

绝大部分高地人(像弗洛拉一样)来到北卡罗来纳。每个来殖民地的移民可以得到50英亩的土地,这对于净身离乡的苏格兰人来说很有吸引力。别看他们过去在老家受苦受罪,但等美英闹腾起来的时候,这帮高地人还是向着英国的多。

对英国人来说,北卡罗来纳太重要了,因为英国海军的物资储备大部分都搁在那儿。18世纪初,那时英国还在打仗,海军船用物资只能从瑞典焦油公司购进:人家把这块儿垄断了。为了避免将来再看他人脸色,英国于1705年通过海军补给品奖励法案,批准为国内生产海军物资提供补贴。这也是英国大举发展商业,立志获得经济独立的一个步骤。

"船用物资"指的是船舶防水用的材料,焦油、沥青、松脂、松节油等都算。焦油是保护绳索的,沥青用来填补船体的缝隙,松节油用来稀释油漆,保护木结构(不过松节油更常用作药物,口服可治疗绦虫,外擦能治风湿和支气管炎,涂在伤口上可以消毒杀菌,还可以当泻药喝)。在木船时代,船用物资是维持海军军力的必需品,所以,在头一批到达北卡罗来纳的殖民者在殖民地的沿海平原找到大片大片的长叶松树林后,这块土地很快就变成英国的物资来源。松节油是松树切口流出的松香经蒸馏提取的,焦油是在窑炉中熬煮松木片时得到的,沥青是把焦油放在大锅或敞口坑里熬出来的。18世纪下半叶,英国进口的70%的焦油、50%的松节油、20%的沥青都产自北卡罗来纳。殖民地人民由此得了个绰号——"焦油腿子"。

美国独立战争打完了,英国要松节油,只能另找地方。英国人要松节油还有一个重要原因,就是中国漆器热。1680年,北京御用精细漆器发展至鼎盛时期。18世纪中期,荷兰人把漆器运到欧洲。漆器贵得惊人,张口就是天价。漆器品种有茶几、镶板、柜子、屏风、鼻烟壶、小摆设,甚至还有小马车。制作漆器的技术在英国叫"上漆",上漆程序是:先在物件上刷几层清漆,再刷油漆或者描金,然后再上几层清漆,增加光泽。1730年前后,一个叫托马斯·奥尔古德(Thomas Allgood)的威尔士人发明了一种漆的替代品,很便宜,所用原料是亚麻籽油、棕土(褐色氧化铁)和铅黄(一氧化铅)。将各种原料掺合在一起加热,再用松节油调稀。这种松节油是从奥尔古德居住的庞蒂浦附近山上的油页岩里提取的。

奥尔古德把他发明的"庞蒂浦漆"涂在金属上。那时候,木材很缺乏,政府有令:原木　律要拿去造船。不过,庞蒂浦有当时欧洲最好的一家炼铁厂,铁厂老板叫汉伯里(John Hanbury),他雇了奥尔古德家的人当工人。该厂使用最新的热轧工艺,大量生产滚轧铁皮。为防止生锈,每张铁皮都要在熔化的锡液里蘸一下"镀锡"。托马斯·奥尔古德的祖父(也叫托马斯)曾经到萨克森和波希米亚去过,那里是欧洲的锡业中心,他在那儿学会了镀锡技术。小托马斯在镀锡铁皮上刷上几层"庞蒂浦漆",然后放在烤炉里烤上几个小时。这种铁皮被做成盘子、烟盒、烛台、咖啡壶、茶叶盒、糖罐、水壶、平底锅、盆、盒子等居家用品,皇家海军购进一些用来盛面包。

法国海军也在筹划着使用镀锡铁皮。1661年,法国新任大臣科尔贝(Jean-Baptiste Colbert)[84]刚刚接管经济烂摊子。为了推动法国工业,科尔贝开始从国外招募工匠,教法国人怎样建立自己的生产经营单位。科尔贝从荷兰引进裁缝,从瑞典招来炼焦油的工人,从意大利引进饰带匠、玻璃匠,从英国引进金匠,从俄罗斯引进皮革匠,从德国引进制糖匠,从西班牙引进制帽匠和织工。可是,他几度劝德国萨克森的锡匠移民法国却没成功,虽然他开出的条件够优厚(免税补贴、自动享有法国公民权)。

84　138　238

科尔贝还搞了多项经济改革(改得都很成功),其中一项涉及海军。科尔贝接管海军时,海军只有18艘战舰,有些已经服役20多年;6000名法国水手尚在外国海军服役;法国的军械库和仓房里找不到一根桅杆。10年后,在科尔贝的努力下,法国拥有舰船190艘,其中120艘装备齐全。科尔贝在法国萨瓦购买桅杆,在普鲁士购买焦油,在波兰购买木材,在荷兰购买船用物资和军需品。他引进荷兰木匠和英国海军工程师,在布雷斯特、土伦和罗什福尔等地修建、改建和整修造船厂,在罗什福尔和迪耶普开办水文测量专科学校,在罗什福尔、圣马罗、土伦和布雷斯特开设军干培训班。另外,他还改善现役人员的待遇,士兵的服役时间由原来的3年减为1年;为儿童提供免费教育,为伤残水兵安家,为其家庭提供津贴。

1667年,土伦军械库雇了一个名叫皮热(Pierre Puget)的画家当艺术总监,主要负责舰船的装饰。科尔贝不喜欢皮热的装饰风格,他手下的一位行政人员说,科尔贝觉得皮热的装饰"装饰宫殿可以,装饰军舰不太行"。船尾雕刻镀金是皮热的专长,各种造型的女像柱、男像柱、半人半鱼尾海神像,他都很在行。由此可以看出在皮热美术生涯的早期阶段,他的导师兼老板对他的影响有多大。导师是何人?意大利大师科尔托纳(Pietro da Cortona),皮热就跟着他在罗马和佛罗伦萨干过活。

托斯卡纳几代大公都聘过科尔托纳。1637年,科尔托纳已经是功成名就的画家兼建筑设计师,主要是因为他给罗马的两个最有势力的家族——萨凯蒂(Sachetti)家族和巴尔贝里尼(Barberini)家族做过事。他跟着红衣主教萨凯蒂途经佛罗伦萨时,架不住托斯卡纳费迪南多二世大公(Duke Ferdinando Ⅱ)[85]的劝说,同佛罗伦萨的众艺术家一起装饰修葺一新的公爵府"皮蒂宫"。10年后,科尔托纳再度被大公聘去,替他装饰公爵府房间的天花板,饰景均取材于古希腊的天庭神话。因为这个,公爵府的房间得了个雅号叫"行星厅"。科尔托纳装饰其中一个房间的天花板时,巧妙地添上了"美第奇"卫星。

"美第奇"卫星就是费迪南多的老师伽利略(Galileo)[86]发现的木星的卫星,用公爵家族的姓氏命名,意在感谢他们家族对科研工作的扶持。费迪南多和兄弟里奥普尔多(Leopoldo)都非常崇拜伽利略。伽利略下葬时,教堂不准立碑,是两兄弟给他操办了葬礼,礼数很是周到。两兄弟还创建了一所科学院,一边做自己的实验,一边追踪伽利略的学生托里拆利(Evangelista Torricelli)的研究动态:1643年,托里拆利研究了真空现象。

托里拆利发现真空的消息,把个欧洲搅得风狂雨骤。不说别的,单说神学界,就闹出了大乱子:如果真空里面不存在任何东西,那岂不是说连上帝也不在其中吗?而科学家们更关注世俗的东西。1661年,玻意耳[87]用真空泵做实验证明:在恒温下,气体的体积和气体的压力成反比;随即他发表了玻意耳定律。在法国,这个定律叫"马略特定律",是以一位名叫马略特(Edmé Mariotte)的法国科学家的名字命名的。马略特大量借鉴玻意耳的研究成果，于1679年搞出了自己的成果——《论空气的本质》(On the Nature of Air)。他已经不止一次要连写带抄的小聪明，惹得几位科学人士连声指摘他，其中一位是钟摆发明人惠更斯[88]。马略特同皮埃尔·佩罗(Pierre Perrault)也有类似的"共生"关系。这个佩罗以前在巴黎当税收官，因手脚不干净被逮着了。他在1674年出版了一本题为《泉之源》(The Origin of Springs)的书。佩罗在塞纳河流域测量了水系特征和年降水量，考察了植被区的径流过程，最后得出结论：塞纳河只需1/6的年降水量就能维持流动。这是人类第一次通过实验证明江河的水流源于降水。马略特在法国各地建起一座座气象站，把佩罗的研究成果加以扩充，于1686年出版专著《论水之运动》(The Movement of Waters)。

88 52 98

皮埃尔·佩罗一家个个才智非凡。1667年，他的弟弟克洛德(Claude)设计了罗浮宫的柱廊；他的哥哥夏尔(Charles)是新成立的法国科学院的院士，35岁时做了科尔贝的打杂儿，文化部长，法兰西学院院士，多名诗人[包括拉辛(Racine)*]的顾问。造凡尔赛宫[89]的时候他还担任账房，不过这差事没什么好羡慕的。

89 137 237

夏尔·佩罗名垂青史，主要是因为他在1697年写过一部儿童故事集，书名叫《鹅妈妈讲故事》(Tales Told by Mother Goose)，像《小红帽》(Little Red Riding Hood)、《穿靴子的猫》(Puss in Boots)、《灰姑娘》(Gnderella)、《大拇指汤姆》(Tom Thumb)和《睡美人》(Sleeping Beauty)等名篇均在其中。这部童话集后来被译成英语出版，取名《鹅妈妈童谣》(Mother Goose's Melody)。同年，佩罗还惹起一场文学争论，因为他发表了一首诗，在诗里他把古典文学说得一钱不值，愣说当代作家优秀，说柏拉图"很乏味"。唇枪舌剑之争首先在法国文坛

---

* 拉辛(1639—1699)，法国剧作家。——译者

爆发,而后越过英吉利海峡争到了英国。已经退休的英国政治家威廉·坦普尔爵士(Sir William Temple)站出来替佩罗说话。当时正值数学和自然科学频频有所发现、经济蓬勃发展、探险者四处开拓的时期,所有这一切普遍提升了公众的信心,有不少人和坦普尔一样觉得还是现时代的作为更宏大。坦普尔没想到教会的顽固派和牛津、剑桥那帮老卫道士会群起反对。

幸好坦普尔手下有一个叫斯威夫特(Jonathan Swift)[90]的年轻人,小伙子为坦普尔的观点辩护很是得力,这是后话。1704年,斯威夫特发表《一只桶的故事》(*The Tale of a Tub*)批判学究和宗教,展现了他惊世骇俗的讽刺智慧。比如,他讥讽僧侣时写道:"分明就是个渺小又渺小的肉体凡胎对着一帮群氓哼哼呀呀、云山雾罩、胡吹滥侃,瞅他那模样儿,'上帝'或者'下帝'当真会费神过问他做的事儿,您不觉得是瞎掰吗?"评说官员时他又写道:"戴金链、穿红袍,手里拿根白棒,胯下骑着大马,此市长大人也;披貂毛、戴狐皮,找个地儿一坐,此法官也;照此看下去,身穿细麻布、黑缎子,只要搭配得好看,叫他一声主教也无妨啊。"

你想斯威夫特就用这种眼光看权贵,难怪教会里那种挂名领高工资的闲差他一个也捞不着呢。坦普尔死后,斯威夫特每年只拿100镑的薪水,生活得甚是清苦。后来,都柏林最高法院的大法官贝克莱(George Berkeley)聘他当随军教士,才算摆脱了困境。贝克莱在都柏林三一学院待了24年,研究经典著作、希伯来语、逻辑学和神学。他还到欧洲旅行,担任德里的教长,娶爱尔兰下院议长的女儿为妻。1728年他去美洲,打算在百慕大建一所大学,让在种植园干活的年轻人接受教育,培训美洲原住民当传教士。可是建校资金总是凑不够,贝克莱就跑到新英格兰待了5年,协助组建哲学学会,并在美国的教育事业上留下他的印迹(有好几座城市是以他的名字命名的,包括加利福尼亚的大学城)。后来他回到爱尔兰当克洛因主教,走之前他把藏书和房产全部捐赠给纽黑文的一所新建学院(就是后来的耶鲁大学)。

1709年,青年贝克莱就出版了专著《视觉新论》(*A New Theory of Vision*)。他在其中阐述了一个观点,后来又将该观点融合在他的联想主义哲学中:光和色只是感觉体验,这种体验是由大脑解释并赋予意义的。这个解释行为靠的是观念的联想,而观念又可以通过经验习得。

18世纪末,贝克莱的视觉研究成果被杨(Thomas Young)[91]捡起来。杨是个神童,据说他4岁时就通读了两遍《圣经》;不满20岁,就通晓法语、意大利语、拉丁语、希腊语、希伯来语、古代叙利亚语、迦勒底语、萨马利亚语、阿拉伯语、波斯语、土耳其语和埃塞俄比亚语;此外,他还通晓昆虫学、植物学和哲学。1793年,20岁的杨进入伦敦圣巴索罗缪医学院学医。同年,他写出了他的第一篇重量级科学论文《视觉观察》(*Observations on Vision*)。他在文中首次提出关于彩色视觉的现代光学理论,指出:视网膜只是根据红绿蓝三原色的不同量对颜色作出反应。1801年,杨在皇家学院当自然哲学教授,主讲声学、光学、引力、天文学、潮汐、毛细引力、电学、流体力学、测量学等课程。

杨是个全才。1814年,一位朋友从埃及带回来几块莎草纸的残片,这位博学之士又把注意力转向了象形文字。不久,他着手研究罗塞塔石碑,碑上有希腊文字和两种埃及文字(通俗文字和草书字)刻写的碑文。杨把希腊文和埃及通俗文字作了对比,辨别出"亚历山大"(Alexander)和"亚历山德里亚"(Alexandria)这两个名字。他还注意到有个符号经常出现,后来弄清楚了,这个符号是"和"的意思。他知道埃及书吏常用语音法记外国人名,而且名字周围都带一个环(形似一个"椭圆形"),据此辨认出"托勒玫"(Ptolemy)和"克里奥帕特拉"

91 139 242

(Cleopatra)等人名。杨的研究为商博良(Jacques-Joseph Champollion)的工作奠定了基础。不出10年,商博良就完全解读了埃及象形文字。

他俩研究的罗塞塔石碑是一块经过抛光的黑色玄武岩条石,高3英尺9英寸,宽2英尺4英寸。1799年,法国兵在尼罗河三角洲的罗塞塔城附近修复被毁的拉希德要塞时发现了它。那时正值拿破仑占领埃及。后来,英国人把拿破仑赶出了埃及,石碑被移走,继而被运到伦敦。除了这块石碑,1809—1816年,载有象形文字的其他原始素材(庙宇的碑刻、方尖碑和石柱等)也相继被发现。这得益于法国权威们编纂出版的《埃及记述》(*The Description of Egypt*)[92]。这是一部巨著,里面有大量关于埃及的图画、勘测数据和报告,它是在法军占领埃及时奉拿破仑之命编写的。

这部书的出版工作由孔泰(Nicolas-Jacques Conté)全权负责。孔泰在埃及当过三年军需官,军人和科研人员用的东西——刀剑、放大镜、外科器械全由他负责供应。孔泰奔赴埃及前是新建的巴黎工艺美术学院的院长。另外,他解决了法国人民用铅笔难的问题,赢得美誉。拿破仑战争和随之而来的贸易封锁,致使法国进口锐减,铅笔也运不进来。孔泰研究出一个新方法,将石墨粉和黏土混合,制成书写顺滑的铅笔芯。这种铅笔到现在还用他的名字命名呢。*

这时孔泰的名气可不光是靠解决铅笔问题赢得的,还靠他在巴黎附近的默东高空气球研究所的研究工作。他在那里协助建立了一支新军——炮兵高空气球部队,部队的任务是乘坐侦察气球飞行,观察敌军动向。不知是什么原因,拿破仑不喜欢这个创意,1802年他从埃及撤退时解散了气球部队。不过,有人想到人能飞上天,就不禁兴奋起来。富兰克林曾在1783年观看过蒙戈尔菲耶(Montgolfier)兄弟

---

* 指孔泰笔,用一种由石墨与黏土制成的笔。——译者

做的热气球试验。他在美国到处鼓动,要美国人开展类似的研究。

可是,直到美国内战爆发之初,美国的气球飞行员才升空飞行。那时,人们都称呼他们"教授"。最著名的"教授"应该是洛(Thaddeus Lowe)。他在1859年制造了一只世上最大的气球,

图19　1861年联军气球准备升空。当时没有电报线,注意到气球上那面白旗了吧,那是向地面打信号用的。

高200英尺,直径130英尺,取名"企业"号。他想乘着它飞越大西洋。不巧的是,气球被风吹偏了方向,最后在南卡罗来纳着陆,他被当成北方佬的探子捉了起来。1862年,洛还真成了探子,为波托马可军团统帅麦克莱伦将军(General McClellan)效力。他使用自己做的气球升到5000英尺高空,通过电报线向地面报告邦联军队的部署和活动情况。洛最著名的也是最成功的侦察活动发生在1862年6月1日的七松战役。伦敦的《泰晤士报》(The Times)报道说,战斗期间,洛就坐着热气球,在战场上空2000英尺的地方来回盘旋。

麦克莱伦将军深知情报工作的重要性,于是他招募了一个人,这个人在战前就为他工作,那时麦克莱伦还在伊利诺斯中央铁路公司当老板[公司的法律顾问就是林肯(Abraham Lincoln)]。早在1849年,麦克莱伦招募的这名雇员就已是芝加哥的第一位全职侦探。1850年他开办自己的侦探事务所,事务所的口号是"我们从不倦怠"。此人名叫平克顿(Allan Pinkerton),事务所经营得很成功,一是因为平克顿收集了不少著名罪犯的档案资料,二是因为他第一个提出犯罪模式这一思想。平克顿还是化装大师,假发、服装收藏了很

多。麦克莱伦刚担任军职,就把平克顿带到华盛顿,林肯指派平克顿组建一个秘密机构,专门收集华盛顿城内可疑分子从事社会政治活动的情报。

内战结束后,平克顿还多次立下大功(不光是抓捕布奇·卡西迪和日舞小子*),其中之一是对付一个名叫莫利-马奎尔的爱尔兰裔美籍无政府社团。这个团伙在宾夕法尼亚的多个煤矿又是杀人,又是爆炸。当地的矿主与矿工的关系一直很紧张。1873年,费城-瑞定铁路公司拿到了煤炭运输合同,利润丰厚。公司董事长聘来平克顿,要他渗透到莫利党内部打探情况。平克顿挑选了一个刚来美国的爱尔兰移民麦克帕兰(James McParland)。随后两年,麦克帕兰设法取得了莫利党的信任,他们甚至要派他去执行刺杀任务。麦克帕兰一边假装酗酒成性,躲着不去,一边给平克顿写密信,汇报莫利党的活动。1875年,麦克帕兰死里逃生,平克顿送他去丹佛,让他当丹佛侦探事务所的头头(顺带休养身体)。因为麦克帕兰的情报工作做得好,莫利党被全部剿灭,13人被绞死。

1913年,伯恩斯(William Burns)(他是那时美国最伟大的侦探,有自己的侦探事务所)来到伦敦,向一个同样爱好研究犯罪刑侦的朋友讲述了麦克帕兰的惊险事迹。这个犯罪研究迷有一套自己的侦察方法,后来广为人知。1924年,《伦敦新闻画刊》(*Illustrated London News*)报道这位犯罪研究迷时说:"今天刑事侦察机构普遍使用的犯罪情形重现法,就是他想出来并且广为传播的。投毒、笔迹、污迹、灰尘、脚印、车轮印、伤口的形状和位置、造成创伤的凶器的形状和密文理论等等,所有这些还有其他许多绝妙的侦察方法……现在都成了刑侦人员必备的科学知识。"

---

* 布奇·卡西迪和日舞小子(Butch Cassidy and Sundance Kid)是美国西部盗匪中的著名人物。——译者

1914年，这个英国的犯罪研究迷把麦克帕兰的事迹写进一本书，名为《恐怖谷》(The Valley of Fear)。这是他的最后一部小说。小说的主人公福尔摩斯(Sherlock Holmes)常说一句话："我亲爱的华生,这太简单啦！"知道这个犯罪研究迷是谁了吧？侦探小说作家柯南·道尔(Conan Doyle)。

7 特殊的地方

1984年,英国科学家杰弗里斯(Alex Jeffreys)开始研究一组基因,这组基因专门负责生成向肌肉组织输送氧的蛋白质。他的研究改变了所有侦探的工作面貌。4年前,美国人发现了"高变区",而杰弗里斯研究DNA,正是他高变区研究工作的一个环节。

个体间DNA高变区的遗传编码存在显著差异,除了同卵双胞胎,世界上没有哪两个人的高变区遗传编码是完全一样的。高变区是由许多短的DNA序列重复多次构成的。DNA本身是一长串由腺嘌呤、鸟嘌呤、胞嘧啶和胸腺嘧啶4种碱基(分别简称A、G、C、T)构成的序列。DNA分子包含两条由上述4个碱基构成的线形结构,样子就像相互盘绕的两条螺旋链(即双螺旋)。这个螺旋由成对的碱基之间所产生的化学吸力结合在一起:腺嘌呤(A)和胸腺嘧啶(T)结合,胞嘧啶(C)和鸟嘌呤(C)结合。假如双螺旋中一条链的碱基序列是AATTCGTA,另一条链与之配对的碱基序列便是TTAAGCAT。

人的DNA链大段大段是一模一样的,说明人具有很多共同特征,譬如有两只眼睛、两条胳膊、两条腿儿、两只脚。DNA链上散布着一些不同的高变区,它们一再重复。杰弗里斯在高变区内发现了很多极短的"核心"碱基序列,一般为10—15个碱基的长度;许多高变区都有"核心"碱基序列。可变序列里的不变片段其实相当于一个遗传标记,它标记着一个高变区的存在。杰弗里斯把核心序列单独挑出来,将它们多次复制,使其生成大量的核心序列;然后用放射性化学物质作为标记序列的标签。因为一个DNA样本可能会"变性"(即被加热后两条螺旋链分离),那些有基因标记的短序列可以在一条单链中找到相配的序列(A和T结合、C和G结合)。

将切断的DNA链和它已做过放射标记的序列在一张胶片上曝光,可见结合在一起的碱基。胶片经过处理,放射标记显示为暗条。因为这些标记能识别高变区(除了同卵双胞胎,每人的高变区都是不一样的),所以曝光胶片上的暗条可用于指认单独的个体,这比传统的指纹识别更加准确。DNA样本可以从任何一种人类细胞(头发、皮肤、精液、血液)内提取,所以自从1987年DNA指纹识别技术首次用于英国一起刑事案件调查取证之后,就屡建奇功。当年英国用它确认了一个强奸犯。从那时起,这项技术为伸张正义发挥了巨大作用。

应用DNA指纹识别技术的关键是如何按照暗条的长度,将需要标记的DNA片段分离出来。这就要用到瑞典科学蒂塞利乌斯(Arne Tiselius)最先研究出来的一项技术。1925年,蒂塞利乌斯着手做分离蛋白质的研究。当时,他在斯韦德贝里(Svedberg)手下做助手。斯韦德贝里发明了一种离心机,高速旋转时可以将质轻的或体积小的蛋白质甩到其所在的浆液边缘。蒂塞利乌斯注意到,这样分离出的蛋白质也常混在一起,还是无法准确识别。为了解决这个问题,他研究出一种名为"电泳"的新技术,该技术对生物化学的发展有着至关重要的意义。蒂塞利乌斯把需要观察的分子放在凝胶里,再给凝胶加上电荷。电荷驱赶分子;分子质量越轻、越小,被驱赶的距离就越远。蒂塞利乌斯凭借这项研究成果荣获诺贝尔奖:因为"他发现了血浆里分子的复杂特性"。

电泳技术能按大小或重量将分子分开,并使其沿着盛有凝胶的玻璃管分成不同的环带。为了看到环带,用相机把它们拍下来,蒂塞利乌斯使用了维也纳物理学家特普勒(August Toepler)发明的一项技术。该技术叫"条纹照相术",可以显现不同蛋白质凝聚成的条纹,因为这些条纹能使光线经过玻璃管产生的折射程度发生改变。19世纪80年代,特普勒最早使用了条纹照相术,他想弄清楚爆炸或投射物运动产生的激波图样。

条纹照相术可以显示激波图样,这让一位匈牙利机械工程师十分感兴趣。这名工程师叫冯·卡门(Theodor von Karman),以前当过炮兵学员。他的父亲是搞教育的,因业绩优秀,受到约瑟夫(Franz Joseph)国王封爵。冯·卡门在学业上直追其父,获得了匈牙利科学院提供的奖学金,赴德国格丁根大学深造。他在格丁根大学师从普朗特(Ludwig Prandtl)。普朗特早就是空气动力学研究的名家,他发现经过机翼表面的气流有一个边界层,这项科研突破更令他声名远播,因为该研究获得很多关于拉力和举力的数据,极有价值。1914年,普朗特又发现,空气在机翼稍上方翻卷通过,继而尾随在飞机后面会产生涡旋,涡旋又产生额外的拉力。普朗特的数学演算帮助机翼设计者最大程度地减轻了涡旋产生的下拉效应。

有一个重要现象还待冯·卡门来解释。气流脱离物体时,常形成一串涡旋,名为"涡街"。冯·卡门经研究证实:涡旋在物体的上下部交替形成两道涡旋尾迹。如果上下涡旋是交错形成的,其效应便是稳定的;反之,如果上下涡旋是对称产生的,就会造成不稳定效应,形成周期性振动。冯·卡门的理论随后被证明是正确的,证明的方式颇为惊险壮观:1940年11月7日这一天,普吉特海湾新建的塔科马海峡悬索大桥遭遇大风,风速每小时42英里。大桥在狂风中颠簸摇摆了半小时,最终垮塌(当时正巧有一个华盛顿大学的职工路过,拍下了大桥垮塌的全过程)。冯·卡门运用模型证明,大桥坍塌原因是桥的实体边墙产生了涡街。桥体的振动与对称的涡旋同步,致使大桥解体。冯·卡门的研究报告发表后,所有悬索大桥为了防止压力聚积,都在桥的边墙上开了空隙。

冯·卡门对气流很着迷,又着手研究空气动力学。1930年,他移居帕萨迪纳市,在加州理工学院工作,参与建成了世界上最先进的空气动力学中心——喷气推进实验室。在随后的几十年中,喷气推进实验室使用条纹照相术观察飞行器的飞行姿态,在超音速飞行、火箭和太空船研制方面均作出了开创性研究。

冯·卡门早年指导过奥匈帝国的空军研究实验室,在那儿研究螺旋桨和机载武器的操作,任务之一就是想办法让飞行员既能用机枪从高速旋转的螺旋桨后面射击,又不至于打到螺旋桨的叶片。第一次世界大战初期,荷兰工程师福克(Anthony Fokker)到冯·卡门的实验室访学,两人谈起这个问题。福克知道解决的办法,因为1915年4月一架由法国飞行员加罗斯(Roland Garros)驾驶的莫拉纳-索尔尼埃型单翼机在德国的英格尔穆斯特附近迫降。飞机上架着一挺机枪,枪口直指前方,飞机的螺旋桨叶片裹着楔形钢板,子弹打上就偏向,对螺旋桨起到保护作用。福克很快设计了改进办法:通过断续装置让螺旋桨控制枪的击发动作,保证子弹只在桨叶未挡道的时候发射,也就是让子弹从桨叶间的空隙穿过去。

德国空军装上了福克的射击同步协调器,生产出世界上第一批战斗机。飞行员只管瞄准敌机、扣动扳机就行了。1916年,一架德国的新型战机刚刚出厂服役,因为飞行员大意,降落在法国境内的一个英国空军机场。英国人很快就仿制出协调射击的断续装置,以后双方就玩起了上蹿下跳的空中格斗。1917年,空战已经成了平常事,驾驶战机的王牌飞行员常让百姓们浮想联翩。在法国,飞行员击落5架

图20　1918年威名赫赫的德国空军枭雄、红男爵曼弗雷德·冯·里希特霍芬。

敌机就可以成为王牌飞行员；而在德国，击落10架才够格。德国空军的飞行勇士里有一位是王牌中的王牌，他叫曼弗雷德·冯·里希特霍芬（Manfred von Richthofen），父亲是一名骑兵军官。曼弗雷德系普鲁士贵族，年轻英俊，喜欢打猎、喝香槟。1916年他被分派到一个新编的战斗机中队，1917年初担任中队长。他把自己驾驶的战斗机漆成大红色，由此博得了"红男爵"的绰号。到1916年4月，冯·里希特霍芬击落敌机52架（最后共击落80架），成为德意志的民族英雄。德国宣传部门把他的照片印了几百万张，粉丝寄给他的信都是论麻袋的。他也有身不由己的时候，譬如被指定到工厂同群众见面，批判共产主义。这时他已有一架福克战斗机，他的中队所有战机都漆成了红色。英国对手把曼弗雷德和他的中队称作"冯·里希特霍芬空中马戏团"。他最著名的一句话是："我打掉一架英军飞机，我的捕猎渴望就满足15分钟。"

曼弗雷德的叔/伯祖父费迪南德（Ferdinand）是莱比锡大学的地理学教授。1883年前，费迪南德以地质学家的身份在斯里兰卡、日本、中国台湾、菲律宾、爪哇、加利福尼亚和中国游历多年，撰写了第一部描述中国地理的权威著作。他还是第一个将地质学和地理学桥接在一起的学者。他将地理学分成两个领域——（主要是描述性的）特殊地理学和（主要是分析性的）普通地理学。他这样描述特殊地理学："地球的每一块地方，不论面积多小，不管是陆地、小岛，还是有自然边界的内陆区、人为分界的国家，不管是山岭、江河流域，还是海洋，都可以当作一组小的单元区加以考察。"描述一片地域的一个单元区的情况就是人们常说的"地方志"。费迪南德把特殊地理学和普通地理学结合起来,分析研究一片地理区域中不同要素间的相互作用。这种研究方法还揭示了人对环境造成的影响,在研究时将人口分布、种族、语言、边境、殖民地、工业、宗教、贸易中心、通信线路、产品等诸多因素都考虑在内。这种研究方法被称作"分布学"。

从历史角度分析长久以来人干预环境所产生的影响,并将这种分析纳入分布学的范畴,是德国学者、历史学家李特尔(Carl Ritter)的主意。李特尔从1820年起就担任柏林大学的历史学教授,一直担任到1859年去世,是他创建了柏林皇家地理学会。他认为,一个国家的构造是影响该国国民发展的重要因素。他拓宽了地理学的研究范畴,他说:这门"科学的终极目标就是获得关于地球的最完整、最全面的认识,继而总结我们所掌握的地球知识,将其融会成一个完美的整体……展现这个整体同人以及人的创造者的关系"。他想寻找把千变万化的自然界和人类统一起来的深层规律。在寻觅过程中,他发展了一些思想。几十年前,也就是浪漫主义运动的初期,这些思想在欧洲大地激起波澜,而推波助澜者就是赫尔德[93]。

1778年,赫尔德发表著作《造型艺术》(*Plastic Art*),从神经生物学角度解释人的审美反应,提出将人类同其居住环境联系起来的相对主义思想和概念,这些思想和概念日后为李特尔和冯·里希特霍芬所采纳。在赫尔德看来,人的感观认知同环境有着密切的联系。赫尔德说,格陵兰人没有美,也就不具备美感,因为他们那儿的气候条件不会产生美。他还用这个观点来审视历史。他认为,艺术是时代的产物,是由当时的环境和种族的禀性决定的。他认识到每个时代均有其独特的东西,这个认识促成了哥特式风格的复兴。所以说赫尔德是19世纪席卷欧洲的哥特式风格复兴的始作俑者。在赫尔德看

93 81 136

来,人和其所在的地域环境联系密切,这种联系说明人类是大自然固有的一部分。

其实这就是艺术史研究的奠基人温克尔曼(Johann Joachim Winckelmann)的观点。1764年,温克尔曼写出《古代美术史》(*History of Ancient Art*),这本书对赫尔德、谢林[94]、歌德、黑格尔(Hegel)等许多浪漫主义者产生了深刻影响。10年前,38岁的温克尔曼结束了波澜不惊的生活来到罗马,在西班牙广场附近的艺术家聚居区落脚安身。1758年,他为枢机主教阿尔巴尼(Albani)做事。阿尔巴尼爱好收藏古玩,也很贪心。温克尔曼倾注很多精力研究那些古董艺术品。1762年,他出版《古代建筑观察》(*Observations on the Architecture of the Ancients*)一书,对新近发掘的庞贝古城作了描述。自1784年起,人们就在一点点发掘庞贝古城和赫库兰尼姆古城,发掘工作震惊了欧洲,每天都有一些文物和建筑被清理出来。凭借这些考古新发现,温克尔曼在《古代美术史》中提出一个观点:古代世界,尤其是古希腊,有一种独一无二的"具创造力"的大环境。这种古典精神是有源出地的,源出地的自然美和温和的气候为美提供了滋养。温克尔曼眼里的希腊人代表了一种理想,他将希腊人和他们的艺术天赋描写得熠熠生辉。他的著作综合分析了古典艺术的全部知识。他把希腊当作现代文明的发源地。他指出,要想弄懂一段历史时期,了解这段时期的艺术,

图21 温克尔曼的灵感之源——庞贝古城,是一群工人在为那不勒斯的查理三世挖井时发现的。图为1751年的发掘现场。

唯一的办法就是弄清楚当时环境是个什么样子。他的这一思想受到浪漫派的热烈追捧。

温克尔曼在罗马时结交了一位艺术朋友门斯(Raphael Mengs)。1763年,门斯又介绍温克尔曼认识了一位刚从瑞士来罗马的女画家考夫曼(Angelica Kauffmann)。考夫曼时年22岁,才情非凡,来罗马前,在帕尔玛、波洛尼亚和佛罗伦萨三地游学,临摹名家名作。考夫曼是个神童,12岁时就为科摩的主教画过肖像。她容貌美丽,歌唱得好,翼琴弹得也不错。来罗马时,她是走一路受人款待一路,出面相迎的都是当地的达官显贵。温克尔曼把自己肚里的知识全教给了考夫曼。作为报答,考夫曼为温克尔曼画了一幅肖像,这是她最优秀的作品之一。

来罗马的第二年,考夫曼去那不勒斯观览,那里有很多外国宾客热切地等着她为自己画肖像。1766年,她结识了一个侨居在威尼斯的英国人的妻子,那位女士建议她去伦敦。这一年,她轰动了整个伦敦城。她来伦敦时正值英国艺术灿烂辉煌的时候。1768年皇家美院成立,1770年伦敦举办的画展很多,吸引了大批的观者、买家,大街小巷挤满了人。沃波尔(Horace Walpole)说过:"除了赌,那时候的破事就是看画。"乔舒亚·雷诺兹爵士(Sir Joshua Reynolds)是画坛前辈,不久前被国王封了爵,名气很大。他是皇家美院的首任院长。当年的美院只有36人,考夫曼来伦敦的两年后,成为其中的一分子。她能去美院,一个原因是她有雷诺兹这个关系,有传闻说两人还不光是专业关系。不出一年,考夫曼就成了当时最风光的肖像画家,她受委托为夏洛特王后(Queen Charlotte)及其子女、奥古斯塔公主(Princess Augusta)和丹麦国王画肖像。她画的4幅肖像在1769年皇家美院的首届展会上展出。她生平唯一的暗淡经历是皇家美院曾提名她和几位艺术家为圣保罗大教堂画室内画,但教堂没用她,理由是她信天主教。

考夫曼在伦敦展出的第一幅画是她游历那不勒斯时创作的,那时她还没去伦敦。这是幅肖像画,主人公叫加里克(David Garrick),伦敦最有名的剧院经理。当年加里克和他兄弟一块来伦敦,动手做葡萄酒生意。有一段时间,他跟贝德福德咖啡馆签了合同,为咖啡馆提供葡萄酒。咖啡馆是文人、戏剧艺人聚会的地方。加里克开始写舞台剧。1740年,他的《忘河》(Lethe)在特鲁里街剧院上演,大获成功。1741年,他的《说谎的男仆》(The Lying Valet)又被搬上舞台。正巧这时候葡萄酒生意日渐衰落,加里克决定全力投入戏剧事业。他改行当了演员,第一次登台是在《理查三世》(Richard Ⅲ)中匿名出演一个角色,不料艺惊四座。第一次将现实主义的表演风格引上舞台的人就是他。他在舞台上像平常一样走动,运用多种表情,念白用平常谈话的语气语调。蒲柏(Alexander Pope)[95]评论加里克说:无人能出其右。威尔士亲王说:看了加里克的演出才知道什么叫表演。在伦敦和都柏林(都柏林要等伦敦的表演期结束时才上演剧目),加里克的票房好得一塌糊涂。

1747年,加里克担任特鲁里街剧院的演员兼经理后,就着手改造剧院。1762年,他将剧院扩建,使观众容量增加一倍。他将原来设在舞台上的观众席撤除,因为观众在台上看戏,老爱跟正在表演的演员说话。18世纪70年代,加里克聘来卢泰尔堡(John Philip de Loutherbourg)。卢泰尔堡大举革新舞台布景,用了好多奇思妙想。譬如,他用不同层次来达到透视效果,使用华丽的背景和绘有风景的透明薄纱,演出时用灯光一照,它们就倏然呈现在观众眼前。另外,他还设计了独立的舞台家什和彩灯。这些妙招让加里克打造的舞台剧成了伦敦动人心魄的奇观。

加里克之前,舞台的照明光源只有蜡烛,一般是把蜡烛安在大烛台上放到背景底下,或者用作脚灯。加里克的新表演风格需要更好的照明,于是他在蜡烛后面放上反光镜,再在舞台侧翼增加灯光。1785年在加里克走后,特鲁里街剧院又使用了一套新型照明设备,随即赢来一片赞誉:"这种灯是一种新型的人工光源,照明效果超出所有人的想象,非常明亮。它的光焰亮但不炫目,强烈而鲜明,非常纯净,又很稳定,人眼能长时间直视,非但不会伤眼,反而还感觉有点儿舒服。"

这种灯的发明者是瑞士人阿尔冈(Aimé Argand)。年轻时,阿尔冈给法国科学院开过蒸馏法生产酒精的讲座,引起法国南方的酿酒商们的注意。1778年,阿尔冈写信给埃罗省省长内克尔[96][不久,内克尔就当上法国的财政总监,还成了浪漫派作家斯塔埃尔(Germaine de Staël)的教父]。阿尔冈愿意把蒸馏的工艺资料贡献出来,但前提是他要拿到白兰地和酒精生产的垄断权。1780年,阿尔冈在蒙彼利埃向酒商们演示了蒸馏技术。两年后,他用蒸馏法大量生产酒精。阿尔冈后来说,就是在这段时间他开始琢磨发明新灯。1783年,他到伦敦考察一圈,看看新灯在英国有没有市场。这一趟算是去对了,因为那时候英国正处在工业革命的早期阶段,工厂急需比蜡烛好用又安全的照明设备。阿尔冈想找个生产商,于是去了伯明翰,跑到索霍区找到瓦特和博尔顿[97]的工厂。行了,成交!博尔顿在1784年开始生产阿尔冈发明的灯。

这种灯有一个底座,底座上装有花瓶形的油壶,油壶上面是两根铜管(上面开有风槽)做的金属装置,装置上安装环形灯芯和灯芯调节器,灯芯和灯芯调节器顶上是个玻璃灯罩。新灯的优点是空气从风槽进入,经过灯芯从开口的玻璃灯罩直向上行,有利于燃料的完全燃烧。玻璃灯罩使灯光更明亮,且不跳动不闪烁。1788年,英国在波特兰海岬南端的两座重建的灯塔上安装了阿尔冈灯。1820年,英国有50座灯塔安装了阿尔冈灯。后来,世界各地的灯塔都用它。再后

96　68　123

97　18　21
97　38　49

来,灯又做了改进,环形灯芯的数量增加到10根。阿尔冈灯很适合作灯塔光源,因为它的光非常明亮,且最关键的是它不易引发火灾,因为它没明火暴露在外边(灯塔被毁的主要原因是失火)。

  灯塔建设也反映出人们对航海安全的要求越来越高,因为这一时期远洋航运大幅增加,尤其环欧洲和横穿大西洋的航海运输量增加得更为显著。航运为工业革命时期新兴的工厂企业送去原料,又将工厂企业的制成品运出来。灯塔是点亮了,可阿尔冈灯却有一个令人意想不到的副作用:明亮的灯塔也为走私者带去了更多的生存机会。纵观18世纪,走私占到英国海外贸易总量的一半以上。重要的商品几乎全是走私品种:烟草、羊毛、茶叶、朗姆酒、白兰地、葡萄酒、大米、糖浆、奴隶、洋苏木、面粉、松脂、牛肉、猪肉、水银、黄铜、铁器、棉花、帆布、钉子等等。走私货吸引人是因为它不上税,价格低。英国和西班牙闹矛盾,就是因为走私问题。

  西班牙称自己对其美洲殖民地的一切贸易拥有垄断权,可是西班牙经济不行,南美殖民地人口增长过快,需要的货物西班牙供应不及。18世纪初,合法运往西班牙南美殖民地的货物计27 000吨,其中只有1500吨产自伊比利亚半岛,其余全是法国货、英国货、荷兰货。1731年西班牙国内局势更趋恶化,走私者趁机越俎代庖。他们的手段相当简单。南美有货船定期去西班牙,满载着金银、胭脂虫红、可可粉、菠萝、芳香油、靛蓝、染料木、油脂、骆马毛、毒品,从哈瓦那出发;哈瓦那是它们横渡大西洋前停靠的最后一个港口。在赤道附近,它们常遇上走私船,船上装的全是殖民者想要的、从西班牙弄不到的货品。在西班牙船上,这些货可以按不含税的价格用金银购买。为制止走私交易,哈瓦那当局专门成立海岸警卫队,这也是世界上第一支海岸警卫队。警卫队员一般是雇海盗来当,跟他们说好"劳而无功,一分没有",所以海盗们经常肆无忌惮,下手凶狠。

1731年发生了一件事,影响深远。经过是这样的:英国的一艘双桅船"丽贝卡"号从牙买加开往伦敦,中途遭哈瓦那海岸警卫队拦截。一个叫凡迪尼奥(Juan de Leon Fandino)的人强行登船,这人特别凶悍。混战中,"丽贝卡"号船长詹金斯(Robert Jenkins)的一只耳朵被砍掉了。返回英国后,他打官司申请补偿,但法庭拖来拖去,总是结不了案。1738年他的案子被重新提起,詹金斯被带到众议院委员会前举证。在听证会上,詹金斯拿出一只盒子,说里面装着他那只耳朵。英国借这个事件赚得了大量的政治资本,全国上下激愤难平,于是英国在1739年向西班牙宣战,这就是著名的"詹金斯耳战争"。

战争打响了。英国海军上校安森勋爵(Lord George Anson)从巴巴多斯岛奉召回国。他驻守巴巴多斯,任务就是保护英国商船免遭"丽贝卡"号遭受的袭击。后来安森当上海军上将,对海军实施了一系列重大改革,譬如将战舰分为6个等级、创建海军陆战队、穿蓝白相间的制服等。1740年,安森奉命率6艘舰船、1500名官兵绕过合恩角,进入太平洋,伺机攻击西班牙商船。4年后他率船队回国,缴获物品实在是太多了,要用30辆马车才能将它们驮到伦敦塔保存。安森缴来的东西有西班牙金币1 313 842块、白银35 682盎司。船员每人分得的东西比他们当初从英国出发时期望获得的多得多。为什么?因为安森回国时只带回了一艘船和145名船员,其他船员全死了,不是同西班牙人打仗打死的,而是因为坏血病而死。远航之初,在他们快要抵达大西洋另一侧的陆地时,就已经死了200人。一年后,船队只剩下323人。最后一批死在远航的第三年,剩下的船员仅够配一艘船。

坏血病最要命的是患者体质脆弱,很容易染上其他病。安森手下的一名医生写道:"有一个情况十分奇特:已经治愈多年的旧伤疤处会再度爆开。很多船员虽然躺在吊床上起不来,但是能吃能喝的,精神极好,可是只要下床走动,常常走不到甲板就死掉了。有一些人可以走到甲板,但他们只要稍稍使一点劲儿,便马上栽倒在地。"

安森返航后刚过去三年,有人因工作劳累也一头栽倒在地,这个人就是发现治疗坏血病方法的詹姆斯·林德(James Lind)。15岁时,林德在爱丁堡跟着一位外科医生当学徒。詹金斯耳战争打响后,23岁的林德参加了英国海军,给一个外科医生当助手。在英吉利海峡,他乘坐皇家海军"索尔兹伯里"号进行营养临床试验,这应该是世界首次营养方面的临床试验。他让12名坏血病人吃同样的饭食,连吃两个星期:早餐是加糖麦片粥,午餐是鲜羊肉汤和布丁,晚餐是大麦和葡萄干、米饭和无核葡萄。这12个病人又被分为6组,每组2人,每天配加餐,但加餐内容不一样:第1组每天喝1夸*脱苹果汁,第2组每天服25滴硫酸丹,第3组每天吃6匙醋,第4组每天饮半品脱海水,第5组每天吃2个橘子、1个柠檬,第6组每天吃大蒜、芥子、芳香油、干萝卜和没药(一种植物的树脂)混合成的药糊。试验做到第6天,柑橘柠檬组病人大有好转,其他组病人病情加重。

1748年,林德离开海军,回到爱丁堡大学接受荣誉医学学位。他根据试验情况写了一篇小论文。又过了5年,他出版了一本长400页的专著《坏血病论集》(*Treatise of the Scurvy*)**,并将它题献给安森勋爵。他的研究工作也随之告毕。后来,英国海军根据林德的研究报告采取措施:给皇家海军各艘舰船供应柠檬汁。19世纪,跑货运的海员也喝上了果汁,他们喝的是酸橙汁,所以人们给他们取了个外号叫"酸橙水手"(Limey)***。

林德拿荣誉学位时,门罗(Alexander Monro)是爱丁堡大学的医

---

* 夸脱主要在英国、美国及爱尔兰使用,是容量单位。美制1夸脱等于0.946升。——译者

** 又译作《坏血病大全》。——译者

*** 原文"lime"指酸橙,"Limey"是美国俚语,意为"英国佬",指英国海军或英国水手。——译者

学泰斗,他在刚成立几十年的医学系当解剖学教授。门罗(他的儿子在弗洛拉·麦克唐纳[98]从北卡罗来纳回国的途中给她治过病)资历很深,曾游学伦敦、巴黎,在荷兰的莱顿大学读过书。他在莱顿大学选过著名化学家布尔哈弗(Hermann Boerhaave)的课。门罗的解剖课迷倒了众多学生,学校见这么多人上解剖课,就和管城市治安的官员达成协议,让他们为解剖课提供弃儿、死婴和自杀者的尸体,还有被残杀者、被绞死的犯人的尸体。都做到这份儿上了,可尸体还是供不应求,于是便有学生干起了挖坟掘墓的勾当。掘坟盗尸的学生只要留下裹尸布,仅盗取尸体并不构成犯罪,尽管如此,这种行径还是激起民众的斥骂,连门罗家的窗玻璃都让一群闹事者给砸了。

1726年末,门罗发表重要著作《人体骨骼解剖》(*The Anatomy of the Human Bones*),这是第一部真正的解剖学教科书,解剖描述细致入微。该书出了11版,被译成欧洲大部分语言。门罗在书中特别指出几点:看颅骨的形状可以识别不同民族;夜晚来临时人的身高会有所降低;骨折愈合处的骨头会比骨折前更结实。该书有一点不同寻常:没有插图。原因是门罗在伦敦有一位老师叫切泽尔登(William Cheselden),也打算出一本讲解骨骼的著作,书名叫《骨骼图解》(*Osteographica*),内有插图。门罗入选皇家学会,还是切泽尔登出面相助。切泽尔登是王后的外科医生,与很多大人物是朋友,以54秒内能完成胆石手术而驰名。他还是外科医师会的掌门人。

《骨骼图解》于1735年出版,一共出了13版。扉页上刊有一幅画,介绍了切泽尔登绘制骨骼图的技法。画面呈现的是个暗箱[99]。那时的暗箱包括一个箱子及箱内一侧嵌有的一个小透镜。将透镜对着物体,物体能在箱内对着透镜的那一面形成一个倒像。倒像投在半透明纸或厚毛玻璃上,循着其印迹就可将倒像描绘出来。由于使用了这项技术,《骨骼图解》成为描绘最精确的图版骨骼论著。暗箱的名字最先是患近视的德国天文学家开普勒[100]起的。1600年6月,他首次使用暗箱在奥地利格拉茨的集市广场上绘制了一幅日偏食图。他当时在格拉茨教数学和天文学。

1595年,也就是开普勒来到格拉茨的第二年,他忽然有了一种强烈的想法,他觉得自己可能发现了宇宙的奥秘。这个想法并不新鲜,可它却导致了天文学所有发现中若干最基本的发现之一。开普勒一直在想,为什么只有6颗行星(当时已知6颗),而不是20颗、100颗呢?他想,这肯定和所谓的"5种正多面体"* 有关系。这个想法是他在教室里想到的,当时他正在一个外接圆形的三角形内画圆。他发现,两个圆的比率几乎等于木星和土星的轨道比率。于是,他又继续寻找能产生其他行星轨道的几何图形,继而想到"5种正多面体"。这5种多面体均是经典的希腊立体几何图形,几何体的每个表面都完全相同,分别为正四面体、正六面体、正八面体、正十二面体和正二十面体。

5种正多面体皆可放入一个球内,正多面体各顶角均内接于球的内表面。开普勒运用正多面体来计算行星轨道。在代表土星轨道的球内,他画了一个正六面体,正六面体中画一个内切球(表示木星的轨道);在这个球里他又画了一个内接正四面体,正四面体里再画内切球,代表火星轨道;然后在表示火星轨道的球内再内接一个正十二面体,正十二面体的内切球是地球轨道;然后在正十二面体的内切球再内接一个正二十面体,正二十面体的内切球是金星的轨道;最后,在表示金星轨道的球内接一个正八面体,水星的轨道就落在这个正

---

* 开普勒用古希腊人已经发现的5种正多面体,跟当时已知的6颗行星的轨道相套叠,解释了太阳系中包括地球在内恰好有6颗行星以及它们的轨道大小的原因。这种设计得到的各个球的半径比率与各个行星轨道大小的已知值相当吻合。这种具有对称平面的多面体只能做出5种,因此开普勒确信太阳系的行星只有6颗。——译者

八面体的内切球上。为什么只有6颗行星呢？原因就在此：6颗行星的轨道恰好可以放进5种正多面体内。

1597年，开普勒在他的第一本著作《宇宙的神秘》(*Mysterium Cosmographicum*)里公布了这个惊人发现。现在，开普勒一定要拿出观测数据核验，才能证明他的伟大理论的正确性。可是观测数据却显现出差异，令开普勒的宇宙模型十分尴尬。行星的轨道不是圆的，而是椭圆的；是椭圆轨道，就放不进正多面体。另外，根据观测数据，开普勒还发现行星按椭圆轨道运行，在远离太阳时运行速度慢，靠近太阳时运行速度快；而且，每颗行星都是距离太阳越远，运行速度就越慢。为什么会这样呢？开普勒作了个大胆的想象。他提出，太阳释放出一种力，驱动行星围绕各自轨道转动。行星离太阳远了，这种驱动力自然会减少，就像光离远了亮度会变弱一样，行星的运动速度自然也就降低了。尽管开普勒取得了如此重要的发现，但他的思想仍固守着中世纪的宇宙论，他把太阳放射出的神秘力量称作"圣灵之力"，圣灵之力像根鞭子，抽着行星跑。后来开普勒对"神力"进行测量，提出了他的三大定律：一、行星沿椭圆轨道绕太阳运行；二、行星并非匀速运行，其运行方式是：在相等的时间内，太阳和运动着的行星的连线所扫过的面积是相等的；三、任意两颗行星的公转周期的平方，与各自到太阳的平均距离的立方成正比。

1619年9月末，开普勒尚在奥地利林茨做乡下数学家，唐卡斯特伯爵(Earl of Doncaster)率领一帮英国人去觐见神圣罗马帝国皇帝，途经林茨就顺便来拜访开普勒。陪同伯爵的牧师多恩(John Donne)，读过开普勒的著作，曾对开普勒的新宇宙观有感而发，写过一首诗，这首诗是他的代表作之一。* 诗里有几句至今余响不绝：

---

* 诗名《世界剖析》，写于1611年，表明多恩对现实世界、整个社会和个人人生的怀疑态度。——译者

那新哲学怀疑一切,

火的元素几近扑灭,

太阳消逝,地球不再,

人的智慧无以指给他找寻的地方。

人们坦然承认这个世界已衰亡,

在星球和天空中

他们寻找太多新东西,但见

这里的一切再次被压碎成原子颗粒。

一切皆为碎片,和谐荡然无存。

据说在林茨见面时,开普勒让多恩捎一本他的新作《宇宙谐和论》(*Harmonice Mundi*)给英国国王詹姆斯一世(King James Ⅰ),此书就是题赠给国王的。

多恩的父亲是个富裕商人,五金商会会员。多恩一家信天主教,但恰逢那一时期英国对天主教教徒迫害得厉害,多恩连学位都没拿到便离开了牛津,因为他要是继续留在牛津,就意味着必须宣誓忠于国教,承认女王而非教皇是宗教的最高权威。不过最后,多恩还是皈依了英国国教,在新教教会里领了圣职,找到几个很有势力的靠山,然后开始布道宣教的辉煌生涯。1616年,他已经是议会议员了。1621年,他被任命为伦敦圣保罗大教堂教长,搞了一连串布道活动,在全国赢得很高声望。他一开口讲话,大批群众便摩肩接踵地拥进教堂听他布道。

17世纪20年代,多恩认识了一位听他布道的教民沃尔顿(Isaac Walton)。沃尔顿有一家亚麻布商店,是多恩负责的教区内一座教堂的教区委员,又跟多恩的父亲一样,同是五金商会的会员。多恩跟他成了好朋友。1626年,多恩为沃尔顿同弗劳德(Rachel Floud)主持婚礼。1631年多恩去世,临终时沃尔顿就守在床前。9年后,沃尔顿著

《多恩传》(Life of Donne)。

1642年英国爆发内战,沃尔顿仍狂热地支持日渐式微的保皇党。1649年查理一世被砍头,长达11年的克伦威尔共和国时期开始了。支持国王的人入狱、砍头、财产充公;是神职人员,就没收俸金。1653年,沃尔顿的《垂钓大全》(The Compleat Angler)*出版,他本人也很快走红。该书是他专为被剥夺教职的熟人写的。写书的原因,一是为失业的教士在被迫赋闲期间提供娱乐,二是让他们当中的穷人能钓得鲜鱼充作食物。如沃尔顿所说,垂钓活动很适合教士,因为基督教的使徒原本就是渔夫,而牧师们的任务就是捕获灵魂,像钓鱼一样。

《垂钓大全》采取叙事手法,讲两个人结伴从伦敦出发,沿着韦尔河一去一回的游玩过程。怎样钓鲑鱼、大马哈鱼、白鲑、河鳟、梭子鱼、鲤鱼、鳊鱼、丁鲷、长须白鱼、白杨鱼等各种鱼类,书里都有要领介绍。此外,沃尔顿还在书中加了诗词、歌曲、算术题、戏剧、奇闻轶事、格言,为垂钓者添趣。第5版《垂钓大全》增加一章谈假蝇钓鱼,由沃尔顿的钓友科顿(Charles Cotton)执笔。科顿是英国德比郡一个富裕地主的儿子,读过剑桥大学,去过意大利和法国。他特别崇拜沃尔顿,沃尔顿也是他父亲的朋友。他和沃尔顿经常在达夫河垂钓,还在河边盖了一间小钓鱼房供两人使用。钓鱼房至今还在,门头上有两人名字的首字母缩写C. C. 和I. W. 三缠两绕。科顿生活舒适,所以有时间写诗、翻译法文。1671年,他将高乃依(Corneille)的《贺拉斯》(Horace)译成英文出版。1685年他把蒙田(Michel Eyquem de Montaigne)的《随笔》(Essays)译成英文,这是他最后一部译著,至今该书仍是翻译杰作。

蒙田生于1533年,在波尔多法庭当了13年法官。1570年蒙田37

---

* 又译《钓客清谈》或《沉思者的娱乐》。——译者

岁,他卖掉了法官职位,退居乡下,住在一座圆塔状建筑的第3层的书房里,间或外出,也只是去瑞士、意大利、德国等地做短暂的旅行。其间,当过两届波尔多市的市长。蒙田对欧洲思想的主要贡献是复兴了古典怀疑论哲学,使之盛行一时。蒙田书房的天花板横梁上刻着一句话:"唯一确定的就是不确定。"他生活的那个时期为怀疑论的成长繁盛提供了沃土。他那一代人遇到了一个急迫而又危险的新问题:到底什么样的基督教是对的,是新教还是天主教?两种信仰彼此质疑对方的信仰。新教徒不听罗马的号令,而天主教徒对逐字逐句解释《圣经》表示怀疑。

蒙田的《随笔》将怀疑论发挥得淋漓尽致,从观点上看,《随笔》充溢着非凡的现代气息。令人称奇的是,蒙田全然摆脱了种族中心论的束缚,对他种文化表现出浓烈的兴趣。他描写新近发现的巴西印第安人,详细描述他们的文化,同时又指出他们"无贸易、不懂书写、不会算术、无法官、无政治附属……无贫富、无合约、无遗产继承……不穿衣、不种田、不冶金"。但他执意不称他们是野人、蛮人,他说:"凡是与自己习惯不符的,我们就爱说人家野蛮。"那个时代,人们热衷于寻古探幽——重寻古籍经典,探索地球上的未知地方。在这样的背景下,蒙田特别提倡旅游,他认为旅游是开阔思想的好方法。每游一地,蒙田都会积极了解当地文化。在瑞士他向路德派教徒请教,到意大利的维罗纳他向犹太人请教,到罗马他去寻访苦行僧,到法国他去询问被指控搞巫术的女子。他说"习俗种种,各有其功能",预告了现代社会人类学的诞生。

蒙田的著作对一位贫穷的法国乡土作家影响很深。这位作家就是培尔(Pierre Bayle)。培尔是新教徒,所以后来被法国驱逐出境。他先去日内瓦,在日内瓦学院选修哲学课,1681年移居鹿特丹。1696年,他发表三卷本巨著《历史与批判辞典》(*Historical and Critical*

Dictionary)。这套辞典其实是历史作家和思想家的传记集成,虽说收录的古典人物很多,但主要还是当代人物:人文主义者、新教神学家,还有像斯宾诺莎(Spinoza)、霍布斯(Hobbes)这样刚崭露头角的哲学家。培尔编《历史与批判辞典》是基于他的一个信念:一切知识都应该经受审查,而不是简单地、不加质疑地一代代传下去。这套辞书成为同狭隘思想斗争的利器。

1684年,来鹿特丹后不久的培尔就编辑出版了一份月报《文学界新闻》(*The News of the Republic of Letters*)。办报让他有机会接触到欧洲的记者圈子。两年后,他公开发表了一封信,据说是从东印度群岛写来的,内容讲的是两个女王在婆罗洲互相征战挞伐的事。两个女王一个叫穆瑞奥(Mreo),一个叫埃诺热(Eneuge)。这封信的作者是另一位怀疑论者冯特内尔(Bernard de Fontenelle),一眼便看得出他是在字母排列上做了手脚,借以讽刺"罗马"(Rome)和"日内瓦"(Geneve)(分别代表天主教和新教)。冯特内尔1687年落脚在巴黎,开始文学创作,凭借歌剧剧本、历史剧、喜剧、诗歌迅速成名。同年,他出版了他最著名的《谈宇宙多元性》(*Conversations on the Plurality of Worlds*)。这是第一部面向普通大众的学术著作范本。这本书是科普著作的里程碑,不过书中就知识的相对性提出了危险的问题,因为这样一问,其实是把宇宙并非以地球为中心当作预设。冯特内尔在书里谈论存在其他像地球一样的行星的可能性,书一开头就这样写道:"我们居住的这个世界是如何构成的?还有没有其他和此世界类似的同样有人居住的世界?想必没有什么比弄清这两个问题更令我们感兴趣了。"

1727年,冯特内尔在其著作《无限几何学举要》(*Elements of Infinite Geometry*)中出了错。该书涉及的数学问题远非冯特内尔能够驾驭。他的数学错误似乎引起了瑞士一位大数学家的注意,他让冯特内尔很服帖地认识到自己错了。这位大数学家就是约翰·伯努利（Johann Bernoulli）。伯努利生在瑞士巴塞尔的一户人家，家里3代出了至少8位数学家。约翰好争论、脾气急、聪明伶俐，传说他能让普通人理解微积分。他涉猎的范围异常广泛，物理学、化学、天文学、光学、力学样样精通。他花很多时间研究微积分，与莱布尼茨（Gottfried Leibnitz）通信。微积分就是他和莱布尼茨一起创立的（牛顿经独立研究也创立了微积分）。伯努利在实验物理学方面也做了不少工作，其中之一是他研究近期发现的"水银带电"现象。该现象是法国天文学家皮卡尔（Jean Picard）[101]首次发现的，他在1675年注意到气压计里的水银移动时会发出辉光。伯努利也解释不了原因。

能够解释气压计里水银移动会发光的人是英国的霍克斯比（Francis Hauksbee）。1709年，霍克斯比在牛顿任会长的英国皇家学会当实验演示员。1705年，他将一个抽空的直径9英寸的玻璃球固定在一个可旋转的装置上。玻璃球旋转时，他把手压在球表面，球内即刻出现紫光，光很亮，"大写字母拼写的单词都清晰可辨。"霍克斯比又摩擦抽空的玻璃管做实验，玻璃管内不但会发光，还噼啪作响，吸起铜箔碎屑、线头和羊毛。1709年，霍克斯比公布了他的实验发现，描述了辉光和类似闪电的噼啪声，他使用了"电"这个词。

1708年后，霍克斯比又转而研究毛细现象。所谓毛细现象就是将一根毛细管插入液体中，液体会沿着管壁向上爬升一小段。他发现管子越细，液体爬升得越高。置于真空中的毛细管也会产生这种现象。也许是因为霍克斯比和牛顿有联系，加之重力理论对科学各方面影响巨大，所以霍克斯比确信毛细现象和吸引力有某种关系。液体表面的小颗粒显然是被玻璃内的小颗粒吸引才上行的。牛顿1717年发表《光学》（*Optics*）一书，其中一篇论文支持了霍克斯比的理论。这对伦敦的教区牧师黑尔斯（Stephen Hales）来说足够了。黑尔斯在1727年研究植物汁液的活动特点。他把玻璃管插进植物中，观察汁液浸入玻璃管爬升的情况。在他出版《植物静力学》(Vegetable Staticks)那年，他说，毛细作用也存在于植物内，甚至还可以拿它来说明人的血管里血液的流动情况。

1740年，黑尔斯获悉在斯皮特黑德登船等着去美洲的水手中流行斑疹伤寒，他深受刺激，转而开始研究通风技术。一年后，他发表《通风机描述》(A Description of Ventilators)，内有他发明的安装在建筑物外墙上的通风机的详细设计图。两对大风箱由一根装在枢轴上的水平杠杆操纵，风箱有进风口和出风口阀门。杠杆的一端提起时，一只风箱吸入空气；杠杆下降时，另一只风箱会把空气压入室内。

黑尔斯在特丁顿他所属的教堂附近的一座谷仓里试验通风机，不过通风机最初是为轮船设计的。船上的水手动不动就发烧，有人认为"致病的"空气是罪魁祸首。通风机可以让"好空气"驱除"浊气"。1756年，轮船和监狱终于装上了通风设备，不过此前黑尔斯已经在两家医院安装了通风机。一家医院在伦敦市中心，另一家医院在米德尔赛克斯郡，那是一所专治天花的医院，黑尔斯曾在那任理事。

当时天花是一种得上差不多就要命的流行病。后来才知道，仅靠通风换气是治不了天花的。又过了40年，一位名叫詹纳(Edward Jenner)的英国乡村医生找到了治疗天花的方法。他最初跟着一名乡村外科大夫学了6年医，之后到伦敦的一所解剖学校学习，这个学校是两位著名外科解剖专家约翰·亨特和威廉·亨特(John and William Hunter)开办的。两年后，23岁的詹纳回到格洛斯特郡的乡下老家伯克利村，开始行医治病。1796年，他发现几例牛痘病例，患者均是挤奶女工，是挤奶时感染牛痘的，症状是发烧，身上起大脓包。詹纳知道土耳其人有用天花脓浆接种防治天花的习俗。这一招常用作预防措施，防止感染此病，不过接种时病人很难受，有时还会夺人性命。詹纳在一个雇工的8岁儿子身上接种了牛痘脓浆,而后让他感染天花,天花症状竟然一点也没在其身上出现。詹纳给他的技术取名为"种痘"(vaccination,拉丁语的vacca意思是"牛")。种痘迅即大获成功:到1800年时,种痘不仅传遍了欧洲,还传到了美洲。

此后,詹纳一直在格洛斯特郡安度时光,一门心思倾注着他对杜鹃鸟的喜爱。1788年他发表《杜鹃自然史评说》(Observations on the Natural History of the Cuckoo),后当选为皇家学会会员。他在书中详细解说了杜鹃雏鸟如何利用背上的凹坑将其他雀鸟的蛋及幼雏推出巢外,达到占巢目的。小杜鹃鸟还会对同巢的杜鹃蛋下手。1823年詹纳去世,去世前他发表了最后一本研究鸟类迁徙的著作。这本书也是世界上首批真正意义上的鸟类研究专著之一。

詹纳早走了三年,不然他会等来一个美国人,这个美国人将鸟类学搬到了世界各地的咖啡桌上。他就是奥杜邦(John James Audubon),首屈一指的禽鸟画大家。奥杜邦的事业历程很不平凡。他生在海地,长在法国,1803年被送到宾夕法尼亚,他家在那儿有一座农场。1807年,22岁的奥杜邦动身去美国西部(就是现在的俄亥俄州、肯塔基州一带)发财致富。13年间,他生意是一桩桩做,但钱也是一次次赔。开锯木厂,垮了,弄得自己跟另一投资人——英国诗人济慈(John Keats)的弟弟——都破了产。试着开商店,也做砸了。他在辛辛那提尝试制作动物标本,小有成功。他旅行时常描涂

图22　1802年的一幅漫画:种痘并非人人喜欢。

一些禽鸟画。1821年奥杜邦在路易斯安那得到一份工作,给一个种植园主的女儿当家教,从此财运好转。圣弗朗西斯镇附近有个叫萨拉的地方,周围是繁茂的玉兰树林。奥杜邦在找到工作后的5个月里,经常钻进树林,置身于数千种小鸟间作画,画得如醉如痴。

他一共画了435幅画,却找不着出版商。有人劝他去英国试试。多亏联系上了罗斯科(William Roscoe),此人很有影响力,奥杜邦来英国还不到10天,皇家学院就展出了他的画作。奥杜邦立刻变成名人。观画的人有好几百,大家都把他视为来自新大陆的浪漫派丛林青年。奥杜邦终于在爱丁堡找到了一个出版商,而这时他又盘算着出另一本书,名为《美洲鸟类》(Birds of America)。他返回美国收集更多的素材。现在奥杜邦已经不单单是一个姓氏,还是一个美国国立机构的名字。* 政府专门派出几只帆船听他调遣,载着他去拉布拉多等偏远之地采风写生。1838年,这部5卷本的巨著终于出版了。

1840年,奥杜邦接到一位17岁少年的来信。少年叫贝尔德(Spencer Fullerton Baird),他在信里向奥杜邦描述了一种他漏画的鸟:黄腹鹟。奥杜邦邀请贝尔德去他那儿做客,两人从此成为朋友。又过了10年,这位热情似火的年轻博物学家已经积攒了大批动物标本,足足装了两节货车车厢(共计2500种美洲鸟类,1000种欧洲鸟类、鸟巢、卵和爬行动物标本,还有600副美洲脊椎动物的颅骨和骨架及化石)。货车把标本运到史密森学会,贝尔德也如约赴任,做了学会的执行秘书。

19世纪50年代是美国西部大探索、大开拓时期,贝尔德负责将探险者和勘测员收集的标本运回史密森学会。他翻阅了无数份探险报告,从中搜集的信息如百科全书般丰富。1866年,美国政府还是靠他

---

* 即以奥杜邦名字命名的美国奥杜邦学会,该学会致力于野生动物保护和环境保护。——译者

收集的信息获知有可能买下阿拉斯加。贝尔德建议国会批准收购这块地方。

贝尔德参加过百余次探险考察,其中最令他兴奋的是海登(Ferdinand Vandiveer Hayden)率领的那次。1867年贝尔德从内布拉斯加为海登筹到一笔款,供勘察该州的地质资源之用。在随后的4年里,勘察活动不断扩展,资金也一供再供。1871年,海登带着杰克逊(William Henry Jackson)拍摄的多张照片从落基山回来。照片极其精美,国会看罢就宣布这一地区为特殊地区——美国第一座国家公园。

这就是著名的黄石国家公园,取名"黄石"是因为黄石河从中流过。黄石公园有西半球最大的间歇泉——老忠实泉。

8 火从天降

冰岛南部有一片荒凉的风蚀平原，在平原的尽头人们可以看到这个星球上最为奇异的景象。那里有许多大大小小的热水泊，泊上升腾着一团团硫磺蒸气。就在片片水泊、团团烟云之间，著名的斯特罗库尔泉每隔15分钟喷发一次，向天空射出一根高达70英尺的滚烫水柱。人们把这种自然现象称为"间歇泉"（geyser）。geyser一词源于古冰岛语goysa，本意是"喷涌"。

间歇泉是地下泉水流经炽热的岩石形成的，而热岩激水又常常发生在火山活动频繁的地区。冰岛有间歇泉是因为那里有一条长达1英里的巨大裂隙，人送外号"阿尔曼纳"，意思是"万人谷"。但这条裂隙只是地球表面一条更大裂缝的一部分，这条裂缝南北走向，纵贯整个大西洋。地核里的熔融岩浆从裂缝里不断向上涌，然后凝固。这个过程以每年2厘米的速度将大西洋的两个板块分向两侧。板块碰到大洋边的陆地后，受大陆边缘挤压而向下移动。挤压力使地表凸凹不平，山脉隆起，有时候会造成新的裂缝。这样一来，岩浆就会借火山活动涌到地表。

第一个提出一种理论，对地球表面广泛存在火山、温泉等现象加以解释的人是一位德国气象学家，名叫魏格纳（Alfred Wegener）。魏格纳最初搞天文学研究。1905年,他认定天文学该发现的都发现得差不多了(另外他觉得自己高等数学不行),于是就到柏林的航空观测台当技术助理,开始放气球、放风筝,做气象探测工作。此后,他4次前往冰岛和格棱兰岛探险,花费大量时间收集气象数据。

第一次探险是在1906—1908年。这一次,大西洋两侧陆地犬牙交错又互相吻合的海岸线给魏格纳留下了深刻印象。1858年,斯奈德-佩莱格里尼(Antonio Snider-Pellegrini)发表一本地图册,描绘了海岸线相互吻合的情况;接着,美国人泰勒(Frank Taylor)从理论上解释了大西洋使大陆分裂,渐渐远离的过程。1911年,魏格纳偶然获得了古生物学的证据,更加坚定了自己的看法。在非洲和巴西找到的蜗牛化石几乎一模一样。不过,还没有证据证明现在已沉入洋底的陆桥,曾几何时可能是将两块陆地连接在一起的纽带。于是,1912年魏格纳发表了大陆漂移理论。在一次地质学术会议上,魏格纳提出,大陆的较为坚硬的岩石就像船一样浮在地幔较软的岩石上,大陆因漂移而分离。大陆漂移可能是地球自转的离心力作用造成的——离心力将陆地板块推离两极,也可能是地下熔岩流的推动造成的。

魏格纳的假说遭到地质学家的嗤笑。他们觉得一个研究气象的人根本就没资格谈论地质问题,他写的东西当然也不足信。此后地质学者又经过了50年的探索发现,才证明魏格纳提出的基本理论是正确的。直到那时,多数地质学者才认为魏格纳有先见之明。

说来怪有意思,魏格纳的另一个研究领域是海市蜃楼。他把这一现象当成气象工作的一部分进行研究。他调查的一个海市蜃楼案例叫"欢喜女巫",中世纪就有人观察到它。这是一个非常著名的案例,出现在西西里和意大利之间的麦锡纳海峡上。1643年,意大利教士安杰卢齐神父(Father Angelucci)站在西西里隔海向麦锡纳方向眺望,看见"欢喜女巫"。他记述了当时的情景:"大海平素波浪拍岸,今日峨然隆起,状若黝黝群山。"但见山前"忽现壁柱万余,色灰白……壁柱缩至半高,成拱形,貌似罗马之引水槽"。海市蜃楼快要消失时,引水槽上方又出现几座城堡,城堡上的尖塔和窗户清晰可辨。

海市蜃楼通常出现在比较平展的地方,如沙漠、水面,它们是气压、气温、地表温度、重力以及气流等因素经复杂作用后的产物。这些因素综合在一起,致使远处物体的反光通过空气发生折射,在观察者的眼中呈现一个虚像。就"欢喜女巫"而言,这个虚像生成在大海这样的平面体上,它变形、扭曲、散射、移动,最后形成著名的光影缥缈的"空中城堡",如安杰卢齐神父描述的那样。

欢喜女巫(Fata Morgana)是拉丁语,意思是"女巫摩根"。在中世纪的神话里,摩根是法力最强的神仙魔怪之一,据说她是亚瑟王(King Arthur)的妹妹。加美洛王朝富有传奇色彩,它的野史趣闻一般认为起源于威尔士,出自一个名叫吉尔达斯(Gildas)的生活在6世纪的作家之手。吉尔达斯的著作描述了在盎格鲁-撒克逊人入侵英格兰的过程中,具有罗马特色的凯尔特文化逐渐衰亡的历史,并记载了巴登山之战。这一战是在吉尔达斯出生那年打的,据说亚瑟王参与此役。今天的历史学者比较倾向另一种说法:打这一仗的人很可能是一个威尔士头领,对手是入侵不列颠的盎格鲁-撒克逊人。此战的时间则是5世纪晚期,在罗马军团撤离之后。12世纪早期,亚瑟的名字频频出现在第一部《不列颠诸王列传》(Histories of the Kings of Britain)里。也是在那时候,史书第一次提到"圆桌骑士"。有人说,那则著名的传奇故事源自威尔士神话,传说亚瑟是太阳神,手下有12名骑士,代表一年中的12个月份。1170年,年轻的法国教士克雷蒂安·德·特鲁亚(Chrétien de Troyes)去英格兰的格拉斯顿伯里云游(亚瑟王传奇提到过这个地方),而这时候,加美洛王朝的故事已经家喻户晓了。

克雷蒂安在奥布河畔巴尔的圣马克鲁教堂担任圣职,好像是尚帕涅的亨利伯爵(Count Henry of Champagne)给他找的差事。这个亨利伯爵的叔叔布卢瓦的亨利(Henry of Blois)是格拉斯顿伯里的修道院院长,跟《不列颠诸王列传》的两位作者联系比较多。这两位作者一个是马尔美斯伯里的威廉(William),另一个是蒙默思郡的杰弗里(Geoffrey),两人都讲到了亚瑟王。克雷蒂安后来写诗描写亚瑟王的宫廷生活,着重讲述了兰斯洛特(Lancelot)和亚瑟的妻子吉尼维尔(Guinevere)的"典雅爱情"故事。他的写作素材可能就是在英国游历时搞到的。

在典雅爱情关系中,男士一般扮演追求者角色,用诗词、音乐述说自己爱得有理,而他的情爱对象则常要他奴颜婢膝、低三下四、忍辱负重,以证明他的爱意。12世纪的典雅爱情之风大致有几个源头。第一批东征的十字军从君士坦丁堡带回一些描写色情、奢靡、淫逸的故事,对习惯了中世纪早期欧洲清规戒律的人们影响巨大。有一个时期,婚姻多半是从旺家兴业的角度计议取舍,而不是成全两情相悦,所以,婚外情并不鲜见。丈夫别离妻子,出征参战,常常一去久不归。那时谁犯了通奸罪是要被沉塘溺死的,故而君子遇红颜的典雅爱情一般都是柏拉图式的,成了升华性欲的手段。

典雅爱情最引人入胜的起源也许要数克雷蒂安的雇主玛丽女伯爵(Countess Marie)的家族关系。玛丽是阿基坦的埃莉诺(Eleaner of Aquitaine)的女儿,而埃莉诺是第一代游吟诗人阿基坦的威廉九世(William Ⅸ of Aquitaine)的孙女。12世纪初期游吟诗人的情歌传统发源于法国西南部的一个地区。同一时期这个地区正闹动乱,一支名为清洁派[103]的基督教异端在大肆活动。该教派的观念之一是:结婚成家一般都要生儿育女,所以婚姻决非是一种令人愉悦的关系。婚外性关系不为生育,只为愉悦,所以清洁派对待婚外性关系的态度比较宽容。另外,清洁派还给予女子和男子平等的地位,而在当时,女子只能通过丈夫或男性监护人行使她的合法权利。出嫁前,女子是父亲的财产;出嫁后,她是丈夫的财产。清洁派关于女性的性地位和社会地位的认识,对典雅爱情之风的兴起起到了触发作用。

清洁派属于秘教派,主张宗教改革。他们批评教会占有世俗财产,谴责教士行为放荡堕落,倡导复归基督教先辈们修身戒俗的生活方式。清洁派的高士,即人们所说的"至善者",戒除一切"不洁"之食,凡是和生育沾边的东西都属于不洁之食,如鸡、鸭、鱼、肉、蛋、奶酪等,一律不吃。另外,他们不杀生。至善者之间严禁发生性关系。每星期行小斋戒3次,只吃面包、喝清水;每年行大斋戒3次,每次40天。罗马天主教对清洁派异端特别关注原因有很多。12世纪早期,教皇尚未集权,教会的权威主要是借助各地的世俗权力来实现的。而在法国西南部,许多贵族都成了清洁派教徒。

清洁派的信仰从根本上和天主教派教义相抵触,因为清洁派信奉两个造物主:代表善与美的上帝(精神的创造者),代表恶与丑的撒旦(物质世界的创造者)。他们的理由是:一个善的创造者绝不会把一个物质世界弄得如此糟糕,遍地邪恶。他们还认为,耶稣仅是一位天使,他在人间受难殒命是世人的一种错觉。而最关键的问题是:清洁派主张生活俭朴,批判天主教僧侣生活方式堕落,这些都使它在穷人中间争取了不少信徒。

鉴于上述情况,罗马天主教会开始反击。1147年,

图23 14世纪早期的一幅插图,反映了清洁派教徒命运:即使在被烧死前,也拒绝接受传统的基督教信仰。

克鲁尼的阿尔贝里克(Alberic)、夏特尔的杰弗里(Geoffrey)和圣贝尔纳德(Saint Bernard)几次外出布道,均遭失败。阿尔比是清洁派的活动中心。阿尔贝里克在阿尔比大教堂布道时,只有30多人听讲,场面十分冷清。贝尔纳德走在图卢兹的大街上,常听见嘘声一片。1198年,教皇英诺森三世(Pope Innocent Ⅲ)宣布,组建阿比让十字军,讨伐清洁派异端。随后又设立宗教裁判所[104],专门负责处置异端教派这个顽疾。派十字军去法国西南部讨伐的政治诱惑很多:其一,法国国王正盘算着将势力拓展到巴黎以南的地区;其二,凡参加十字军的人一律赦免罪责;其三,这次讨伐,十字军不会冒讨伐中东时遭遇的风险。阿比让十字军凶残狠毒,讨伐成效显著。成千上万的清洁派信徒不经审讯就被活活烧死,他们的城堡和教堂均被摧毁,财产被没收。十字军对异端的屠杀一场接一场。他们在贝济耶杀人时,有人问教皇特使:十字军怎么区分谁是清洁派教徒,谁是无辜百姓?据说特使是这样回答的:"全杀掉不完了嘛,上帝自己能分清楚。"50年后,清洁派异端被彻底铲除了。

十字军还不分青红皂白打杀犹太人。那时,法国南部地区居住着很多犹太人。犹太知识阶层跟清洁派联系较多,或许他们对阿比让异端的神秘观念有一定影响。法国西南部和西班牙北部是一个犹太秘教派——奥义教派(Cabalists)的主要活动区。这个教派的大部分信徒都是犹太教拉比阶层的知识分子,他们的修行方法是冥想,吟诵秘咒;秘咒能让修行者遁入一种心悦神迷的境界,达到这种境界之后,修行者就会看到各种天象。因为奥义教派的修行方法有很多种,所以唱诵的咒语也不一样。不过,最强的修行技巧是13世纪后期由一位奥义教派饱学之士西班牙人阿布拉菲亚(Abraham Abulafia)创立的。阿布拉菲亚写了一本书,题为《名之路》(Path of Names)。他给希伯来字母表里的每个字母都赋予一个数值,这样,希伯来语的单词之间就有了某种神秘玄妙的关系。譬如,名称数字等式显示,天主的数目是 301 655 172。

这个神秘怪异的词语数字等式的技法用英语描述起来很简单:英语字母表 A—Z 共计 26 个字母,按 1—26 为每个字母赋值,A 的数值为 1,Z 的数值为 26。God is(上帝存在)的总数值为 7 + 15 + 4 + 9 + 19 = 54,与 love(爱)这个词的字母总数值一样(12 + 15 + 22 + 5 = 54)。用这个方法还可以找到其他一些词语的神秘关系。比如,plague(疫病)的总数值与 bad sky(恶天)的数值和一样,暗示疾病源于上天。Holy Trinity(神圣的三位一体)的总数值与 Father,Son,Ghost(圣父、圣子、圣灵)的数值和一样。way of Cabal(奥义教派)与 eternal peace(永安)一词的数值和相同。1274 年,阿布拉菲亚离开西班牙去意大利、希腊两国游历、讲学。他的现存著述几乎全都是在意大利完成的。他给意大利留下了不可磨灭的影响。

就在阿布拉菲亚的思想进入欧洲思想界主流,成为当代科学发展的贡献因素之时,一位年轻的贵族、意大利学者皮柯·德拉·米兰多拉(Pico della Mirandola)对奥义教派发生了兴趣。皮柯是意大利北部米兰多拉小镇的伯爵。也许是命该做教士,1479 年,14 岁的他被送到离米兰多拉不远的博洛尼亚大学研习教规。两年后,他转到费拉拉大学学习哲学。随后 4 年,他游学于帕多瓦和佛罗伦萨,拜见了马尔西里奥·费齐诺(Marsilio Ficino)、洛伦佐·德·美第齐(Lorenzo de' Medici)等复兴运动的鸿儒名士,聆听过犹太学者埃利亚·德尔·梅迪戈(Elia del Medigo)和弗拉维奥·米特里达特斯(Flavio Mithri-dates)的教导。其中一位学者介绍他参与阿布拉菲亚的研究工作,还教他学习希伯来语。皮柯潜心研究奥义教和希伯来语,他在阿布拉菲亚的神秘数字和以色列语言之间找到了一条通往真正信仰的路。他在写于 1486 年的《结论》(*Conclusions*)中说:"除了魔法奇术和奥义教,再没有什么知识能让我们更加确信基督的神性。"他说出这种话在当时是冒了很大危险的,弄不好就会背上异端的罪名被处死。

皮柯认为,研究数字可以揭示宇宙真理。为了让欧洲思想界接纳这一观点,他不懈努力,最终创立了数学分析,其本质是科学。皮柯称数学分析是"好魔法",它能揭示自然界各种事物之间的关系。皮柯说:"凭借数字,有可能找到一种分析和理解一切可知事物的途径。"《结论》中有一篇题为《论人类之尊严》(Oration on the Dignity of Man)的讲稿,它阐述了皮柯的一个信念:借助数字,人有能力认识和把握自然。皮柯把这种信念当作文艺复兴运动的宣言书。《论人类之尊严》预示了伽利略[105]等思想家未来的科学观。

1490年,皮柯在佛罗伦萨遇到了德高望重的德国学者罗伊希林(Johannes Reuchlin)。罗伊希林时年35岁,在刚成立不久的蒂宾根大学任教,这时的他正走在成为文艺复兴运动一代人文主义大师的锦绣大道上。他是在德国教希腊语的第一位教师。1453年君士坦丁堡陷落后,不少希腊难民逃到欧洲,罗伊希林跟着难民们学希腊语。受皮柯的影响,他对希伯来语产生了浓厚兴趣,于是又跟着一个叫洛昂斯(Jacob Loans)的犹太学者学习希伯来语。洛昂斯是神圣罗马帝国皇帝费迪南德三世(Ferdinand Ⅲ)的御医。经过几年学习,罗伊希林掌握了这门语言。1506年,他编写出版了希伯来语语法手册,这也是信奉基督教的学者写出的第一本希伯来语语法手册。罗伊希林还把皮柯对奥义教派和数字魔力的迷恋带回了德国。他的《论奥义教派艺术》(On the Cabalistic Art)是第一本由非犹太人撰写的研究奥义教派的著作。

罗伊希林坚信希伯来语是理解基督教教义的利器,因而具有非同一般的价值。他这个观点和皮柯不谋而合。1508年,罗伊希林写道:"我敢断言,拉丁语者须先精通《旧约》原语言,才能对《旧约》观微探幽,因为语言乃上帝与人相互达意之媒介,如《摩西五经》所言。但并非一切语言均有此功能,有此功能的语言只有希伯来语。上帝借助希伯来语,把他的秘密传达给人。"罗伊希林对希伯来语了解越多,就越感到有必要在欧洲的大专院校设立希伯来语系。不过,这事想想无妨,但一提出来就显得有点没事找事,因为教会里有许多人仇视犹太人。在这件事上,有一帮人跟罗伊希林唱对台戏,其中一位叫普费弗科恩(Johannes Pfefferkorn),是个皈依了基督的犹太人。1510年,普费弗科恩要求罗伊希林对科隆犹太人提出的申诉作出裁决:法庭宣判要焚毁所有用希伯来语写成的书籍。罗伊希林挺身而出,为犹太人打抱不平。他四处张罗抗辩,末了被扣上宣传异教邪说的罪名,送交宗教法庭受审。这一审审了4年,最后,罗伊希林被无罪开释。不过在1520年,法庭又责令他支付全部诉讼费。罗伊希林被这件事折腾得倾家荡产,身心俱损,两年后便撒手人寰。

罗伊希林在法庭据理力争之时,没有得到他的侄孙梅兰希通(Philipp Melanchthon)的声援。梅兰希通是宗教抗议名人马丁·路德(Martin Luther)的左膀右臂。1518年,他来到德国的维登堡,在刚成立不久的维登堡大学担任希腊语教授。他在维登堡第一次见到路德(路德是那儿的修士)。梅兰希通在维登堡大学做了题为"研究之改良"(The Improvement of Studies)的就职演讲,路德到场旁听。一年后,路德接连发表著述,公开批判罗马教会,最终创立了新教。梅兰希通的就职演讲是人文主义的有力诉求,主张重觅亚里士多德的本真思想,回归《圣经》的权威。梅兰希通和路德立即成为了朋友。他们有一个共同的观点:要想革新宗教信仰和宗教实践,就必须从教育抓起。梅兰希通跑到撒克逊地区考察了几所学校,确信改就要从根儿上改,而且要立刻动手。他为世界上第一批督学起草了一份条例。这份条例规定:学校要由平民领导管理;教师要精通拉丁语和希腊语；学生分为三个部分（初学者、语法句读生、高级生）。梅兰希通拟定的条例还对班级管理和教授科目作出详细规定。高级班学生须研读奥维德（Ovid）、维吉尔（Virgil）、西塞罗（Cicero）的著作，要上辩证法和修辞学、散文创作、音乐和宗教教育课。梅兰希通还将教学新思路应用于大学教育。他狠狠批判了通过辩论学习的经院式的老方法，为学校教职员拟定了新的规章条令。他的教育改革活动非常成功，其后他多次应邀为几所大学的筹建出谋划策，并对多所大学进行改组。

不过，并不是所有新教徒都赞成梅兰希通插手教育（新教徒原意是"宗教抗议者"，这样称呼他们是因为罗马教会打压路德的思想主张，他们不服）。有些人说梅兰希通的观点太自由化了，还有人说他有不少言论明显是向罗马教廷让步。有几个人批他批得特别激烈，其中一位叫奥西安德尔（Andreas Osiander），当地大公命他担任科克斯堡大学的神学教授，虽然他还不太够格儿。奥西安德尔一本接一本发小册子，批评梅兰希通抛弃了路德教的思想精髓。

奥西安德尔对数理科学很感兴趣。1540年，哥白尼关于太阳系的第一本著作《日心说》（*Narratio Prima*）发表，他给奥西安德尔寄了一本。书的内容令奥西安德尔惊呆了。他笃信神的启示是真理的唯一来源，而《圣经》描述的太阳系跟哥白尼的大不一样。教会教的是亚里士多德的宇宙观——地球是宇宙的中心，太阳和行星都绕着地球转。

哥白尼著作的出版商名叫雷蒂库斯（George Rheticus），是维登堡大学的毕业生。1543年，哥白尼的著作《行星运行论》（*On the Revolutions of Planets in the Sky*）的完整版写毕，准备付样。雷蒂库斯正忙着编辑他的手稿，准备拿到纽伦堡刊印，忽然有人请他去莱比锡大学担任数学教授。雷蒂库斯把编辑工作交给奥西安德尔。奥西安德尔首次将著作标题由原来的《行星运行论》改成了今人熟知的《天体运行论》(On the Revolution of the Heavenly Bodies)。他还插写了一篇前言，说作者描述了一个日心体系，不过，整个构思只是为了天文家展开研究提供一点数学方便，并不能反映天空的真实状态。这就是奥西安德尔改换标题的原因。用"行星"一词可能让人联想到绕轨道运行的天体，既是天体，也会把地球牵扯进去。哥白尼在临终之际收到了这部换了标题又加了前言的著作，他只能瞪眼看着，无可奈何：太迟了。

奥西安德尔收到的另一本书叫《大术》(The Great Art)，也是彼得厄斯·纽伦堡出版社刊印的，它是一本专讲代数的著作。这一次书是题献给奥西安德尔本人的。作者是奥西安德尔的朋友、意大利人卡尔达诺(Girolamo Cardano)。卡尔达诺是医生、发明家，也是赌徒。他是个私生子，父亲性情懒散，研究数学，兼做律师。卡尔达诺先是在帕维亚大学学习，之后又在那儿教授哲学，闲时就赌博。他写过一本《机遇游戏》(Games of Chance)，介绍了概率的第一定律：掷骰子包括3种情况，一是不可能出现的情形(单掷一枚骰子掷出7点)，二是肯定出现的情形(无论怎么掷，骰子总有一面朝上)，三是可能会出现的情形(第一次掷骰子有可能掷出6点)。假定不可能出现的情形为0，肯定出现的情形为1，则介于两者之间可能会出现的情形能够以分数计算(亦即掷出6点的机会为1/6)。后期，卡尔达诺还发明了万向节。今天地面上行驶的小汽车的传动轴还在使用这个部件，万向节传动轴的英文为Cardan shaft，其中Cardan就是指卡尔达诺。1525年，卡尔达诺在帕多瓦大学修完医学专业，成绩合格。之后，他一边行医，一边撰写研究代数的巨著——《大术》。他把这本书题献给了奥西安德尔。

1551年，卡尔达诺收到苏格兰圣安德鲁斯的汉密尔顿(John

Hamilton)主教的私人医师寄来的信函,问他能否来看看主教,治治他的哮喘。主教住在爱丁堡,病得很重,终日足不出户,哮喘每个星期发作一次,一发作就是一天一夜,受大罪了。汉密尔顿虽说是个教士,可身世非同一般。他和苏格兰的阿伦伯爵(Earl of Arran)是兄弟,只不过汉密尔顿是私生子。苏格兰玛丽女王年幼时,阿伦伯爵为摄政王。卡尔达诺从意大利动身,历经6个月,终于在1552年6月29日来到苏格兰。此行他带去了一种治疗哮喘的新方法,那是他花了好几年才研究出来的,他也很想试试效果怎么样。

那时候不管什么病,正统治疗法一概认定:大脑有两种状态,病疾能否治愈要看大脑处于哪种状态。有些医生认为健康的大脑是"热性的",而有些医生认为应该是"凉性的"。汉密尔顿的私人医师是"热性"派,所以他开方抓药全是为了让汉密尔顿的大脑热起来。他的治疗方法是:把病人关在屋里,屋子加热到令人难以忍受的程度;让病人吃烫嘴的东西,喝温热的酒。这样,病人就会不停地出汗。主教的生活本来就放荡不羁,经他这么一治,小病被治成了大病。而卡尔达诺采用的是"凉"脑疗法,他建议主教冲冷水澡,早餐前要散步,饮食要营养而清淡,多呼吸新鲜空气,睡眠须充足,每天上午要腾出时间休息("但不可近女色")。用这套办法仅治疗了两个星期,汉密尔顿的身体就明显见好。于是,他力劝卡尔达诺再待些日子,等9月份再走。9月既至,卡尔达诺离开苏格兰返回意大利。这时的他腰包比从前鼓多了,而主教也恢复了健康。不过,汉密尔顿的健康状况好景不长,接下来的阴谋活动和骚乱又把他的身体搞垮了。

当时,天主教和新教两股宗教势力在苏格兰斗得很厉害,苏格兰政局扑朔迷离。1560年,信奉天主教的苏格兰玛丽女王[106]从法国回来了。之前,她远嫁法国国王弗朗西斯(Francis),在法兰西生活了12年,将苏格兰朝政全托付给了一位摄政王。现在她要回国亲政,因为丈夫弗朗西斯驾崩了。此时新教已经成为苏格兰的主流宗教，玛丽信奉天主教可以，但有个硬性条件：只准她私下信，不得公开。英格兰女王伊丽莎白(Elizabeth)，还有玛丽身边的好些谋士都强烈建议玛丽找一个新教徒结婚，可是玛丽脾气倔倔的（儿歌里就这么说的），非要嫁给信奉天主教的达恩利勋爵(Lord Darnley)亨利(Herny)。这下可把伊丽莎白给惹火了，伊丽莎白认为玛丽跟达恩利结婚是冲着英格兰王位来的。玛丽的祖母是都铎(Margaret Tudor)，是伊丽莎白的父亲亨利八世(Herny Ⅷ)的姐姐，也就是伊丽莎白的亲姑姑。达恩利是都铎的孙子，与玛丽是表兄妹。

图24　苏格兰玛丽女王年轻时的肖像。1560年她从法国返回苏格兰。

玛丽和达恩利的婚姻非常不幸。达恩利是个酒囊饭袋式的纨绔子弟，心眼小、爱嫉妒，恨自己没当苏格兰国王。后来，他带人把玛丽的私人秘书、年仅33岁的意大利人里齐奥(David Rizzio)给杀了，说玛丽和里齐奥有染。玛丽为报复达恩利，任命博思韦尔伯爵(Earl of Bothwell)为资政大学士。1567年2月10日夜，染上梅毒的达恩利正待在爱丁堡的馆舍里休养，随着一声巨响，馆舍被炸得一片狼藉，达恩利也被炸死了。很快，行凶者被抓捕归案，因为他们作案时留下了一只很容易追根溯源的空火药桶、几根在作案前临时从附近店铺里购买的蜡烛，还有几根从达恩利口风不严的卫兵那儿弄来的导火索。1571年，汉密尔顿主教因参与谋杀达恩利被执行绞刑，死时身着圣衣。

博思韦尔休掉发妻，劝玛丽与他成婚。这时的玛丽已有几个月的身孕，几乎可以断定她怀的就是博思韦尔的孩子。1567年5月15日，玛丽作出了一个蠢得不能再蠢的举动，按照新教仪式跟博思韦尔结婚。本来在政治上欧洲就没多少人支持她,这一下连所剩无几的支持者也没了。苏格兰贵族起兵反叛,6月15日在卡伯里山战役中,玛丽被叛军擒获。随后一年,她被转移到英格兰,囚禁在一座监狱里。之后,玛丽被指控谋逆、篡夺英格兰王位。伊丽莎白将她囚禁了19年,最终还是把她处死了。

博思韦尔见势不妙,决定逃离苏格兰。他顶着好几个贵族头衔(全是玛丽不久前封的),其中一个是奥克尼群岛公爵。这片岛屿就在苏格兰的正北边。博思韦尔带领一支8艘船的船队向奥克尼驶去,他打定主意要建立一个"海上帝国"。可惜,奥克尼的行政司法长官在大胆和谨慎之间选择了谨慎,就是不让他上岸。奉令追击的苏格兰舰船已经赶上来了,博思韦尔无奈,只能先逃命,一气儿驶过北海。眼见船快到挪威海岸了,也该博思韦尔倒霉,他的船队被人拦下,带进了贝尔根港。博思韦尔亮明奥克尼公爵身份。屋漏偏逢连阴雨,那边正调查博思韦尔的来意呢,这边又来了位他以前的老相好——安娜·特隆岑(Anna Throndsen)。7年前,安娜和博思韦尔相识于丹麦,安娜跟他私奔,先去法国,后到苏格兰。安娜无名无分地给博思韦尔当了好几年情人。博思韦尔休掉妻子后,安娜还以为博思韦尔会娶她,谁料他娶了玛丽。安娜一气之下回到丹麦老家。现在该博思韦尔遭报应了。安娜告他诱奸、伤害,这两样指控足够博思韦尔喝两壶了。丹麦方面一边把他押解到马尔默监狱严密看管,一边跟苏格兰交涉怎么处置他。

法国驻丹麦大使德高望重,亲自到马尔默看望博思韦尔(那时挪威、瑞典都在丹麦的统治下)。大使名叫丹西(Charles de Dancey),他说他可以替博思韦尔捎封信给法国国王,就博思韦尔的问题跟丹麦人交涉。虽说丹西在丹麦很受尊敬,但博思韦尔的事他也无能为力。玛丽现在关在监狱里,谁都不想让博思韦尔这个逃亡者返回英国,再惹是生非。后来,他被送到锡兰德拉格肖尔姆的一座遥远且苛严的监狱关押。再后来他精神失常,于1578年死在狱中。

同一时期,法国大使丹西继续在丹麦忙着交友应酬。有个叫第谷·布拉赫(Tycho Brahe)[107]的丹麦天文学者跟他是好朋友。第谷年少多金,出身贵族,家人和丹麦国王是世交。他游历广泛,酷爱天文学仪器,在哥本哈根大学、莱比锡大学、维登堡大学学习过一段时间后,他去参观了奥格斯堡的仪器制造中心,而后就潜心研究起日月星辰来。在奥格斯堡,他请人建造了新型象限仪,将1度标刻为若干份,他用这台象限仪测量行星的运动情况。1571年父亲患病,第谷回到瑞典克努茨图普老家。随后,他同叔叔住在附近的赫尔内瓦特镇西多会修道院,两人建了一个化学实验室,研究如何制造金子。

1572年11月11日,第谷从实验室出来,走在回家的路上。他抬头看天,猛然看到一个不可思议的现象:天空中出现了一颗明亮的新星,是颗超新星。按照教皇和亚里士多德的理论,天是不变的,怎么可能出现新星呢?不可能。第谷一连30天测量这颗新星同附近的仙后座的相对位置,不论从哪个角度观测,两者之间角度都是不变的,这说明那颗新星和仙后座一样,是一颗十分遥远的星星。1573年在哥本哈根,第谷将这颗新星指给丹西看。当年晚些时候,第谷的专著《论新星》(On the New Star)出版,叙述了这颗星的观测过程。这本书及书中隐含的"异端邪说"让第谷名噪欧洲,确立了他作为一流天文学家的地位。三年后,丹麦国王赐给他一座小岛,小岛名叫"汶岛",坐落在丹麦和瑞典之间的大海中。法国大使丹西亲赴汶岛,为第谷宏伟的天文台——乌兰尼堡(即天堡)奠基。

第谷在天堡绘制出一套全新星表,进献给神圣罗马帝国皇帝鲁道夫(Rudolph)。鲁道夫甚为震撼,请第谷前往布拉格担任御前天文学家。他还邀请一名年轻的德国天文学家开普勒[108]当第谷的助手。

一年后，第谷去世，连同他那只戴了一辈子的金属鼻子一起下葬：上大学时他跟人决斗，一不小心让人把鼻子打坏了，这只金属鼻子就是"战利品"。要不是第谷在汶岛的一名助手提到此事，谁会知道他有个假鼻子啊。

这名助手叫布劳（Willem Blaeu），是个荷兰青年，学数学出身。在跟着第谷做了几年研究后，他于1596年回到阿姆斯特丹，在当地开了一家公司，专门印刷航海数据资料（不懂天文、不懂星表是做不了这个的）和航海图，实实在在地应用了他的天文学知识。布劳在阿姆斯特丹滨海区开了一家店铺，借这块地方向航海归来的船长收集最新信息，不断更新他印制的航海图表。1633年，他的地图印社已经是欧洲生意最好的印社，出版了已知四大洲的航海图，还有宇宙学、水文学、地形学等方面的书籍。他的著作《航灯》（Light of Navigation）——一本专门写给航海家的专业手册也在其中。这一年，他被任命为欧洲最大的探险贸易机构——荷兰东印度公司[109]的地图绘图师，一直做到1638年他去世。

航运条件的改善、航海图的精确对东印度公司来说太重要了，因为从东方运来的货物可以转卖给欧洲各国，获利高达6倍。东印度公司成立于1602年，自那时起，往返贸易的船只越来越多，它们满载欧洲人要出大价钱购买的高档货：染料、胡椒、丝绸、瓷器、茶叶、硝石、肉桂、硼砂、麝香、蔗糖等等返回欧洲。要弄到这些东西，就得乘船远航；多亏了一位地图绘图师，让乘船远航不再是件难事。这位绘图师绘制的地图是布劳印的。绘图师叫克雷默（Gerard Kremer），德国人，又以墨卡托（Mercator）之名为人所知。墨卡托解决了每个航海者都要遇到的一个航海难题：地球的经线（南北向）伸向两极时愈来愈弯曲，最后在两极汇合。船如果沿直线跨越经线航行，则每跨一条经线，罗盘的方位读数就要改变。1569年，墨卡托将地球的影像投射在一根圆柱上,这样,地球的经纬两线全以直角相交,航海人的生活从此又少了一样麻烦。用这种方法绘制的地图令一些高纬度地区(如格陵兰岛)的实际大小发生变形,不过不要紧,反正商人们冒险发财也不去那些地方。

1674年,运用墨卡托投影法编制的第一部全套航海图由一个英国人印刷出版了。这个人名叫达德利(Robert Dudley),他写过一本题为《大海的秘密》(Del l'Arcano del Mare)的书。这本书是他专为托斯卡纳大公费迪南多二世[110]创作的,他把它题献给了费迪南多二世。书稿刊印时,达德利已经在意大利生活了近40年。40年前,他抛妻离家,带着情人从英国跑出来。他本是莱斯特伯爵(Earl of Leicester)的私生子,因为母亲是偷偷摸摸和伯爵结婚的。而母亲死后,伯爵再婚,家族矛盾尖锐,闹得达德利的继承权都成了问题。达德利跑到意大利之后,自封沃里克伯爵(Earl of Warwick)。英国那边闻讯,把他在英国的家产全没收了。他的几条船被烧毁后,他开始造船。达德利曾在英国海军服役,航海知识比较丰富,给托斯卡纳大公留下了深刻印象。大公让他掌管比萨和利佛诺两地的船厂。达德利安排英籍造船师傅到船厂工作,为大公建造军舰。大公还交给他几个任务:一是把从比萨到海边的沼泽地的水排干;二是修建一条淡水槽,为比萨供水;三是开凿一条连接比萨和利佛诺的运河。达德利还游说大公宣布,新近整修的利佛诺城为自由港(港口的防洪堤是达德利设计的),是"融聚八方之地"。这下,欧洲各地的宗教难民纷纷慕名而来,大公的财政收入也随之猛增。利佛诺很快就变成最赚钱的国际商品集散地。

达德利管水利的前任叫布翁塔伦蒂(Bernardo Buontalenti)(可能在达德利刚到意大利那段时间,还是他的顶头上司呢),是著名的工程师、建筑师,曾为美第奇家族工作了60多年。他完成了许多建筑工程,或许最著名的要属佛罗伦萨的美景宫要塞、普拉托里诺别墅,还有利佛诺的几处城防工事。不过,布翁塔伦蒂的非凡之才不在建筑,而在机械。最初,他设计汲水装置,设计结构复杂、遍布喷泉和洞穴、以水力驱动机关为特色的水花园。1589年,美第奇家族结婚迎客置办排场的事都交给布翁塔伦蒂操办。有一次,布翁塔伦蒂为模拟海战场面,把皮提宫的庭院灌满了水,水深近5英尺。此外,他还设计了会喷火的龙,会喷发的火山,会飘动的云彩——诸路神仙在上面腾云驾雾,还有坍塌的城堡,可以通过地板升降的山、石、树木。他把大炮的弹丸装在金属筒里来回滚动,在幕后模仿出隆隆的雷声。剧目演出一般都有中场休息,就在这短暂的时间里,出现了一种新的音乐形式:歌手和舞蹈演员在布翁塔伦蒂设计的舞台效果的配合下展现一些场景,同时有乐器伴奏。终于在1598年,第一部真正的歌剧从这类见缝插针的早期表演中颖脱而出:佩里(Peri)的歌剧《达芙妮》(*Dafne*)被搬上了舞台。

在威尼斯工作的另一个意大利人托雷利(Giacomo Torelli)对布翁塔伦蒂的舞美设计做了大胆改进。他对剧场技巧和舞美设计所做的贡献一直到19世纪还被奉为圭臬。托雷利惯用布景机关,这方面的历史大概可以追溯到1640年。他在威尼斯的造船厂干过一段时间,造船工人使用了不少自动装置,其转动机关常用绳索和滑轮操作。托雷利在剧场布置上有一个创新:他把舞台两边沿对角线切开几条窄缝,通过窄缝立起一些小杆子来支撑布景。在舞台下面,所有支杆都安装在带轮子的滑车上,滑车下面是轨道,车可以沿轨道移动。滑车全部由绕在一个中央卷线轴上的绳索来操纵。线轴通过配重而转动,带动车子移动,进而可以迅速更换或撤掉舞台布景。1654年,这个布景技术给英国来客伊夫林[111]留下很深印象,他记述道:托雷利上演一出剧,布景变换不下13次。当年替路易十三(Louis XIII)

管理意大利的意裔大臣马萨林(Giulio Mazarin)把托雷利叫到法国。应马萨林的要求,托雷利向法国人展示了后来人们熟知的"机关布景剧院"。很快,有特效场景的戏剧演出风靡一时,那些场景就是靠布景机关实现的。

马萨林在法国的人缘不错,所以辅佐完了路易十三,又接着辅佐路易十四(Louis XIV)。马萨林的文化功底比较深厚,对艺术和文化一片热忱,莱辛(Racine)、莫里哀(Molière)、高乃依等多位文学名流都领到过他发的养老金。最令马萨林骄傲的是他收藏了4万余册图书,称得上是当时欧洲最棒的图书馆。替马萨林收藏整理图书的管理员名叫诺代(Gabriel Naudé)。1627年,他发表了第一部图书馆学专著《藏书宝鉴》(*Advice on Establishing a Library*),详细论述了如何挑选图书、如何给图书分类、如何装饰图书馆、如何培训图书管理人员等问题,甚至连如何清理图书上的灰尘都讲到了。1661年,诺代的书被译成英语,译者就是前文提到的在威尼斯看过托莱利戏剧的伊夫林。伊夫林后来成了图书馆学的专家,他按照诺代的图书管理准则整理藏书,建起了个人图书馆。

伊夫林的一个朋友也想按照诺代的图书管理方法建一个书斋。以后在他拟定改造英国海军的宏伟规划时,他的藏书——主要是海洋图书——帮了大忙。这位海洋图书收藏家就是佩皮斯(Samuel Pepys),他认识伊夫林是因为后者跟海军医院有联系。1685年,佩皮斯已经是海军大臣了,他只向国王负责。他的改造措施为近代英国海军奠定了基础,这些措施涉及海军陆上生活和海上生活的方方面面。海军军官要经过正规培训,他们必须具备驾船航行的能力。在纪律、津贴、退休金、医疗等方面制定了规章条例。着装和礼节礼貌也实行正规化。船舶修造厂实现了现代化,另外建立了一整套海军项目承包合同的招投标制度。舰船上的枪炮军械一律按标准制造,船上人员的编制名额要与船只的大小相匹配。佩皮斯说服英国政府同意为整个舰队提前提供6个月的补给。不过,这些都是小动作,真正的大动作是,为确保英国世世代代称霸海上,他鼓动英国政府启动了空前规模的造船计划。

海军中只有一样佩皮斯没怎么改,那就是通信方式。17世纪中期,海军的通信方式是很原始的。譬如,一艘船想让人给它送点木柴过去,就在船上挂起一把斧头;想让人过去吃饭,就挂起一张桌布。1673年有了第一部正规的信

图25 佩皮斯手里拿着他写的曲谱《美人迟暮》(Beauty Retire)。

号手册,上面画着15面小旗和小旗挥举位置的彩图。1782年,手册里的小旗增加到50面。1799年,3面或4面小旗组合成不同式样,能发送340种信号。另外,信号手册还增添了80种最新的旗语信号,都是手绘的。不过,这一时期陆上通信矛盾十分尖锐。设在伦敦的海军司令部和各军港之间的通信全靠通信员加快马来解决,几百年不变。送一封信、传一道令少则数天,多则数月——把信送到国外的兵站基地可不得数月嘛。

1792年,这个难题被英国的对头——法国人拿破仑[112]解决了。反法同盟给拿破仑来了个四面合围,拿破仑见列强环伺,自己的部队又分散在各地,就急着找办法与部队联络。这年3月22日,有一个名叫沙普(Claude Chappe)的牧师向法兰西立法会议的议员们展示了他的发明——一套新式通信系统(臂板信号机)。这套系统有一座塔,塔顶立有一根立柱,立柱上有一根木制的12英尺长的横杆,可依托立柱转动;横杆两端各有一段3英尺长的可转动的杆。借助绳索和滑

轮,所有可转动的杆可以摆出各种形状,发送不同的信号。观察员站在远处的一座同样构造的塔上,透过望远镜就可以接收信号,继而用同样的方法将信号表达的消息传递给更远处的信号塔,就这样一塔接一塔,一直传下去。1794年,这套通信系统的应用距离超过210千米。前方军事行动刚发生1小时,这边就得到了消息。若用老办法,得10个小时才能传到。

那年,英国军队抓获一名法国兵,刚好他手里有一本沙普臂板信号机的图样。随后,这本图样落到英军随军牧师甘布尔[113]手里。甘布尔马上对它做了一些改进,转送到海军部。令甘布尔懊恼的是,默里勋爵(Lord George Murray)对沙普的通信系统也有所了解,他也做了一些改进。鉴于默里是个显贵,海军部建议采用默里的通信方案。1795年,默里信号机在伦敦城外的温布尔登公地顺利通过实测,不久,全国各地建起了多条由使用新型"信号机"的基站连成的通信链。

113 19 22

1805年,其中一条通信链已经远达英国的海军重镇普利茅斯。有人对消息传递的情形作了如下描述:"单个信号传送到普利茅斯再返回(伦敦),用时3分钟。这个距离若按今天的电报线路计算,至少500英里。不过,使用信号机要事先通知做好准备,所有船长都要就位,准备接收和返回信号。传递速度是每分钟170英里,合每秒3英里,也就是3秒钟到达一个基站,这个速度真的很了不起。"

甘布尔在战俘交换所工作过,所以在疏通英吉利海峡沿岸港口的人员流动、文书流动方面很有一套。因为有此便利,1810年,法国人的另一项发明专利也传入英国。发明者是专门制作香槟酒瓶的商人,名叫阿佩尔(Nicholas Appert)。他的发明是把食物装进密闭的瓶内煮沸,杀死食物里的细菌,这样,食物可存放数月不变质。此法保存的食物拿给法国海军试用,大获成功。

阿佩尔的发明专利传入英国之后,被一个名叫唐金(Bryan

Donkin)的商人得到。唐金对一家铁厂感兴趣,他觉得把灭菌食品装在金属容器里会保存得更长久,而且品质也会更好。1812年,唐金和霍尔(John Hall)合伙开办了一家罐头厂。1818年,该厂已经能生产多种罐头食品:熏牛肉、炖牛肉、胡萝卜、羊肉烩菜、小牛肉和汤汁。

这一年,罗斯远征队开赴加拿大北部的戴维海峡,携带的辎重有一部分就是罐头食品。这支远征队由罗斯(John Ross)船长负责,目标是寻找一条西北航道,他的侄子詹姆斯(James)也是队员。但是,这次他们失败了。1829年,罗斯船长又率领第二支远征队出发[由布思(Felix Booth)出钱资助,布思就是布思牌杜松子酒的老板],而这一次他们又未能发现航道。1831年6月1日,罗斯的侄子詹姆斯徒步穿越坚冰,到达北磁极。他将一根磁针悬在一根细线上,发现磁针几乎与地面垂直,由此证明北磁极就在脚下。他立即升起一面旗,以威廉国王的名义报告方位(北纬70.5度,西经96.46度)。他不知道,地球的磁极是移动的,就在他宣布磁极位置之时,磁极可能早就不在原地了。

詹姆斯算是迷上磁极了。1839年9月,他率领他的探险队前往南极寻找南磁极。1841年1月,探险队员们在距离目标大约3000码的地方被一道山梁挡住了去路,山梁有些地方高达12 000英尺。好在其他探险目标都完成了,而且是超额完成,因为探险队还发现了维多利亚地、罗斯海、麦克默多海峡和罗斯冰障。

罗斯的探险船上有个年轻的外科医生,名叫约瑟夫·胡克(Joseph Hooker),他是皇家植物园园长的儿子。1872年,胡克回到英国后,继袭父业,担任了皇家植物园的园长。他收到从巴西运来的7万颗橡胶树种子。胡克经不住马金托什[114]的鼓噪怂恿,打算拿这7万颗种子培育橡胶树苗。马金托什已经研究出令橡胶液化、用橡胶生产防雨布的技术。种子够多了,可播来种去只有4%出芽。末了,胡克把1919株秧苗送到斯里兰卡的波拉德尼亚植物园栽种。另有一些送到新加坡，但没有栽活。还有一些送到了马来西亚。

几年后，移栽到马来西亚的树苗长势良好，继而树苗又被移栽到爪哇岛。1884年，斯里兰卡的橡胶种植园里首次进行商业性割胶。此后，东方就成了英国橡胶的第一大来源。橡胶工业迅速发展壮大。截至1922年，世界橡胶总产量接近38万吨，其中85%来自东方的橡胶园。

第二次世界大战期间，日军占领马来西亚群岛，斯里兰卡成了盟国获取橡胶的唯一来源。这个变故可真够糟的，因为战争期间橡胶的一个主要用途就是制造燃烧弹，它是燃烧弹的关键原料。1943年7月，一种橡胶与汽油的混合物（橡胶既能减慢汽油燃烧速度，又能粘在物体表面）成为300万枚投向德国汉堡的燃烧弹的主要燃料。汉堡被摧毁，居民被炸死四五万。

9 重水飞溅

第二次世界大战期间,日军占领马来西亚群岛,这给盟军出了一道大难题:充足的橡胶供应没有了,如何开动战争机器?轮胎、防水布等橡胶制品是部队行军打仗的必需物资。不过这个难题很快就解决了,因为有人研发出了氯丁橡胶。氯丁橡胶是一种人造橡胶,由美国化学家纽兰[115]发明,使用杜邦公司研发的工艺进行生产。

还剩下一个大难题没有解决,那就是如何制造燃烧弹。以前制造燃烧弹用的是橡胶稠化剂、汽油和磷的混合物,加入橡胶为的是延缓汽油的燃烧速度,而现在更需要一种新型稠化剂。1940年,欧洲的战事眼看就要陷入胶着状态,美国政府认为,科学很可能成为战争胜败的决定性力量。于是由卡内基研究所所长布什(Vannevar Bush)牵头,成立了国防研究委员会。国防研究委员会的一个下属部门专门负责研究炸弹、燃料、毒气和化学武器,领导该部门的是哈佛大学的校长科南特(James Conant)。

1941年日本人偷袭珍珠港,美国随即参战。科南特请哈佛大学教授菲泽(Louis Fieser)研究解决燃烧弹的橡胶问题。具体要求是:橡胶的替代物在66摄氏度的条件下必须保持黏稠状态(用于热带地区),在零下39摄氏度的条件下不能发脆(适用于高空飞行的战机弹仓);替代物还必须经得住炸,炸不碎,长期储藏也不会老化。另外还要有一个极其重要的要求:野战装填操作简单易行。

1942年7月,菲泽拿出了成品,将其取名为"凝固汽油"。战争结束时,凝固汽油的年产量超过7000万磅,用它制造的炸弹总计3300万枚。每颗炸弹都有一枚高爆雷管,雷管爆炸,将装有凝固汽油的容器炸碎,同时释放出白磷,白磷迅即引燃凝固汽油。在最初阶段,制造一枚炸弹的工艺比较简单:将凝固汽油粉与汽油或者苯混合,装在飞机的副油箱里隔夜,令其变稠,而后加入炸药和白磷。这种炸弹触地后即形成一个火球,火球猛烈燃烧10秒钟后,变成一团燃烧强度有所降低但持续时间长达10分钟的火球,形成近2500平方米的炸燃面积。凝固汽油弹的杀伤力十分可怕,美国在越南战争期间曾大量使用,招来舆论谴责。联合国于1972年通过一项决议,禁止使用凝固汽油弹。

制造凝固汽油的关键原料之一是棕榈油。早在19世纪20年代,棕榈油就已经在美国大量上市。一开始从印度尼西亚、菲律宾、马来西亚和斯里兰卡等地进口棕榈油,是为了生产肥皂。把肥皂生产做成产业的人叫谢弗勒尔(Michel Chevreul),他是位于巴黎城外的高布伦壁毯厂的董事。谢弗勒尔对纱线里的动物油脂的特性很感兴趣,不论是什么油什么脂,没他不了解的。他还说服一位叫梅热·穆列斯(Hippolyte Mèges Mouriès)的法国青年化学家研究油脂特性。此前,梅热已经成就斐然,拥有多项发明发现,比如,治疗梅毒的药剂、蛋黄鞣革法、面包制作新技术,还有泡腾片制作工艺等等。1852年,他开始研究油脂。

那时欧洲正在工业化,施用化肥提高了粮食产量,欧洲的人口也一年比一年多。人口增长是欧洲面临的几大问题之一。1750—1850年,欧洲人口由1.4亿增加到2.66亿。工厂里的绝大部分工人缺乏膳食营养,蛋白质和脂肪的摄取量不足,无法为他们提供劳动所需的能量。到1850年时,脂肪的供应量远远低于需求量。要说牛油是可以补充这种需求的,但是没能推广。于是,市场对黄油的需求量陡然增加,黄油价格也迅速蹿高。解决这个难题的人就是梅热。

梅热待在拿破仑三世[116]的温塞纳皇家农场里做实验:他在40摄氏度的条件下压缩牛油,获取一种油脂,这种油脂在5摄氏度时就会熔化;将该油脂掺进牛奶,可以生成一种新东西,这东西以后被人们涂抹在面包上,梅热管它叫"麦淇淋"(即人造奶油)。1871年,梅热把麦淇淋的制造技术专利卖给了荷兰的尤尔根斯公司,还卖给了英、美、德三国的制造商,从此,欧美各地开始大造人造奶油。不巧的是,人造奶油没造几天,牛油就缺货断档了。得赶紧找一种替代原料啊。这东西必须软硬适中,既可以随意涂抹,又不至于四下滥流。找来找去,一直找到1897年才有眉目。这一年,两位法国化学家,一位叫萨巴蒂埃(Paul Sabatier),另一位叫桑德朗(J. B. Senderens),发现植物油之所以呈液态,是因为油里的氢含量比黄油、猪油等固态油脂的要低。1902年,一个叫诺曼(Wilhelm Normann)的德国人想出了一个往植物油里加氢的办法。该技术最后用于工业生产:先用油泵将80摄氏度的植物油打进一个装有高压氢气的密闭容器内,而后加入催化剂;催化剂含有极细小的镍颗粒,沉淀在一种叫"硅藻土"的惰性粉末上;含镍的催化剂继而使氢分子自行附着在油分子上。这样,所得到的氢化植物油的熔点便可以随意控制(只要调整其氢化程度即可),而且其熔点均高于人造奶油正常使用的熔点温度。

硅藻土是用一种质地类似白土粉的松脆的沉积岩磨出来的,不光做氢化植物油要用它,生产牙膏、陶器、去污粉、绝缘材料、塑料等产品都要用它作原料,用途非常广泛。另外,硅藻土还是生产砖块、油漆、纸张的添加剂。最初它的用途之一是用作惰性材料,吸附炸药棒里的硝化甘油。硅藻土又称"硅藻石",之所以被这样称呼,是因为它是由海洋浮游生物硅藻的壳形成的:硅藻死亡后沉积在海床上,经过漫长时间形成沉积物,之后又硬化为石。

硅藻土的成因是德国学者亨森(Victor Hensen)发现的。亨森自1868年起在德国基尔大学担任生理学教授,潜心研究蝗虫前腿上的听觉器官,随后在人类的耳蜗里发现了亨森氏管。他爱好海洋生物学,当上普鲁士议会议员后,就四处游说,为研究项目募集资金,日后这些研究项目给德国的渔业生产带来了裨益。就在做议员期间,亨森忽然想到:对渔业最有价值的贡献,莫过于对海洋自身的生产能力作出总体评估。于是,亨森决定对构成食物链最基本环节的海洋微生物展开调查。1889年,他带着特制的细网,参加了德国浮游生物科考队,奔赴北大西洋,对整个水域展开考察。那只特制的网原本是面粉加工厂用来筛面的细箩,后来稍加改造,变成了能捞细小东西的网。

浮游生物(这个词儿源于希腊语的"漂游")指的是包藏在两片壳里的微小的植物细胞。它们是海洋中繁殖能力最强的生物且无处不在,淡水里有它,咸水里有它,浅水的泥沙里有它,深海表面附近也能找到它。浮游生物形体极小,一罐海水里含有数百万个浮游生物。也就是说,它们的数量只能根据显微镜下有代表性的计数结果,运用统计学方法作出估计。浮游生物科考队搭乘"民族"号汽轮,航行115天,在北大西洋几个主要的生物地理区辗转穿行,从格棱兰岛到百慕大,从亚马孙河口到距非洲西海岸不远的佛得角群岛。

考察期间,亨森取得多项重要发现:一,浮游生物的数量比海洋其他生物数量的总和还多;二,深海中的浮游生物较之河口和海岸线要少;三,海洋显现出深蓝色其实说明海水里浮游生物极少。亨森还发现,热带水域的浮游生物比水温较低的高纬度水域少多了。后来才知道，这一现象主要是海洋活动本身造成的：较冷的海域水面和水底的温度差不多，而热带海域（另有一些地方是在夏季）表层海水比较温暖，浮游生物将表层海水里的养分消耗完后就会被饿死。在高纬度地区，春夏两季多发风暴，使海水波翻浪涌，海底的养分被带到水面，这样，在每年的这两个季节，总有"食物"源源不断地补充到表层海水中，于是浮游生物大量繁殖。凡是海水翻涌的地方，总有大量的浮游生物，而大量的浮游生物又是形体更大的生物的食物来源。秘鲁近海之所以有几个鱼类资源非常丰富的大渔场，原因也在于此：鳀鱼吃浮游生物，金枪鱼又吃鳀鱼；浮游生物越多，鳀鱼就越多，金枪鱼也越多。

富含养分的较冷的秘鲁深海海水为什么会翻上来呢？原因是沿秘鲁海岸有一股宽约550英里、朝北流动的洋流。该洋流于1802年被发现，用发现者的姓氏来命名，叫"洪堡[117]洋流"（Humboldt Current）。洋流是由一种气象现象引起的，1835年一位名叫科里奥利（Gustave-Gasparc Coriolis）的法国人发现了这一气象现象。他认为，地球自转使在北半球作南北向抛物线运动的物体向右偏转，而在南半球情况正好相反，物体会向左偏转。南北半球风暴自转的方向不一样正是偏转方向不同造成的，南太平洋上经常刮西风，原因也在于此。在西风的劲吹下，太平洋海水自西向东形成洋流，当这股洋流碰到南美大陆海岸，其主体经过大陆南端继续向前，而部分水体则顺着海岸线向北流动，形成洪堡洋流。

1857年，荷兰气象学家白贝罗（Christoph Buys Ballot）在研究风的压力梯度时，发现了一条后来用他的名字命名的定律——白贝罗定律：人背风而立，在北半球，低压在左，高压在右；在南半球，情况正好相反。

12年前，白贝罗在乌得勒支附近的一条铁轨上做了一项非同寻常的实验,这让他出了名。实验过程是这样的:将若干只喇叭沿铁轨一字排放,白贝罗站在一辆火车的踏板上,火车以每小时40英里的速度驶过,所有的喇叭都按同一音调奏响。随着火车行进,白贝罗能够听到喇叭奏出的音调变化:当火车接近喇叭时,音调升高;火车远离喇叭时,音调降低。这个实验证明了三年前布拉格的一位数学教授的说法。这位教授就是多普勒(Christian Doppler)[118],他提出的理论是:如果声源向观察者运动,或者观察者向声源运动,观察者的耳朵接收每个声波的速度会越来越快。因为声波频率增加致使音调升高,所以他听到的音调就越来越高;反之,当声源或观察者相互远离,到达观察者耳际的声波频率降低,那么他听到的音调也会越来越低。

多普勒对这一效应——就是今人熟知的多普勒效应——发生兴趣主要是因为恒星的颜色变化似乎也有类似的效应。他在《论双星的色光问题》(On the Colored Light of the Double Stars)这篇论文里对天文学家观察到的恒星泛蓝色、泛红色的现象提出了解释。他认为,蓝光的频率较高,泛蓝光的恒星应该是与观察者相向而行(蓝移);红光的频率较低,泛红光的恒星肯定是与观察者相背而行(红移)。如果能测定光速,那么就能计算出红移恒星和蓝移恒星的运动速度。一位名叫菲索(Armand-Hippolyte-Louis Fizeau)的法国物理学家也想到了这一点,他在多普勒理论提出6年之后,独立发现了多普勒效应,所以多普勒效应也被称作"多普勒—菲索效应"。

菲索是一位很有建树的天文学家。1845年,他和傅科[119]合作,首次使用银版照相术拍摄了太阳表面的照片。1849年,菲索研究出一个计算光速的巧妙方法,具体步骤是:将一个720齿的大齿轮安装在一根轴上,旋转齿轮,并在轮齿之间打一束光,这束光被5英里外的一面镜子反射;齿轮按一定速度旋转(每秒12.6圈)时,转速正好和反射光的波峰重合,观察者看不到反射光。菲索运用数学计算了光波的频率、齿轮转速、离反光镜的距离，得出光速约为196 000英里/秒（与光的实际速度只有0.05%的误差）。

菲索的发妻是朱西厄（Adrien de Jussieu）的女儿。朱西厄出身于法国植物学世家，他子承父业，在巴黎的自然历史博物馆任植物学教授，对植物分类学的创立小有贡献。还在拿破仑高中上学的时候，年轻的朱西厄就和梅里美（Prosper Mérimée）结下了毕生友谊。梅里美的母亲是美术学院的秘书。梅里美年少风流，上学期间就有绯闻。头一个情人好像是他母亲的油画弟子，是个英国女子，比他大7岁，叫拉格丹（Fanny Lagden）。拉格丹一生钟情于梅里美，死后还与他同葬在法国戛纳。

19世纪20年代，梅里美拿到法律文凭后，有一段时间跟巴黎的几个文坛怪才走得很近，司汤达（Stendhal）、洪堡都是他的朋友。同一时期他还结识了维奥莱-勒-杜克（Viollet-le-Duc）一家，以后他和这家的公子一道做了一些事情。1822年，梅里美以一部描写克伦威尔（Cromwell）的历史剧开始了他的文学创作。1828年，他跟一个被他戴了绿帽子、心理遭受挫伤的丈夫用手枪决斗，结果挨了一枪。养伤期间，他写出了让他名扬天下的小说《查理九世时代野史》（The Chronicle of the Reign of Charles IX），这是法国浪漫主义名著之一。1830年，梅里美去西班牙游历，参观那儿的博物馆，其间，乘坐四轮马车旅行时，与一位同车的乘客搭上话，聊得挺热乎。这位乘客就是特瓦伯爵（Count de Teba）。伯爵邀请梅里美去马德里，到他府上做客。梅里美在伯爵家认识了伯爵夫人和他们5岁的女儿欧亨尼娅（Eugenia），母女俩很快就和梅里美成了朋友。传说梅里美在伯爵家做客时，伯爵夫人给他讲了一个吉卜赛少女的故事：那少女因妒生恨，拿刀杀了她的爱人。后来，梅里美根据这则故事创作出一部小说，名噪一时，故事情节还被作曲家比才（Bizet）借去创作了歌剧《卡门》（Carmen）。

从西班牙回到法国后,梅里美在政府部门当了个小官。1834年,他被任命为历史文物总督察员,他很满意这份差事。此后18年,他走遍法国各地,在年轻朋友、建筑师欧仁-伊曼努埃尔·维欧莱-勒-杜克(Eugene-Emmanuel Viollet-le-Duc)的协助下,修复了一些国宝级的经典建筑。算下来,经他们手修复的建筑物有4000多处,包括几座哥特式大教堂、亚里斯和奥朗日的罗马式剧场、教皇宫、圣丹尼和谢鲁的修道院,还有布罗瓦、希农两地的中世纪城堡。1853年,梅里美的西班牙小朋友欧亨尼娅(法国名叫欧仁妮）长大了,嫁给了拿破仑三世,成为法兰西皇后。不久,她就说动拿破仑三世,给梅里美封了个终身议员,享受每年3万法郎的俸禄。

那年,梅里美把发传票要抓法国图书馆总督察员利布里-卡鲁齐(Guillaume Libri-Carucci)的法官骂了个狗血喷头。卡鲁齐是梅里美的朋友,法官指控他盗窃珍稀图书。这时,卡鲁齐已经带着大量经卷逃到了英国。卡鲁齐是意大利人,1850年梅里美去伦敦拜访另一个意大利朋友,商量让卡鲁齐到他手下任职当差的事。梅里美的伦敦朋友叫帕尼齐(Antonio Panizzi),早在1823年就来到伦敦。他是从意大利逃难出来的,因为他参加了一个叫"烧炭党"(carbonari)的爱国革命团体,要被杀头。烧炭党是个秘密组织,革命的目的是把意大利从奥地利的统治下解放出来。许多烧炭党人被监禁、杀头,帕尼齐是该组织的老成员。到了英国,他在伦敦新建的大学学院找了份教职,教授意大利语言和文学,工资菲薄。为贴补生活,他还在大英博物馆兼职做图书助理管理员。他的图书管理员工作后来竟改变了世界各地学者的生活面貌。

大英博物馆1753年开馆,此后90年间馆内格局鲜有变动,公共服务严重不足,人们普遍认为博物馆就是为有闲的富人开的。1831年,帕尼齐被派到"印装书籍部"工作,这个部是整个博物馆最无足轻重的部门,有几间书库,藏书量仅240 000册,还不对公众开放。1837年,帕尼齐被指派为该部的管理员,他马上开始四处游说,筹集资金。他利用英国人的民族自豪感大做文章,拿大英博物馆和其他国家的图书馆比较,越比大英博物馆显得越差。这一招真灵,不过直到1846年英国议会才答应帕尼齐追加拨款的请求。图书馆要扩建了,可帕尼齐发现地方不够。后来他想了一个解决办法:在博物馆的院里建一个巨大的圆形阅览室,把书架做在墙上。1857年圆形阅览室开放,以后成为世界各地学者的求知圣地。

最初创建大英博物馆是为了收藏汉斯·斯隆爵士(Sir Hans Sloane)的藏书。斯隆是个医生,也是古书收藏家。他在法国学习时,结识了几位博物学的大师级人物,马尼奥尔(Pierre Magnol)是其中一位。知道吧,木兰(magnolia)就是以他的姓氏命名的。斯隆学成后,于1687年乘船前往牙买加,给当地的新任总督蒙克(Monck)当私人医生。在岛上的那几年,他如饥似渴地研究当地的动植物和风土民情。他寻找可以作为药和食物的植物(找到的品种多达800个),在此过程中,他对巧克力产生了浓厚兴趣。后来,他想出巧克力混合牛奶的配方。这饮品就是现在人们喝的巧克力的前身。1712年回到伦敦后,斯隆给英国国王当御医,然后担任皇家医学院的院长。牛顿去世后,他又接任皇家学会会长。

斯隆卒于1753年。去世前,他收藏的"奇珍异宝"就已闻名遐迩,存宝处被称为"汉斯·斯隆爵士博物馆"。按照当时

图26　斯默克(Robert Smirke)设计的新古典风格建筑——大英博物馆,1852年落成,至今屹立。

的标准，这批藏品数量极大，有物件2500件，各种钱币、奖章25 000枚，图书可装满7间房。许多名流学者经常来此参观。斯隆留下遗嘱说，如果国家在他死后一年之内没有拿出2万英镑从其继承人手里买下这笔收藏，则这笔收藏将依次向圣彼得堡、巴黎、柏林、马德里等地的皇家科学院出售（各家科学院有一年时间斟酌定夺）。到时如果还没卖出去，这笔收藏将卖给出价最高者。英国政府马上行动，发行彩票筹款。只用了6年时间，大英博物馆就开馆迎宾了。1805年之前，参观者一律凭票进馆，团体参观均有人陪同。

斯隆医生新点子多，他是最早开展天花接种免疫试验的人之一。天花是当时的一种恶性疾病，一旦染上，十有八九要丢掉性命。1716年，梵蒂冈驻伊兹密尔领事向斯隆详细讲述了土耳其人种痘预防天花的方法。斯隆起初没把这当回事儿，一直到玛丽·沃特利·蒙塔古夫人(Lady Mary Wortley Montagu)从土耳其返回英国后，才开始实质性的试验。蒙塔古夫人以英国驻土耳其公使夫人的身份在那里待了2年，亲眼见过种痘免疫[121]的操作过程。她对此非常感兴趣，还请人给自己的儿子种了痘。蒙塔古夫人之所以对种痘这么热情，一个原因是天花害死了她的兄弟，她本人也在1715年不幸染上天花。多亏了斯隆，她才大难不死，但是娇美容颜已荡然无存。

玛丽夫人是金士顿公爵(Earl of Kingston)的女儿，聪慧而貌美，名闻一时。有几年，曾让诗人兼讽刺杂文作家蒲柏爱得如痴如醉，不过两人在关系闹僵后竟成为一对死敌。

在土耳其做公使夫人期间，玛丽先学了一段时间语言，而后开始到各地旅行，旅行时她常穿着宽腰大袖的土耳其服装。她还获准进入土耳其贵族小姐的闺房内探访她们，了解土耳其人的许多生活习俗。造访闺房算得上是一种少有的优待或者说特权，大概是因为土耳其人看她是个女的，又有身份、有地位就特允了她这项权利。就是

121 102 172

在多次闺房造访中,她看到人家种痘预防天花。土耳其人专门用天花的脓浆感染儿童,几天后,沾染脓浆的儿童身上开始出痘,并发一些脓疱,但过后会自行痊愈,种过痘的人以后就不再感染天花了。玛丽写道:"吾心爱国,愿不辞劳苦,广播此法于英伦;倘使吾识得国内医生,且信其高德,以民生为义,不独擅此法以谋财,则吾必书信详告之。"从土耳其回到英国后,她逢人就劝,让他们赶紧种痘。首先是卡罗琳公主(Princess Caroline)给她的两个孩子种了痘,随后大家也都跟着种痘。

玛丽在土耳其时还写过一本散文集,名为《使馆信札》(*Embassy Letters*)。她显然无意发表她的作品,不过在她去世后,一个印刷商偶然得到这个集子,她的笔思才渐为天下人所共赏。信札的笔调清新活泼,生动地记述了她徜徉于土耳其花园宫殿的见闻和感受:"不想当艾萨克·牛顿爵士,学富五车、满腹经纶,甘愿做土耳其老爷,虽目不识丁,却家财万贯;吾出此言,不怕您嗤笑吾只好感官愉悦。"

在她的记述里还有一段描写土耳其遍植郁金香的文字。她在土耳其各地巡游时,正赶上土耳其兴起郁金香热。当地种植的品种有1300多个,有些品名听起来很有味道,像什么"眼儿媚"、"粉晨曦"、"情人梦"。法国驻土耳其公使上书路易十五(Louis XV),描述宫殿周围花团锦簇的景象:"但见棚架之上千种颜色、万朵芳姿,花均种于瓶中,点缀以琉璃彩灯无数。灌木枝叶间亦有彩灯相饰,灌木特意由附近丛林移栽,植于棚架前后,渲染盛会。色彩、灯光又为无数明镜映射,流光溢彩,蔚为壮丽。光影交错,伴以土耳其丝管合鸣喧嚣,夜夜相继,至郁金香凋落乃终。"1645年,一位名叫布斯贝克(Ogier de Busbecq)的佛莱芒学者从伊斯坦布尔捎了一些种子到维也纳,欧洲大地首次引种郁金香。布斯贝克还捎回了花的芳名,可惜搞错了。郁金香在土耳其叫"拉勒"(*lalé*),布斯贝克问人家这种花叫什么花,人家告诉他是"头巾花"(tulipand-flower)，tulipand 在土耳其语中是"头巾"的意思，人家是在形容花朵的形状。结果传到西方，花名以讹传讹，变成了"郁金香"(tulip)。

1651年，瑞士园艺学家格斯纳(Konrad Gesner)在他的著作《德国花园宝典》(*Book of German Gardens*)里描述了郁金香，还绘制了图片。他是首位讲述和描绘郁金香的博物学家。格斯纳在洛桑学院教过一段时间希腊语，后于1541年搬到苏黎士，教授自然史，还行医治病。他的大部分时间在写书。1555年，他开始撰写2卷本《植物大戏园》(*Opera Botanica*)，并为这部著作画了近1500幅插图。作为植物学家，格斯纳是第一个认识到植物结构对谱系分类重要意义的人。他还是强调种子重要性的第一人，认为种子常能揭示看似没有类属关系的植物之间的关系。

另外，格斯纳对参考文献也很有兴趣，1555年他编纂的3卷本里程碑式著作《万国图书馆》(*Universal Library*)出版了，里面有一个书单，列有100年前印刷术发明之后出版的全部图书名。除了书名，还按字母表顺序列有作者名单，并附著作简介。另外还有大辞典，分为21个类(语法、哲学、辩证法、医学、星相学、地理学、神学也包括其中)。第3卷有一篇文章介绍已知的130种语言，还有用22种语言翻译的"主祷文"。格斯纳还写文章论述运用文本分析的方法领会《圣经》等古文献的重要意义。此举让他深受教父茨温利(Ulrich Zwingli)的喜爱。茨温利当时正领导瑞士搞新教运动。

茨温利早年生活波澜不惊，先是在维也纳大学念书，后于1506年在康斯坦茨当牧师。随后，他又去瑞士小城格拉鲁斯当了10年教士。1515年，他在格拉鲁斯结识了一个改变他命运的人，这人就是荷兰伟大的人文主义者伊拉斯谟(Desiderius Erasmus)。伊拉斯谟向茨温利讲解如何用历史的、分析的方法来研究《圣经》文本。茨温利开始拿批判的眼光去审视天主教会的所作所为、宣讲信仰的方式，其学者之名也逐渐远播。1519年1月1日（这天正巧是他的生日），茨温利被推举为苏黎世修道院大教堂的"民众牧师"，手里有了实权，这算是对他出书布道的一种认可吧。那时的苏黎世只是个拥有6000人的小城，教堂的讲坛便是全套的传播家什，它既是讲台，也是高音喇叭、收音机、报纸、电视、因特网。据说有一德高望重的教堂堂主告诉教众们，要想影响大政方针，一定得赶在"布道人在讲坛上站起身"之前，让人接受自己的建议。

做了民众牧师之后的4年里，茨温利狠批罗马天主教的不是：对相信炼狱、拜求圣人、修道士的生活方式、放纵堕落、征收什一税、教士的装束、弥撒、说话写字都用拉丁语、教堂的音乐、洗礼、圣餐变体*、神甫不娶妻室等等，无所不批，并为此跟罗马天主教廷翻脸决裂。除了1522年娶妻触犯教规外，他对罗马权威最公开的挑战是在当年的3月9日——也就是第一个斋戒星期日的晚上，地点在棱特。那天晚上，一帮苏黎世居民违背天主教斋戒日期间不得吃肉的训诫，斗胆吃了熏肠。此事发生在一家私宅的晚宴上，茨温利也在场，但他自己并没有违禁吃香肠。两星期后，他以"关于饮食的选择与自由"为题给教众讲道。他援引《圣经》的章句说，基督徒是可以自由食用一切食物的，因为食物本身并无好坏之分。经他这么一说，斋戒变成了个人凭良心做的事，表达了人本主义的理念：信仰是个人的事，个人必定会被天启的真理所导引。1525年，苏黎世议会开始实行严格的"茨温利式"法律，严禁卖淫嫖娼，对人们的社会举止和着装也作出新规定。亵渎神灵，打牌掷骰子，穿戴丝绸、金银和丝绒织物或饰物，穿低帮鞋等都要以触犯民事条例论处。1530年，实行全城宵禁，所有餐馆

---

* 罗马天主教徒相信，面包和酒经过"圣体礼"就变成了耶稣的肉和血，这被称作变体。——译者

酒肆晚9点一律关门。

此外,茨温利还给苏黎世人民的生活带来一个巨大变化。瑞士有一个绵延几百年的传统:送年轻人当雇佣兵打仗挣钱。当兵打仗在瑞士是件很吃香、很令人羡慕的事,因为瑞士的耕地少,扶犁种田轮不上年轻人,他们在家里待着,生活既清苦又单调。在欧洲,瑞士雇佣兵享有很高的声誉。他们用长矛作兵器,作战风格独特。瑞士的长矛"方阵"动辄数千人,行列密集,行若一人,常以绝对优势,或滚滚碾过敌阵,或戛然停止前进,枪尖冲外打防御,几乎所向披靡。敌人的骑兵拿他们没办法,可以说没等砍翻一名长矛手,自己早被长矛手挑在枪尖上做肉串了。苏黎世同法国有一个供应雇佣兵的长期协议,但茨温利最终说服州议会把协议给废了。

长矛阵这时也在走下坡路。几年前在马里纳诺战役中,瑞士雇佣兵帮助法国人打西班牙人。一种新式火器"火绳枪"闪亮登场,使战争发生了实质性变化,长矛阵失去了作战效能。17世纪末,其他新式武器的研制成功,迅速将长矛阵淘汰出战场。

图27　1525年在意大利境内爆发巴维亚战役,瑞士雇佣兵手持长矛替法国人打仗。

第一件新式武器是燧发枪。这种枪在扣动扳机后会释放一根带火镰的击锤簧,击锤簧带动火镰向一小块带锯齿的金属片撞去。这个动作立刻将火门盖打开,同时擦出火花,点燃火门里的火药,进而引爆枪管里的火药,将弹丸射出。

后来人们对弹药装填法略作改进,使用预先装好的纸包弹药(火枪手常用牙将纸包撕开,把火药倒进枪管里,然后从枪口塞进一枚弹丸),射击速度提高到每分钟2—3发,比原先的火绳枪快一倍。火绳枪的火药是用一根慢燃的引信点燃的。有了燧发枪,就不必担心火星乱溅走火(火绳枪手要是彼此间站得近些,就有可能造成这种事故),士兵们站立的间距可以近一点。间距一近,士兵们就觉得老式的宽沿帽和长摆大衣不方便了,于是弃之不用,换成比较紧身的服装。燧发枪使行伍间距更加紧凑,形成多排轮换齐射之势,从而保持猛烈火力。

第二件新式武器是新型枪刺。这种枪刺把一个金属套管固定在枪口外侧,这样在套管内安装了刺刀,就不会妨碍火枪射击。这下好了,步兵将长矛手和火枪手的战斗力集于一身:离远了可以开枪打长矛手,迫近后又能用刺刀杀敌。

这两样新兵器一结合,外国对瑞士雇佣兵的需求量就减少了。法国的战争大臣卢瓦侯爵(Marquis de Louvois)意识到,新式武器及其在战场上使用的战术一定会对士兵提出更高的要求,例如,要求他们比从前任何时候都要训练有素。这样的训练常常需要花费几年时间,所以新式军队必须职业化、常规化。

其实,设常备军的思想在英国、荷兰[122]、瑞典等国早就有人提出过,而卢瓦却让一己之力变成了举国之力。他推行多项组织措施,将法军打造成欧洲大陆最先进的军队。卢瓦还创设了军需部,一帮后勤人员专门负责监督军用物资的价格、质量和运输。有了这个部门,部队行军经过的道路得到了整修，兴建了若干个战略仓库，用来储存武器、弹药和食品。卢瓦还找来一个特别会带兵训练的人，此人以后成了家喻户晓的人物，他就是马蒂内(Jean Martinet)。除了这些，其他方面也有变化，比如，军装的发放、立功受奖名额的合理分配、有序化的晋升制度、工资、纪律条令、在巴黎专为战争中的伤残者修建伤残军人院，等等。

那一世纪末，一个移民法国的意大利人吕里(Jean-Baptiste Lully)奏响了第一支进行曲，为军队的阳刚之气添上点睛之笔。1661年，吕里奉命担任路易十四的宫廷音乐总监，开始为这位国君担当主角儿的芭蕾舞剧写曲子。1672年，路易十四御准，为皇家音乐学院增设一所舞蹈学校。一年前，博尚(Pierre Beauchamp)奉召担任皇家舞蹈教师。他自创一套系统学习舞步的方法，名为"舞谱"，促进了芭蕾舞的发展。

1687年在退休之际，博尚已经为"高贵之舞"做了厚实的铺垫，让法国芭蕾及法国芭蕾使用的术语成为一种标准，延袭至今。1701年，舞蹈教师弗依耶(Raoul Feuillet)写了一本书，记述了博尚的大部分芭蕾舞作品。书名叫《舞术》(The Art of Describing Dance)，对博尚舞步技巧的"动作标记法"作了详细解说。动作标记法使用一条线标记舞蹈者的动作轨迹，再在线条两侧用黑点标记脚的位置，另外使用一些线和符号表示手臂的动作和其他需要做的装饰性动作。这部新编舞谱一用就用了近一个世纪。1706年，弗依耶的著作被一位名叫韦弗(John Weaver)的舞蹈教师翻译成英语。

那时，韦弗已经在伦敦站住了脚，在正剧开演前加演的小节目中做剧场舞蹈演员。1702年，他在特鲁里街剧院上演了他的舞剧《酒馆骗子》(The Tavern Bilkers)。同时代人评价这部舞剧是"英国舞台表演的首个娱乐节目，剧情和表演仅凭舞蹈和动作表现"。1717年，特鲁里街剧院又上演了韦弗的《战神与爱神之恋》(The Loves of Mars and Venus)、《小丑当法官》(Harlequin Turned Judge)等多部舞蹈哑剧。这时的特鲁里街剧院正跟里奇(John Rich)经营的林肯酒肆剧院开展白热化竞争。酒肆剧院重新装修不久,而里奇也在尝试上演哑剧和舞蹈。1728年,里奇把一个名气不是很大的作者的作品搬上舞台。这个作者就是盖伊(John Gay),作品叫《乞丐大戏》(The Beggar's Opera)。该剧把舞蹈、流行歌曲、喜剧以及对时政的讽刺糅合在一起,剧情是一个头罩面纱的刺客刺杀首相沃波尔(Robert Walpole)。1720年1月28日是《乞丐大戏》的首演之夜,吸引观众1200人。首演季结束前,这部芭蕾舞剧的演出场次已达前所未闻的62场,获得巨大成功。当时民间流传这样一种说法:《乞丐大戏》"富了盖伊,又乐了里奇"。*

在君主制向议会制过渡的时期,政府腐败不堪,讽刺作品颇受人们欢迎。这也是英国文坛两位讽刺巨匠蒲柏[123]和斯威夫特[124]的文学创作如日中天的时期。盖伊认识他们。1714年有一段时间,他们几个都是一个名为"涂鸦社"的民间作家协会的会员。涂鸦社一般是在社员家里聚会,气氛随便,酒饭之余,各自拿出讽刺作品,针砭权贵,互相赏评。涂鸦社名义上是要写一个虚构人物涂鸦(Martin Scriblerus)的回忆录,而真实目的是借涂鸦之名写一些文章,批评当时自诩为智识之士、其实愚顽无知的家伙。那时候,人们还信装神弄鬼,信魔法石和占星术,所以针砭对象多的是,不愁找不到。

招待大家吃喝玩乐最多的社员是阿巴思诺特大夫(Dr. John Arbuthnot),因为他是皇家御医,住在圣詹姆斯宫的恩泽殿里,有条件这么做。阿巴思诺特除了爱好写讽刺文章,还喜欢搞统计分析。1692

---

*原文"Made Gay rich and Rich gay",巧借盖伊(Gay)和里奇(Rich)两人姓氏的本义。——译者

年，他出版大作《概率论》(On the Laws of Chance)，其中有一段名言："人所知事物皆可还原为数理；不能还原为数理，则说明其知识极有限，且混沌不清。"1710年，他又写出《君权神授论》(An Argument for Divine Providence)，想在书中证明决定生男生女的不是运气，而是上苍。他认真研究了伦敦82年以上的生死簿（出生多少，死亡多少），计算的结果是：男孩比女孩生得多得多。这一现象显然违背了概率定律。阿巴思诺特提出一种解释：因为男性要比女性面对更多的生存风险，男性人数多，说明上帝想保证有足够数量的男性活下来，实现人类的繁衍。

这是第一个统计推理的著名例子，它引起了欧洲大陆科学家的关注，尤其是年轻的荷兰数学家斯格拉夫桑德(Willem's Gravesande)。他曾在1715年去英国访学一年，其间，认识了阿巴思诺特，也认识了牛顿，给牛顿留下深刻印象。斯格拉夫桑德在荷兰一直拿牛顿的著作当教材教学生。有一回，法国思想巨匠伏尔泰(Voltaire)专程到荷兰拜访他，请他对自己写的研究牛顿思想的著作发表意见。

那时，伏尔泰正跟红颜知己、秀外惠中的伯爵夫人埃米莉·德·夏特莱(Emilie de Chatelet)同住在法兰西东部的西雷堡。城堡离巴黎很远。巴黎既是伏尔泰历经15载立身为法国文学巨匠、博得盛名之地，也是他直言不讳、惹怒官府，继而处境艰难之所。他曾在伦敦游历三年（参加了牛顿的葬礼），回法国后，于1729年写出《英国信札》(Letters Concerning the English Nation)，招来非议。这本书赞扬英国给予作家创作的自由，还拿法国的君主专制作比，反衬法国政体的种种弊端。

1733年，伏尔泰在经历过无数风花雪月、风流韵事之后结识了埃米莉。他的回忆录是这样开头的："巴黎慵懒而喧闹的生活、一帮纨绔子弟、几册印着官方批准文告和皇家特许状的烂书、蝇营狗苟的文人、玷污文坛的混混的卑鄙和下作,这一切让我厌倦。1733年我遇到一位年轻的女士,她的所感与我略同,而且决意远离尘嚣,退居乡野,陶冶性情。"于是伏尔泰就和埃米莉一起来到西雷安家落户。埃米莉的丈夫是一名军官,一年到头基本不着家,老婆跟别人相好,他似乎也不反对。埃米莉和伏尔泰都属于工作狂类型的,他们各有一个书房,伏尔泰还另设了一间小实验室。两人分头写研究牛顿思想的书,伏尔泰写的是大众普及版,埃米莉则重点写牛顿数学。要说伏尔泰和埃米莉同居,名分不正,而且他俩对仆人不放心,可是没有多久,欧洲的知识精英们就纷至沓来,弄得城堡门庭若市。所以他们在西雷住得也不轻松,一天到晚,客人们一会儿举办魔灯会,一会儿搞哲学辩论,一会儿演戏,一会儿诗朗诵。1738年伏尔泰的《牛顿哲学要义》(*Elements of the Philosophy of Newton*)付梓,很快大获成功。在伦敦,这本书把伏尔泰抬进了皇家学会。1758年,在埃米莉去世几年后,伏尔泰在瑞士的富尔尼买了一幢别墅,隐退于此地,过上了"采菊东篱下"的日子。1765年,他收到一位意大利学者寄来的信,信里谈到蜗牛和昆虫的灵魂问题。

这位意大利学者叫斯帕兰扎尼(Lazzaro Spallanzani),时任意大利北方学府帕维亚大学的自然史教授,多年来一直研究某些动物的再生能力,比如蜗牛、蠕虫、火蜥蜴等。他发现他把这些小动物切掉一段,被切掉的部分还会长出来。有些蠕虫被切成两段后,分离的两段会发育成两条独立的个体。这一发现提出了一个神学问题:灵魂是不可见的,一条蠕虫变成两条蠕虫,每条蠕虫自然各有一个灵魂,那么多出的那个灵魂从何而来?斯帕兰扎尼说,这个灵魂肯定是一直藏在某种卵里面。此言一出,标志着现代生殖生理学的发端。

斯帕兰扎尼的另一项研究大大发展了同时代的一个观点。这个观点是英国微生物学家尼达姆(John Needham)首先提出来的。尼达姆认为,在显微镜下能够看到微生物有一种"生长力",奶酪里会生蛆、地毯里会生蛾子等现象都能用生长力来解释。他认为,这类生物都是由奶酪和地毯里的生长力自然创造出来的。但斯帕兰扎尼不这么看。他开始收集材料,证明尼达姆说得不对。1761年,他用烧瓶取来一瓶脏水,以前他通过显微镜看见过脏水里的微小生物。他把水煮沸,又烧化了瓶嘴玻璃,将烧瓶密封起来。这样里面的微生物全死了。可是就在他观察的时候,活的微生物又出现了。因为这些微生物只是在烧瓶被打开之后才出现的,所以斯帕兰扎尼认定,微生物是通过空气进入瓶中的。这个实验和巴斯德[125]做的那个实验几乎一模一样,只是100年后,人们把功劳全记在了巴斯德头上。

盛名之下的斯帕兰扎尼被当作原型写进一篇德国小说,变成了作者霍夫曼(E. T. A. Hoffmann)笔下的"巫师科学家",后来又被德里布(Delibes)编进芭蕾舞剧《葛蓓丽娅》(*Coppélia*)。霍夫曼当过律师,做过剧院经理,后来改行当芭蕾舞剧、歌剧的编剧,小说作家。他的小说属于"心理"小说形成期的作品,故事情节往往诡异怪诞,人物不是幽灵就是变态。有些故事被作曲家改编成音乐剧,如瓦格纳(Wagner)的《纽伦堡的名歌手》(*Die Meistersinger*)、奥芬巴赫(Offenbach)的《霍夫曼的故事》(*Tales of Hoffmann*)、柴可夫斯基(Tchaikcovsky)的《胡桃夹子》(*The Nutcracker Suite*)都借用了霍夫曼的小说情节。

1816年,霍夫曼被任命为柏林上诉法院的律师。两年后,他负责调查雅恩(Friedrich Jahn)的活动。雅恩被指控秘密结社造反、企图推翻政府,而后蹲了6年大狱。雅恩是个民族义士,1806年德国被法国打败,雅恩便奋然而起,发动运动,多方游说大小诸侯国的日耳曼人团结起来,为建立一个独立自由的国家而斗争。雅恩争取支持者的办法就是创办体育俱乐部,向青年人灌输征战杀伐所必需的纪律意识、战友情谊、服从精神。德国要立国,征战杀伐是免不了的。雅

图28　19世纪早期德国的一家体操俱乐部。运动员常穿着宽松的棉夹克和长裤。

恩的俱乐部如雨后春笋般迅速遍及德国,很快就演变成为一个个慷慨激昂、指点江山、议论大事的热闹场所。

1819年,德国保守派大佬科策比(August von Kotzebue)因政治原因遭谋杀,普鲁士政府实施镇压,体育俱乐部一律查封,禁止言论自由。雅恩的一个追随者阿道夫·福伦(Adolf Follen)因散发颠覆政府的文章被捕受审。尽管阿道夫最后被无罪释放了,但是他的兄弟兼战友卡尔·福伦(Karl Follen)还是决意在1820年逃离德国。他先去了瑞士,后又于1824年去了美国。1825年,他在马萨诸塞州的坎布里奇落脚。刚到不久,他就去哈佛给学生开体操课,接着利用该校的一个食堂办起了美国第一个院校体育馆。几乎在同时,附近又有两个体育馆开张,一个在波士顿,一个在诺桑普顿,都是德国人开办的。1850年,美国已经有100个由德国移民开办的室内体育俱乐部,这些移民大部分是自由派和社会主义者。

尔后,美国有了第一批将体操列为活动内容的组织,基督教青年会便是其中之一。1851年,基督教青年会在波士顿开设了第一个分会。同年,基督教青年会收到一位名叫迪南(Henri Dunant)的日内瓦青年的来信,信上说,他是一个瑞士基督教青年社团的领袖,提议把各地类似的社团组织起来,成立国际性的基督教青年会。1855年,得益于他的促动,第一届世界基督教青年会大会在巴黎召开,比利时、法国、英国、加拿大、德国、荷兰、瑞士和美国均派代表出席。大会成立了基督教青年会世界联盟,提议开会的日内瓦人迪南是联盟宪章的主笔人。

4年后,迪南跑到意大利北部的小村子索尔弗里诺,与法国皇帝拿破仑三世[126]见面:法国军队要和奥地利军队打仗了,拿破仑三世亲自坐镇观战,迪南也等着观战。1859年6月14日,双方兵将共计35万人交锋,杀成一团,死伤逾4万。在山坡上观阵的迪南深为战争的野蛮和惨烈所震撼。战斗结束后,迪南在附近的卡斯蒂格里奥纳镇组织当地的百姓收治交战双方的伤员。他们不辞辛劳,没日没夜地忙了三天,救活了数百名青年。

三年后,迪南发表《索尔弗里诺手记》(*A Note on Solferino*)。他在书中写道:"和平时期可以把受过训练的志愿者召集起来,战斗结束后去照料伤员;随时随地,只要需要,志愿者们都能做到召之即来……交战国应当认可志愿者,给予他们一切援助……应该召开一次大会,认真讨论一下这类构想。"迪南走遍欧洲各国,苦口婆心地游说帝王将相,终于在1864年,他在日内瓦成功召开了一次会议。这次会议上成立了红十字会,还签订了战时救治伤员的日内瓦公约。

那时候,红十字会在战场上最先碰到的、也是最急迫的手术是输血。通常的做法是将献血者和受血者的血管对接起来,但操作起来非常困难,而且受血者输完血后常常莫名其妙地就死了。怎么会死呢? 1900年,这个谜终于被解开了,解谜人是一个名叫兰德施泰纳(Karl Landsteiner)的奥地利医生。他发现甲身上的血可以使乙血液里的红细胞"凝集"。凝集反应会使毛细血管阻塞,损害机体,甚至造成死亡。兰德施泰纳还发现,血液里含有两种"因子"能引起凝集。

他把这两种因子命名为A型因子和B型因子。有些人有A型因子,有些人有B型因子,有人兼而有之,还有人两者全无。所以一个人的血型或是A,或是AB,或是B,或是O。1900年,兰德施泰纳在一篇文章的脚注里提到这个发现,并因此获得诺贝尔奖。

除了兰德施泰纳,还有一个人解决了输血手术中的另一个技术难题——血管缝合,他也获得了诺贝尔奖。他使用一种非常简单的技术(即"三线缝合术"),轻而易举地就接通了血管,令人叹为观止。他用三根缝线将两段血管相距等长的三个点缝合起来,然后牵拉其中的两根缝线,将缝线间的血管壁拉直缝合,依此法将血管缝合完毕,放开血管,恢复其自然管状,实现血管接合。这项医疗技术后来以发明者的名字命名,发明者就是卡雷尔(Alexis Carrel)。与兰德施泰纳一样,他曾在纽约的洛克菲勒医学研究院待过一段时间。发明这种血管缝合术还在其次,卡雷尔的终极目标是实施器官移植手术。而要做到这一点,他得想办法用氧和营养物质暂时维持离体器官的活性。

1930年,有一位人士为维持离体器官活性作出重要贡献。这位人士曾经和卡雷尔共事多年。他对一个可以灭活杀菌的玻璃输液泵做了改进,卡雷尔用它让一个肾脏存活了几个星期。制造输液泵的人叫林白(Charles Lindbergh)*,3年前他驾驶单翼机独自完成人类首次跨越大西洋的飞行。林白娶了美国大使莫罗(Dwight Morrow)的女儿为妻。办完喜事,莫罗前往伦敦参加裁军会议。会议的一个议程是重申1919年凡尔赛条约对德国海军的限制,德国新造舰船不得超过3艘,且单舰排水量不得超过1万吨。

1936年,德国的第一艘新军舰"格拉夫·施佩海军上将"号下水。

---

* 又译作林德伯格。——译者

"施佩"号和另外两艘姊妹舰巧妙地避开了凡尔赛条约设置的种种限制,炮火威力堪与大型战列舰匹敌,又比巡洋舰跑得快、跑得远。第二次世界大战刚一开战,"施佩"号就击沉英舰9艘,将俘获的英国船员押到"施佩"号的补给船"阿尔特马克"号上。1939年12月,"施佩"号遭英舰追击。经过短暂的交火,"施佩"号撤退到离乌拉圭的蒙得维的亚湾不远的中立海区暂避一时。乌拉圭限德舰4天内离开。德国最高统帅部命令舰长将船炸沉。尔后,英国人又瞄上了德舰"阿尔特马克"号。两个月后,英舰在挪威的一条峡湾里找到它,解救了押在上面的全部英舰战俘。

图29　1927年5月,林白驾驶单翼机飞越大西洋。图为林白在飞行结束后站在他的单翼机前。

希特勒把英军入侵中立区视为英国要入侵挪威的信号,于是他赶在英军前头,实施了他的入侵挪威的计划。1940年4月8日,德军开进挪威。3个星期后,德军在奥斯陆以东的留坎镇的弗默克水电厂部署防卫,里三层外三层地将水电厂围得密不透风。之所以这样做是因为水电厂关系到纳粹的一项绝密科研计划,该计划需要使用一种特殊的水。

大家可能都听说过原子核的链式反应。造成链式反应的一个关键因素是减慢中子的速度,慢到让它在百亿分之一秒的时间内不能穿过铀原子的原子核。速度越慢,中子撞击铀原子核的机会就越多,撞裂的机会也就越多,撞击原子核所释放的粒子继而再撞裂其他原子核,就这么一直撞下去。在不加控制的情况下,这种"链式反应"便会形成一次核爆。

弗默克水电厂当时正在生产能减缓首次中子轰击速度的材料，这种材料叫"重水"。为什么叫"重水"？因为普通的水经过大量的电解后，可以被"浓缩"。这一浓缩，它的摩尔质量就比一般水分子要大。普通水的分子由2个只有质子的氢原子和1个氧原子组成，而重水分子中的氢同位素氘比一般氢原子多1个中子。如果在中子源和铀原子之间放上重水，氘的原子会减慢中子速度，引发链式反应。

这还了得！难怪1943年2月27日夜，一支盟军突击队（全是"自由挪威人"这个抵抗组织的战士）钻进弗默克的重水工厂，将其炸毁。烟尘升空，重水泻地，希特勒造原子弹的计划顿时成了无米之炊。

10 联系

1951年3月25日,《纽约时报》(The New York Times)头版报道了一则惊人的消息:阿根廷成功地运行了一个核聚变反应堆。有传闻说,20世纪40年代后期,阿根廷独裁者庇隆(Juan Peron)逐渐疏远本国的科学家,却在一座孤岛上专门为德国科学家里希特(Ronald Richter)建立了一个实验室。阿根廷报纸发布的一条消息说,1951年2月16日就在这座实验室里,"进行首轮测试,获得圆满成功。测试运用新方法,实现了原子能的可控释放。"除此之外,再没透露任何细节。

欧美国家的科研人员怀疑这一消息的真实性。这不难想象。驾驭核聚变有许多超乎寻常的技术难题,其中之一就是模拟太阳内部的各种条件。如太阳中心温度高达1500多万摄氏度,聚变过程以每秒500万吨的速度将物质转化为能量。在太阳环境里,质量很小的氢原子异常炽热,并以极高的速度运动。两个氢原子相撞后聚合,形成一个质量较大的氦原子。聚合时,以光、热及中子的形式释放出极大的能量。太阳的重力场非常巨大(比地球的重力场大30万倍),它可以把白炽的氦气压缩到很高的密度,相当于铅密度的10倍,热核反应就在此过程中发生。氢原子受压缩的时间足以让原子以极高的频率发生碰撞。所以,核聚变必须具备3个条件:高温、高压和长时间的气体约束。

阿根廷公布上边那条消息的时候,有一位叫施皮策(Lyman Spitzer)的美国科学家正在科罗拉多滑雪度假,他心里一直揣摩些想法。在他乘滑雪缆车,慢悠悠地向雪坡坡顶进发的时候,想必这则新闻让他禁不住对核聚变问题浮想联翩。他是搞天体物理学的,比较了解恒星的聚变过程,早年还参与过氢弹研制的理论设计工作。

施皮策知道,把一种气体加热到聚变所需的高温是可以实现的,因为他近期研读过瑞典物理学者阿耳文(Hannes Alfven)的著作,这本书主要探讨磁场对宇宙中热气体的影响。过热气体通常带有电荷(即"离子化"),离子化的粒子会被磁场吸引。施皮策还知道,地球上没有哪种物质能够承受1亿摄氏度的高温。但在理论上这个问题是可以解决的,那就是把过热带电气体(即"等离子体")约束在一个有磁场的容器内。1个月后,施皮策把自己想设计一种试验性聚变发生器的想法提交给设在华盛顿特区的美国原子能委员会。施皮策的聚变发生器设计出来后,被称为"仿星器"(stellarator),其原理是:通过引入电流来加热等离子体,并将过热等离子体约束在一个密闭的"8"字形的管道内,这样管道内会形成复杂的磁场网。施皮策的仿星器是第一个试验性核聚变反应堆,从那时一直到20世纪末,全世界建造了若干个聚变试验反应堆。

在21世纪研制一座成功的聚变反应堆,其价值是不可估量的。聚变释放出来的高能中子可以产生热量,把水加热至沸腾,而水蒸气又可以驱动汽轮发电机发电。现已发现,近期才开发出来的聚变燃料——氘和氚资源十分丰富。聚变反应堆比较安全,因为一旦出现重大故障,磁约束环境就随之瘫痪了,聚变过程便会马上终止。核聚变电厂不但不会产生污染物,还能大大减少化石燃料的使用量。要知道,目前普通热电厂都是靠燃烧化石燃料发电的。此外,核废料也不是问题,因为与核裂变相比,核聚变产生的废料的放射性要小得多。

超导技术让核聚变的应用前景更加诱人。超导材料能够以接近零损耗的效率传输电能,因为用超导材料制造的电缆对电流形成的阻抗只相当于普通电缆的几百万分之一。就电力输送而言,这就意味着长距离输电不再需要中继增压电站作为辅助设施。

1911年,诺贝尔奖获得者、时任荷兰莱顿大学实验物理学教授昂内斯(Heike Kammerlingh Onnes)首次发现超导现象。昂内斯下大工夫钻研超低温问题,没过多久,他的实验室的低温学研究就走在了世界前列。昂内斯认为,某些材料在逼近绝对零度或者零下273摄氏度时就会发生某种变化。1898年,杜瓦(James Dewar)把氦气液化,昂内斯很快决定使用液氦研究他设想的低温变化。德国柏林的科学家能斯特(Walter Nernst)从理论上解释了超导现象。他的结论是:纯金属的温度越低,对电流形成的阻抗就越小;至绝对零度时,金属的电阻便完全消失。昂内斯以前用铂和金做过实验,他发现,金属只要有一点点不纯,其电阻率就会比纯金属的电阻率高。后来,昂内斯发现最好用的金属是汞(水银),因为汞在室温下呈液态,很容易蒸馏,经过反复蒸馏,可以得到纯度极高的汞。

1911年昂内斯注意到:在温度降至氦气沸点之上(逼近绝对零度)时,汞的电阻急剧下降;温度刚低于氦气沸点,汞的电阻就完全消失了。他用浸在液氦里的一卷超导铅丝反复做实验,取得了意想不到的结果:一旦在铅线圈内形成电流,即便关闭电源,只要铅线圈保持超导温度,电流就一直存留在铅线圈里。昂内斯称其为"持久电流"。他将这股电流在铅线圈内保留了2年,直到实验终止。

气体液化技术对昂内斯帮助很大。早在距此34年前,瑞士科学家皮克泰(Raoul-Pierre Pictet)就研究出了该技术;与他同为英雄的是法国科学家卡耶泰(Louis Paul Cailletet)。卡耶泰之所以对低温学有那么大贡献,是因为一场事故深深触动和激励了他。早先,卡耶泰一边经营父亲的炼钢炉,一边跟各种气体打交道,渐渐对如何从熔炼的烈焰里提取物质产生兴趣。1877年,他着手研究气体液化。那时候,人们认为有6种气体是恒定的(即在自然状态下是气态):氧气、氮气、氢气、乙炔[127]、二氧化氮和一氧化碳。

卡耶泰先拿乙炔做实验,结果有了意外发现。他的思路是施加60个大气压使乙炔液化。可是气压还没加到60个大气压,他的液化装置就爆出一个口子,加在压缩气体上的压力骤然衰减。卡耶泰一直观察装着压缩乙炔的玻璃缸。他注意到,压力骤减时,玻璃缸内呈现一层薄雾。他马上意识到压力下降使乙炔气体凝聚,产生了微小的液滴。凭着这个经验,他又多次制造类似的降压设备,从氧气开始,将大气中含有的气体逐一试验了一遍。1877年12月2日,他给氧气施加300个大气压,用二氧化硫蒸气包裹氧气,第一次将氧气的温度降至零下27摄氏度。卡耶泰重施乙炔实验的故伎,猛然减压,氧气随之凝聚成液滴。

1889年,巴黎埃菲尔铁塔[128]竣工,此事意外地成全了卡耶泰对压力的其他特性的研究兴趣。他随后在埃菲尔铁塔上安装了一个长900英尺的压力计,沿塔身自下而上搭建。压力计有一个透明的管子,里面灌有若干种液体。管子的底端连着一个压力源,上端敞口,与大气相通。有了它,卡耶泰就能计算出每一种受试液体产生的总压力。

埃菲尔铁塔为其他与空气压力有关的实验提供了条件。铁塔的设计师埃菲尔(Gustav Eiffel)从铁塔上扔下几块形状各异、绑着细铁丝的小平板,测量它们坠落的速度。实验证明:物体表面越方正,通过空气时,空气的阻力越大。1906年,埃菲尔在铁塔脚下建了一个风洞,首次证明气流从翼翅的凸面上通过比从翼翅下方通过产生的升力大。

埃菲尔懂得很多空气运动的知识。他在建造铁塔之前就是法国最伟大的工程师，专门从事高难度的铁路大桥的建筑设计工作，法国、葡萄牙、印度的江河峡谷上都有他设计建造的铁路桥。他建的每一座桥都是由钢筋铁骨精构妙连而成的奇迹，扛得住高强度的风荷载。1886年，法国政府打算建造世界第一高塔，作为1889年巴黎博览会的标志性建筑。埃菲尔精通熟铁技术，是唯一能胜任这项工作的工程师。考虑到塔身承受的风荷载大小不等，用生铁铸造太脆，用钢又容易变弯，塔身必然左摇右晃，最后生生地晃塌。

埃菲尔最擅长格架结构，埃菲尔铁塔就是一座完美的格架结构建筑。埃菲尔将金属结构的尺寸减到小得不能再小，保证万无一失。在建筑精度方面，他也做得很完美（比如打铆钉的眼儿，定位误差不超过1/10毫米）：他把塔的基座安装在液压千斤顶上，千斤顶可以精准地抬高或降低塔身的16根墩桩，确保墩桩绝对水平。埃菲尔采用这套办法，使铁塔工程顺利进行，即便是在铁塔的施工高度接近1000英尺时，塔体仍然保持着绝对垂直状态。

其实，就在拿到铁塔工程合同前不久，埃菲尔丰富的风荷载知识还为他赢得了一项特殊任务。一点不夸张地说，这个任务是法国政府为了实现国家政治稳定而做的一次尝试：赠给美利坚合众国一件非同寻常的礼物。

这件事的策划人是巴托尔迪（Frédéric Bartholdi）。1871年，他作为温和的共和派知识分子团体的代表被派到美国。该团体人数不多，但影响可不小，他们最担心的是法国刚刚败在德国人手下，人心不稳，已有政局动荡的征象。在这种情势下，法国皇帝拿破仑三世[129]出逃，第三共和国宣告成立。但是法国的民主政体基础并不牢靠，保皇派主张复辟，恢复帝国旧貌，而革命者则想建立一个极左国家，温和派夹在两派中间不知所措。巴托尔迪打算将法国民众的思想拉向温

129	26	31
129	116	201
129	126	220

图30　拉扎鲁斯像。她为自由女神像赋诗一首，题为《新巨像》(The New Colossus)。

和派，办法就是搞一次公共活动，把羽翼未丰的法兰西共和国和大洋彼岸的民主强国连接在一起；100年前，是法国出人出钱帮助美国，美国才赢得独立。

法国送去的礼物就是"自由女神像"。这份厚礼还得靠两国一起出钱出力才能变得实实在在，而一经共同出钱出力办成此事，法国跟美国的政治联盟就算是办妥了。自由女神像要伫立在纽约湾，任野客蛮人踩踏登攀，支撑结构一定得造得结实，而建造支撑结构的理想人选当然是埃菲尔。1886年10月28日，自由女神像终于落成了。美国方面为女神像集资筹款的全部功劳几乎可以记在一个人的头上，这个人就是《纽约世界报》(New York World)的老板普利策(Joseph Pulitzer)。要不是他，兴许自由女神像难在美国安家。当初很多美国人对女神像抱着无所谓的态度，为了赢得民众支持，普利策四处游说，不遗余力，大讲女神像的意义。他把每一位捐款人的名字印在他办的报纸上，钱再少也有名儿。此举后来竟然闹出一种荒诞的说法，认为女神像是小学生捐款落成的。

法国人打算给塑像起个名字，叫"自由照耀世界"，意在让这座神像直观、深刻地给所有的美国人提个醒，让他们记住法兰西文化的优秀品质，记住美国欠法国一笔政治债。可是，他们的盘算落空了，女神像的全部政治意义让一个年轻的犹太女诗人挥起纤笔抹了个干干净净。这位女诗人名叫拉扎鲁斯(Emma Lazarus)。1883年，几位著名的诗人应邀为女神像吟诗作赋,并答应其作品可以被拍卖。拉扎鲁斯写了一首诗,这首诗被选中在女神像落成仪式上朗诵,之后又被铭刻在塑像基座的一块饰板上。塑像的基座是在美国修建的,钱也是美国人出的。拉扎鲁斯这首诗的最后几句把自由女神像由法兰西偶像彻底地变成了美利坚的象征——美国才是自由之乡:

"扼守你们旷古虚华的土地与功勋吧!"她呼喊,

颤栗着缄默双唇:

把你,

那劳瘁贫贱的流民,

那向往自由呼吸、又被无情抛弃,

那拥挤于彼岸悲惨哀吟,

那骤雨暴风中翻覆的惊魂,

全都给我!

我高举灯盏伫立金门!

除了写这首诗,拉扎鲁斯还做了另一件让她永载史册的事情。她单枪匹马地发起了犹太复国运动,要在巴勒斯坦建立犹太人自己的家园。1881年,沙俄和德国大搞反犹计划,成千上万的犹太人被残杀,家园被毁弃,财物被抄没。拉扎鲁斯获知这个惨烈恐怖的消息后,就开始为犹太人的命运奔走努力。那场劫难有4000幸存的犹太人移民到美国。拉扎鲁斯在报纸上撰写文章和诗歌,抨击犹太新移民所遭受的迫害,对他们进入美国之前被滞留在沃德岛、生活条件恶劣的情况提出抗议。

1882年她写道:犹太民族……"必须建立一个独立的国家"。同年,一个叫奥利芬特(Laurence Oliphant)的英国人告诉她,他也在为创建犹太国开展活动,已经努力了3年。这个奥利芬特并不是犹太人,他在巴勒斯坦给拉扎鲁斯写信,说他一直筹划着在巴勒斯坦弄一片像样儿的土地,力争获得占领巴勒斯坦的土耳其当局的许可,给欧洲的犹太难民建几个居民点。他给拉扎鲁斯写信是想让她帮忙说服美国政府敦请俄国人劝告土耳其人,允许罗马尼亚的犹太人到巴勒斯坦定居。

1888年,奥利芬特和罗莎蒙德·戴尔·欧文(Rosamund Dale Owen)[130]结为夫妻。欧文就是把斯密森法案提交到美国参议院讨论的那个人的外甥女。没等夫妇俩退休,奔向他们安在巴勒斯坦的新家,奥利芬特便撒手人寰了。奥利芬特这辈子活得非同凡响。当年,他父亲是英国派驻斯里兰卡的大法官,而奥利芬特就在斯里兰卡当律师。1853年,奥利芬特喜欢上了写游记,《伦敦每日新闻报》(*London Daily News*)聘他报道"克里米亚战争"爆发前的情况。1854年奥利芬特去加拿大和美国旅行。随后一年,他为伦敦的《泰晤士报》报道"塞瓦斯托波尔之围"。之后,他又到美国去了一趟。在接下去的几十年里,奥利芬特去过中国、日本、朝鲜、意大利、波兰、摩尔多瓦、阿尔巴尼亚、法国、德国,最后去了巴勒斯坦。

1857年,他在中国给八世额尔金伯爵(Earl of Elgin)当私人秘书。那时候,额尔金正忙着搞炮舰外交,用武力迫使中国答应英国的条件,打开国门,实行通商,接受鸦片自由贸易(英国人将鸦片从印度运到中国,充抵货款)。额尔金伯爵拿枪炮说话,火烧北京的圆明园,逼大清帝国就范。事后,额尔金觉得不该诉诸武力,尤其是损毁那座古老的园林确实是一大憾事。

额尔金的父亲对名胜古迹的看法跟他儿子差不多。1799年,七世额尔金伯爵被任命为英国驻土耳其大使。当时人们对古董和古希腊的东西很热衷,老额尔金也跟风,他在威廉·汉密尔顿爵士[131](汉密尔顿是个古董商,妻子叫埃玛,与纳尔逊勋爵私奔的女子就是她)的帮助下，不晓得使了什么手段，得到土耳其占领当局的许可，在雅典的帕提侬神庙周围搭起脚手架。他搭脚手架是想用石膏把帕提侬神庙上的雕刻都拓下来，做成石膏模子。土耳其人还允许老额尔金"随意拿取带有古代铭文或人像的石片"。帕提侬神庙坐落在雅典卫城，建于公元前447—前432年，是一座多利斯型的庙宇。当年佩里克莱斯（Pericles）执政，实施了一个庞大的市政工程建筑计划，要把雅典建成城邦联盟首屈一指的帝都。帕提侬神庙可谓佩里克莱斯建设计划里无与伦比的荣耀之作。

19世纪初，希腊的荣耀已经从雅典消失殆尽，雅典沦落得像个破败的小县城，脏兮兮的，共有房舍1200间。帕提侬神庙也是一片废墟。15世纪时，土耳其人把它辟为清真寺，后来又用作火药库，再后来它被雷电击中，雷电引爆了火药，遂使庙宇损毁。1687年，威尼斯人的炮弹掀掉了神庙的屋顶，破坏了部分柱廊。1800年，土耳其人忙着搬走神庙上比较大的石块和雕像，将它们磨成灰粉，做成灰浆。神庙柱廊内的墙壁上有一圈中楣浅浮雕，环绕整个神庙，气势恢宏，精美绝伦，损坏并不严重；神庙外侧回檐上也有浮雕，雕刻在大理石方板上，凸凹毕现，几乎纤毫未损。老额尔金见浮雕状况良好，便决定不再一块块做石膏模子，而是直接将它们拆下来保存。

他要拆走的就是后人熟知的"额尔金大理石雕"。这个工程耗时9年多，花钱无数，差点让老额尔金伯爵倾家荡产。而他的这个举动并没有博得英国人的一致赞同。英国诗人拜伦[132]在《恰尔德·哈洛尔德》里把老额尔金骂得一塌糊涂*，说他是"从血染的土地上掠抢最后一丝薄财"的"犯百重罪、做千般恶、愚顽不化、难觅伯仲的竖子小人"。1815年，他专门就老额尔金拆庙夺宝这件事写了一首诗，骂老

| 132 | 30 | 41 |
| 132 | 60 | 104 |

---

* 参见《恰尔德·哈洛尔德游记》第2章第11节、第13节。——译者

额尔金"冷若英伦海岸上的岩石,胸无点墨,心硬如铁"。不管对老额尔金的人品作何评价,有一点是没有异议的,即额尔金大理石雕是"我国历史上从未有过的精美之物",这是提交给英国议会下议院特设委员会的证词中的一句话。这个特设委员会成立于1816年。后来说定,政府出资30 000英镑从老额尔金手里买下这批大理石雕,交大英博物馆收藏。老额尔金也没办法拒绝,光是拆运、保管这些大理石雕他就花了大概74 000英镑,而为操办整件事,他下的本钱更多,若不赶快把东西出手,弄不好就会败了家业,还要累及子孙后代。

1816年,下院特设委员会请来几位专家议事,其中一位就是托马斯·劳伦斯爵士(Sir Thomas Lawrence),他十分赞成由政府出资收购这批古物的决定。那时候,劳伦斯是全国最负盛名的肖像画家,摄政王(Prince Regent)和威灵顿公爵(Duke of Wellington)等人前不久还请他画过像。劳伦斯年少时就显露天赋,11岁给人画像,赚了不少钱。1787年,他被录为皇家学院成员,开始为富豪名士画像。从此劳伦斯迅速出名,出名的原因是他不会来事儿,对他描画的对象没有表现出人家习以为常的巴儿狗式的恭敬。有一回,他为俄国沙皇画像,沙皇埋怨他画得时间太长,劳伦斯回答:"长就对了,先生!"1789年,劳伦斯应邀为卡罗琳王后(Queen Caroline)和阿梅莉亚公主(Princess Amelia)画像;1790年,她们的肖像被送到皇家学院展览,赢得一片盛赞。两年后,劳伦斯被任命为乔治三世国王(King George Ⅲ)的御用画师。

图31 劳伦斯画的卡罗琳王后。图中身兼雕塑家的卡罗琳手里拿着凿子。

劳伦斯担当御用画师时正值乔治三世的健康每况愈下。他的御医是一个苏格兰人，名叫约翰·亨特(John Humter)。约翰17岁时才识字念书，后来到格拉斯哥跟着小舅子学木匠手艺。小舅子的生意做垮了，约翰便于1748年被打发到伦敦，跟他的哥哥威廉(William)一起过。威廉办了一所解剖学校，约翰在那很快就混出些名堂，他的解剖本领十分惊人，其技之高，颇有"奏刀騞然，莫不中音"的意思。刚做满1年，威廉就让他为每堂解剖课准备"标本"（一般是被处决的罪犯的尸体）。约翰跟着威廉一气干了11年，之后他当了3年外科军医，其间，著有《血液、炎症与枪伤概述》(A Treatise on Blood, Inflammation and Gunshot Wounds)。再后来，他娶霍姆(Anne Home)为妻[霍姆为作曲家海顿(Haydn)写过多首歌词]，出版了第一部讨论牙病治疗的学术专著*。1744年亨特担任人道协会[133]的执事，事业隆盛，并开始醉心于他的几样爱好：豪猪、鲸的身体结构、鳕鱼的听觉。1759年，亨氏解剖学校录取了一名新生休森(William Hewson)。1762年，约翰因为身体不好，退休不干了。休森听过威廉的解剖课，又和约翰住在一块，于是他接替约翰担任助教，后来成了威廉的合伙人。

1774年，休森不幸染病，行将亡故。4年前，他娶妻成家，妻子名叫玛丽·斯蒂芬森(Mary Stephenson)。在18世纪50年代和60年代，有一些房客租住玛丽的房子，其中一位就是富兰克林[134]，他前后两次租住玛丽的房子。富兰克林第一次来英国是在1757年，目的是为宾夕法尼亚讨得一份权利，即允许他们抬高几种捐税的税率。第二次来是提意见，抗议英国人只向北美殖民地征税，就是不给予他们议会代表权。第二次的历史意义更强，但却没能成功。富兰克林回到美国，参与领导了若干事件，最终促成北美13个殖民地于1776年签属

133　5　8

134　15　19

---

* 即《论人类牙齿的进化》。——译者

了《独立宣言》(Declaration of Independence)。休森去世后的那几年，富兰克林多次劝说玛丽跟他去美国生活。有一回他写信给玛丽："倘使离英伦而适美利坚有益于君之小家，君与吾偕老……乃吾幸之至矣。或去或留，悉凭君意；一旦虑定，则吾可为君备房屋一幢，与吾居舍相邻，或另安排，以随君便。"1786年，玛丽真的去了费城，照料富兰克林三年半，直到他去世。

富兰克林因为钻研电的性质赢得了国际声誉，算是名至实归。另外他还做了一些没有研究电有名的工作：美国独立之前，他多次跨过大西洋前往英国；美国独立之后，他以美国公使身份多次前往法国。1769年，富兰克林听人说，往返于大西洋两岸递送邮件的快船，从美国到欧洲一路走得都比较顺利，但是从欧洲返回美国却慢得出奇，要多走近两个星期。那时正值美国宣布独立前夕，英美关系比较紧张，延误邮件投递是件很敏感的事。富兰克林找到福尔杰(Timothy Folger)船长，让他出主意。福尔杰是富兰克林母亲的一个远房亲戚，在南塔基特岛*附近的海上开捕鲸船已经好多年。福尔杰跟他讲海里有条神秘"暗河"，捕鲸的渔民都知道，这条暗河先顺着美国的东海岸向北流，然后转弯流向欧洲。他说的暗河就是洋流。捕鲸手往东行船时，可以借洋流之力提高航行速度，但返回时就要左弯右转，跨流前进，避免逆流而行。

1775年后，富兰克林多次到大西洋彼岸。他趁乘船之便，对这股神秘的洋流进行考察。每天从清晨到深夜，他用一个带瓶塞的瓶子测量洋流和洋流以外海水的温度。他将瓶子沉到水下210英尺的地方，水压把瓶塞压进瓶内，灌入海水；然后，他迅速提出瓶子，测量水温。他用这个办法摸清了洋流的轮廓，洋流的水温比周围海域的水

---

* 南塔基特岛(Nantucket)位于马萨诸塞州东南，19世纪早期是美国捕鲸业中心，现为避暑胜地。——译者

温高,温差最高可达14摄氏度。掌握了水温特征,富兰克林成功地绘制出一张洋流图,这是第一张详细标注墨西哥湾流的地图。

富兰克林的湾流温度表采用的是华氏温标,因为那时候华氏温标已经使用得相当广泛。以前可不是这样,一直到18世纪,常见的温度计量体系还多达十几种,那是个"百花齐放"的时代。可是等到科学技术的发展对温度计量提出更高、更精确的要求时,这种"百花齐放"的局面就有点添乱了。这个问题最终被华伦海特(Daniel Gabriel Fahrenheit)解决。华伦海特生于但泽,是一个仪器制造师,早年被送到阿姆斯特丹学做生意。1707年,21岁的华伦海特离开阿姆斯特丹,到欧洲各地游学10年,其间,走访了仪器制造业的同行和科学人士。他的第一站是德国,接着(1708年)又去了丹麦。他在哥本哈根结识了哥本哈根前任市长罗默(Ole Roemer),此人业余爱好是搞科研,很有才华。华伦海特观摩了他做科研的过程。1717年,华伦海特回到阿姆斯特丹,以仪器制造商的身份做生意,兜里常揣着他在罗默那里记的观摩笔记。

罗默用水银温度计测量一名健康男性的腋窝温度,并标记水银的位置;然后他将温度计浸没在快要结冰的水里,待水银落定,再做标记。由于冰和盐的混合物的温度可能最低,所以罗默把它记为零。将温度上限(沸水)设定为60,则冰水的温度为7.5(汞柱由下向上1/8处),健康人的腋下温度为22.5(汞柱由下往上3/8处)。

为了让温度计量更精确,华伦海特拓展了罗默的计量法:每个数值都乘以4,这样冰点温度变为30,腋下温度变为90。但是这样一改会产生小数,看着别拗。为了消除小数,又为了让读数均能被8整除,他把冰点温度记为32,腋下体温记为96。此后又对腋下体温(血液温度)做了一点点调整,调至98.6,由此确定了现代温度计的刻度。后人将这份功劳计在了华伦海特头上,因为罗默的私人笔记被一把火烧了，他琢磨温度计的事200来年基本没人知道。

不过，罗默还是留了名的，留名原因跟宇宙苍穹有很大关系。早年，确切地说是1671年，罗默还在丹麦天文学家第谷[135]的天文台（位于丹麦和瑞典之间的汶岛的乌兰尼堡）搞天文学研究。这期间，有一个途经丹麦的法国天文学家来天文台参观，他说动罗默给他当助手。法国要搞一个大项目，更新天文表，就像第谷本人制成的天文表一样。而他此次参观的目的是查验天文台的精确坐标，这也是法国大项目的内容之一。于是，罗默奔赴巴黎，用数年时间研究一个奇思妙想，那还是他在汶岛观天时所产生的想法。

罗默为法国人测量天上的精确坐标之一是木星的卫星"木卫一"（Io）隐现的方位和时间。天体时间的精确时刻对于航海的水手来说是非常重要的，因为他们要借之计算出船在海上的经度位置，经度位置一般都是用天体事件发生的时间与船出港时天体事件出现的时间相比较来确定的。根据所观测天象的时间差，水手就知道自己往东走了多远，往西走了多远。罗默观测木卫一时就开始琢磨：木卫一消逝的时间怎么会随着木星和地球之间的远近而变化呢？随后，他得出一个极其重要的结论：木卫一消逝时间的不同肯定是因为光速是有限的（而不是瞬时即达的，自亚里士多德时代以来，人们就一直相信光具有即时性）。既然如此，地球离木星越远，木卫一被遮蔽的影像肯定就需要更长的时间才能到达地球。罗默根据这一推想进行计算，并在1676年11月21日宣布：光的速度是每秒140 000英里。

刚才讲过，有个搞天文研究的人劝罗默跟他去巴黎做事，这个人名叫皮卡尔[136]。在罗默宣布光每秒钟跑多远的前两年，皮卡尔正埋头跟脚下的土地打交道。在1674—1675年，他忙着为国王路易十四在凡尔赛[137]的新城堡解决自来水供水问题。路易十四的父亲在凡尔赛有一座狩猎行宫，路易十四嫌它寒碜，于1671年大兴土木，在它的位置上另建了一座宏伟壮丽的王宫——凡尔赛宫,还修了几座大花园作陪衬。凡尔赛宫和花园用工达36 000人,耗时26年才竣工。

皮卡尔之所以要解决供水问题,是因为路易十四想把凡尔赛宫搞成千百新式喷泉环抱的样子,他要尽赏水之韵、尽享水之乐。除了喷泉、水景需要水,花园里的万千奇花异草也需要水。凡尔赛宫地势比周围都高,水要往上走可就难了。这个恼人的情况还是皮卡尔发现的,他把天文望远镜稍加改造,精确地测量出不同地方的水平高度。好在工程师随后设计出了一套复杂的沟渠网,从附近乡村的水库和泉眼取水,解决了这个难题。自1683年起,凡尔赛宫的大花园便无缺水之患了。

这对花园的设计师勒·诺特(André Le Nôtre)来说可是个喜讯。勒·诺特想必不是等闲之人,因为同代人常用"为人诚恳、令人尊敬、直言不讳"等字眼来形容他。据说,勒·诺特跟国君太阳王路易十四私交不错。凡尔赛宫花园既然是为专制君主所建,那么它的规模之大、格致之妙,当然须做到无出其右者,意在昭示路易国王的无上权威。凡尔赛宫诞生在一个殖民者远涉重洋、拓疆辟地,以及科学逐渐揭示宇宙奥秘的时代,所以,它也从一个侧面体现了新发现的人的力量。中世纪以来,法国社会弥漫着乡野气息,诡异神秘,糟乱不堪。现在,这一切消失得无影无踪,但见嘉木秀立、花坛巧布。大自然也尽在他国王路易的掌握之中。

路易国王手下有一位重臣,名叫科尔贝[138],他想长君主之鞭,让路易权威远达。17世纪后期,路易十三留下一个烂摊子,法国经济已到了崩溃的边缘。科尔贝殚精竭虑,要拯救法国经济。他制订了一个计划(包括对法国工业实施改造,让法国彻底摆脱进口产品),其中一项内容是重新组建法国海军。科尔贝的梦想是让法兰西成为和英国并驾齐驱的世界强国。他还有一个野心勃勃的造船计划,包括实

138 84 142

行严刑峻法,种树育林。千百年来,木头被烧炭人和樵夫砍的砍、伐的伐。新法令规定,树木只用于造船(不曾想,这条法令迫使冶铁业寻找其他燃料,最终实现以煤代木,推动了工业革命)。

大概是因为木材一直匮乏的缘故吧,1732年,一位知名的植物学家做了法国海军的总督,他就是杜哈梅尔·德·蒙索(Henri-Louis Duhamel du Monceau)。杜哈梅尔开始是搞化学的,1729年他去英国参观,学习造船技术,之后就把大部分精力投在林木管理上。他的第一本著作出版于1747年,着重研究船舶的索具装置。杜哈梅尔在德南维耶拥有一座城堡,位于奥尔良和夏尔特之间。他在自家城堡里试验英国最新的农耕技术,还建成欧洲第一座植物园,从欧洲大陆和美洲各地收集标本。杜哈梅尔研究乔木、灌木的论文对早期植物新品种的引进影响很大。1750年,他把英国农业专家塔尔(Jethro Tull)的著作《畜力锄地耕作》(*Horse-Hoeing Husbandry*)译成法文,并根据自己的经验作了增补。18世纪初,塔尔看见法国农民使用锄头在葡萄园里锄地,于是把这项技术拿到英国老家试用。用了才发现,他可以在同一块田地里种麦子,连种连收13年,还不需要大量施用粪肥。有意思的是,这项被英国人推广的法国农业技术竟成了杜哈梅尔撰写专著《论耕作》(*Traite de la Culture des Terres*)的依据。这本书后来由希尔(John Hill)于1759年译成英文。希尔那时候在新落成的位于伦敦邱园的皇家植物园当助理园丁。他还将邱园内栽种的3400多种植物编成名录。

1761年,病秧子国王乔治三世的母亲,也就是王太后奥古斯塔(Augusta)委托钱伯斯(William Chambers)———一位英国建筑师———在邱园搞土木工程,所以钱伯斯让出版商把最近出版的园艺学著作列个书单寄给他(书单里有希尔写的书,还有他翻译的杜哈梅尔的作品)。钱伯斯写过《论民用建筑》(*Treatise on Civil Architecture*)和《中式建筑设计举要》(*Designs for Chinese Buildings*),这两本书为他赢得了盛誉,于是钱伯斯被委任为威尔士亲王(当时是国王)的建筑学导师。1742—1749年,他在中国给东印度公司做事,借此机会了解了中国的建筑风格。几番游历中国

图32　杜哈梅尔的遗产。该图是18世纪法国的一本森林管理著作里的版画插图。

之后,钱伯斯决定弃商改行。1749年他移居法国、意大利,在两地生活了6年,专心研究建筑学。

受王太后之托,钱伯斯为邱园设计了20多座建筑,主建筑是一座宝塔(现在还屹立着),8角10层,高163英尺,外形和地道的中式宝塔还有些差距,洛可可风味反倒更足。宝塔建成后引起了轰动,由此开欧洲中式建筑之先河,引领一代风尚。很快宝塔如雨后春笋般在欧洲各地建了起来*,在波茨坦、慕尼黑、圣彼得堡的皇村**、法国的尚特鲁和德国的奥拉宁鲍姆***都能看到中国式宝塔。钱伯斯跟英国王室走得近,所以被任命为建筑设计师,与亚当(Robert Adam)一同工作。1784年,钱伯斯做了勘察总监,这是英国建筑业的最高职称。

---

* 17世纪晚期至18世纪,欧洲兴盛"中国风",许多园林中仿建中国式的亭、塔、楼、阁,特别是宝塔,东方特色鲜明,被认为是中国建筑的代表。——译者

** 皇村(Tsarskoe Selo),现名"普希金城",位于圣彼得堡以南25公里,内有叶卡捷琳娜宫、亚历山大宫等建筑。叶卡捷琳娜宫内的琥珀屋被誉为"世界第八大奇迹"。——译者

*** 奥拉宁鲍姆(Oranienbaum)位于彼得宫城以西,由彼得大帝宠臣、圣彼得堡市长亚历山大·缅希科夫修建,内有大宫殿、中国宫等建筑。——译者

1774年,他和亚当奉令设计建设萨默塞特宫。这是一座宏大的新公共建筑,位于伦敦市中心。1782年,他俩聘请了一位名叫特尔福德(Thomas Telford)的苏格兰石匠。特尔福德后来说起钱伯斯的为人,常用"傲物而矜持"来形容他。

特尔福德当石匠全靠自己摸索,他的志向是当一名建筑师和规划师。他在萨默塞特宫工程干了两年,把能学的全学了。离开钱伯斯和亚当之后,他建造了一座修造船舶的厂房,改建了一座城堡,设计了一座监狱、一座教堂、一座医院,最后做了什罗普郡县级勘察员。而他真正开始从事土木工程事业,还是在领命修建新的河渠网,将迪河、默西河、塞汶河连接起来之后。他在威尔士的庞特希西尔特为该工程建造的引水渠是建筑工程史上的一大奇观。这条引水渠全长1000英尺,横跨一条既宽且深的谷地。渠道用生铁铸造,宽11英尺10英寸,水道、纤道并容其间。整个水渠由19根窄石方柱支撑,每根柱高127英尺。文学名家沃尔特·司各脱爵士(Sir Walter Scott)曾赞叹说,这条引水渠是他平生见过的最伟大的艺术品。即便在今天看来,它也依然壮美。

1801年,特尔福德接受委托,设计修建穿越苏格兰高地的喀里多尼亚大运河,工程历时18年才竣工。这期间,特尔福德还新修了920英里道路、1000多座桥梁,这为驿车服务、定时定点投递报刊邮件等工作创造了条件,使苏格兰的经济面貌大为改观。而这一切又促使商业活动逐渐兴盛,抬升了地皮和房产价值。1820年,特尔福德担任新成立的土木工程师学院的首任院长。1834年,特尔福德风光辞世,葬于威斯敏特教堂。

在建筑设计上,特尔福德唯一的一次失利是参加伦敦一座新桥的设计竞标。特尔福德的构想是单跨铁桥,长600英尺,距河面65英尺,桥面宽45英尺,桥身重6000吨。1816年,政府就这个方案向一群科学和工程精英咨询求证,他们的看法是:这座桥构思精巧。遗憾的是,特尔福德不想把桥拱造得太高(有桥拱,船只过往方便),于是在河岸两侧设计了高架引桥,以砖砌的立柱作支撑。可这样一来,修建引桥占地过多,成本太高,特尔福德的方案最终未被采纳。

负责桥梁设计评审的特别小组有一个组员叫杨[139],是那个时代极富创造力又多才多艺的科学家之一。[瓦特[140]和冶铁大王威尔金森(James Wikinson)也是小组成员]。杨从小天资非凡,2岁时识字读书,4岁时通读过2遍《圣经》,19岁时通晓12种古今语言。他还精通微积分,研读过牛顿的著作《数学原理》(Principia Mathematica)*、《光学》(Optics)和拉瓦锡的《化学概要》(Elements of Chemistry)。这个时候他开始学医,想获得当医生的资质,随后去牛津就读。他在牛津有个绰号叫"奇人杨"。1801年,他被任命为伦敦皇家研究院教授,主要工作是开设科普讲座和工艺技能讲座。他在色彩的视觉感知研究方面作出了重大贡献,在破解古埃及楔形文字方面也极有建树。

139 91 146
140 16 20
140 37 49

1799年,他又着手研究光。1807年,他发表论文,描述了多次用烛光做实验的情况:他让烛光依次通过一个透镜、一个针孔、两条窄缝后,会在纸上留下一些明暗交叠的光影。于是杨得出结论:这些明暗交叠的光影一定是烛光经过狭缝后再度结合后形成的。再结合的效果是生成了干涉影像,类似于水波纹相互交叠后的样子。杨声称:光是通过某种"发光以太"以波的形式传播的。

以太是一种看不见、摸不着的东西(且它无处不在,因为光可以在真空中传播)。19世纪大部分时间,科学家们为寻找神秘的"以太"煞费苦心。1888年,一位名叫赫兹(Heinrich Hertz)的德国物理学家做了一系列实验,他想看看电磁波是不是和光波一样也是通过以太

---

* 即《自然哲学的数学原理》。——译者

传播的。实验结果是他发现了无线电波。其实,在这之前,他的老师、柏林大学教授亥姆霍兹(Hermann von Helmholtz)就指导赫兹专事这一研究。亥姆霍兹是欧洲科学界的领袖人物,早年师从缪勒(Johannes Muller)研究生理学。缪勒撰写的《生理学手册》(*Handbook of Physiology*)是欧洲医学史上一部里程碑式的著作。早期研究生理学使用的都是准哲学的方法,主要基于主观臆想。缪勒摒弃准哲学的方法,转而依靠观察和实验获得的实证开展研究。亥姆霍兹也是这么做的。缪勒对神经生理学的伟大贡献之一就是主张把神经系统看成一个单元。

不过,让人觉得不可思议的是,具体到神经功能等问题时,缪勒又紧抱着一种似乎跟他的实证观截然相反的观点。缪勒是个活力论者,他认为生命过程不可能简单还原成物理和化学的机械性定律。活力派的观点是:生物作为一个整体大于其各部分的总和,生物所特有的协调行为是由器官、神经、组织的生理活动产生的,而协调生理活动的是一种"力"。活力论者认为,这种力无法用实验量化解析。缪勒以神经脉冲为例来说明这一点。

缪勒的学生亥姆霍兹对活力论者的研究思路很不以为然,他着手对活力论进行证伪。在青蛙的坐骨神经上做了多次实验后,1852年,他将实验所得的结果发表。实验是这样的:亥姆霍兹向青蛙的坐骨神经上通入一股电流,用一台肌动描记仪记录神经的反应情况。描记仪上有一个小杠杆,可以随肌肉痉挛作匀速动作,在一块用烟熏黑的玻璃板上描画出一条曲线。电流刺激神经后,蛙腿的肌肉马上收缩,这个情况被描记仪记录下来。曲线的垂直分量和肌肉收缩的强度成正比,曲线的水平分量与记录的时间相对应。亥姆霍兹注意到两点:一是在短暂的时间内出现了神经脉冲;二是这种脉冲按大约每秒90英尺的速度传导,速度并不快。*

但是活力论者并不理会亥姆霍兹的研究发现。1900年,身兼物理学家、化学家和哲学家的克拉格斯(Ludwig Klages)是德国活力论运动的旗手。克拉格斯信奉尼采(Nietzsche),是个忠实的反理性主义者。在他看来,智力是一种后天叠加的能力,它制约着本能的、"先知先觉"的心智。他在著述中反反复复规劝心理学研究者改弦更张,摒弃理性主义,皈依"才情天赋论"。1905年,克拉格斯在摩纳哥筹建了一个学术中心,专门研究"性格学"。所谓"性格学"也是心理学的一个分支,研究如何根据今人所说的"身体语言"来评判一个人的个性。克拉格斯和他的追随者宣称:一个人的性格中有一些相互冲突的要素,这些要素可以通过行动和表情反映出来;对这些冲突要素进行直觉分析,就能够揭示隐藏在克拉格斯称之为"彬彬有礼的面具"下的真实东西。

克拉格斯将这个研究思路加以拓展,来研究人的性格(他说性格学可以帮着筛选人员)。他还出版了一本研究笔迹的专著。这本书火爆得不得了,再版达14次。克拉格斯认为,细观笔迹可以探知一个人的性格,因为笔迹受人格中各种驱力的影响。举几个例子吧:字写得比较大,说明此人比较热情,或者不太实际;字写得比较小,说明此人较少热情,或者处事比较实际;字体倾斜,说明性情随和,或者比较轻率;字体正直,说明处事理性,或者待人冷淡。每种笔迹都反映了积极和消极两种性格特征,究竟是哪种特征,还要看笔迹的节奏、力度和变化。不过,这最后一点只能凭直觉来测量。克拉格斯的思想体系掺杂着非理性成分,难怪纳粹在选拔党卫队骨干的时候,特别爱搬用他的性格学和笔迹学呢。

---

* 早在亥姆霍兹之前,不少生理学家认为神经传导速度接近光速。——译者

克拉格斯的笔迹学让人们重视起个人笔迹的超个性化。在纳粹接受他的学说30年后，也就是20世纪60年代，笔迹的超个性化让美国邮政部作了难。那时，商务邮件大量增加，多到邮政部*应付不过来的地步。20世纪60年代早期，商务邮件约占邮件总量的80%，而且数量还在迅速增加。邮件数量急剧增加的唯一的也是最重要的原因是引进了电子计算机。有了计算机，实现了账目的集中化管理，也由此使得票据量、银行储蓄及收据量、信用卡交易量猛增。缴纳社会保障金以及其他商业项目费用都是走邮政系统。邮政系统亟须理顺邮件分拣投递流程。1963年7月1日，美国邮政部开始推行5位数邮政编码。编码的第一个数字代表一片较大的地理分区（例如，"0"代表东北地区，"9"代表西部地区）；接下来的两个数字代表人口集中的地区或使用共同运输系统的地区；最后两个数字代表邮政所或者较大的、纳入邮政分区的城市邮递区。20世纪80年代，美国邮政服务公司又给邮政编码增加4个数字，实现了邮件的单幢房舍分拣投递自动化。

1965年，底特律邮政局安装了一台高速光学字符阅读机，迈出邮件自动化分拣处理的第一步。这是第一代高速光学字符阅读机，它能识别一行打印字母或者粗体的大写字母（含城市名和州省邮编码），然后把邮件分拣出来，送进一个个邮件袋里，邮件袋一共227个。不过投递前，邮政人员还得逐份检查邮件的投送地址。20世纪80年代，人们研制出更精密的机器设备，能够识别单个邮政编码，并在邮件上喷印供机器识读的条形码，计算机可以根据条形码分拣邮件。20世纪末，由于克拉格斯所说的那种"超个性化"笔迹作祟，即便是最先进的"多行"光学字符识读机，也只能辨识出手写粗体字和打印字母。

---

* 1971年美国邮政部改名为美国邮政服务公司。——译者

1952年，麻省理工学院的"认知信息处理技术小组"着手研制盲人助读系统。光学字符识别技术的一些最早期的研究工作也是那时开始的。早期研究和制导技术有一个共同的理论渊源，那就是控制论[141]里的反馈论。本书在开始知识网漫游的时候就描述过制导技术：电子个人代理[142]。还记得吗？有了它们，21世纪我们就能时刻了解这个世界的动向。

141 2 4

142 1 2

参考文献

第1章

Bradley, Ian. *William Morris and His World*. London: Thames & Hudson, 1978.

Carson, Gerald. *Cornflake Crusade*. London: Victor Gollanz Ltd., 1959.

Corbin, Diana Fontaine Maury. *A Life of Matthew Fontaine Maury*. London, 1888.

Guilfoyle, Christine, and Warner, Ellie. *Intelligent Agents*. London, 1994.

Hibbert, Christopher. *Nelson*. London: Viking, 1994.

Holmes, Frederic Lawrence. *Claude Bernard and Animal Chemistry*. Cambridge, Mass: Harvard University Press, 1974.

Jameson, Eric. *The Natural History of Quackery*. London: Michael Joseph, 1961.

Masani, P. R. *Norbert Wiener*. Basel, Boston, Berlin: Birkhäuser Verlag, 1990.

Spencer, Colin. *The Heretic's Feast*. London: Fourth Estate, 1993.

Sultana, Donald. *Samuel Taylor Coleridge in Malta and Italy*. Oxford: Basil Blackwell, 1969.

Taylor, Anne. *Annie Besant*. Oxford: Oxford University Press, 1992.

第2章

Batty, Peter. *The House of Krupp*. London: Secker and Warburg, 1966.

Dibner, Bern. *The Atlantic Cable*. New York: Blaisdell, 1964.

Hyman, Anthony. *Charles Babbage*. Princeton: Princeton University Press, 1992.

Leupp, F. E. *George Westinghouse*. Norwood, Mass.: Norwood Press, 1919.

Mackenzie, Thomas B. *Life of James Beaumont Neilson, F. R. S.* Glasgow: West of Scotland Iron and Steel Institute, 1928.

McLaren, David J. *David Dale of New Lanark*. Milngavie: Heatherbank Press, 1983.

Mitchell, F. *Tank Warfare*. Stevenage, Herts.: Spa Books, 1987.

Moon, John F. *Rudolf Diesel and the Diesel Engine*. London: Priory Press Ltd., 1974.

Rosenberg, Nathan. *The Britannia Bri-*

dge. Cambridge, Mass.: MIT Press, 1978.

Seeligman, T., Torrilhon, G., and Falconnet, H. *Indiarubber and Gutta Percha*. London: Scott, Greenwood & Sons, 1910.

Stigler, Stephen M. *The History of Statistics*. Cambridge, Mass.: Harvard University Press, 1986.

Vaughan, Adrian. *Isambard Kingdom Brunel*. London: John Murray, 1991.

第3章

Baines, Edward. *History of the Cotton Manufacture*. New York: Augustus M. Kelley, 1966.

Blackmore, John. *Ernst Mach*. London: University of California, 1973.

Carmichael, Leonard, and Long, J. C. *James Smithson and the Smithsonian Story*. New York: G. P. Putnam's Sons, 1965.

Crocker, Glenys. *The Gunpowder Industry*. Haverfordwest: Shire Publications Ltd., 1986.

Gernsheim, Helmut, and Gernsheim, Alison. *L. J. M. Daguerre*. London: Secker & Warburg, 1956.

Hackmann, Willem. *Seek and Strike*. London: H.M.S.O., 1984.

Harris, Neil. *Humbug, the Art of P. T. Barnum*. Chicago: University of Chicago Press, 1981.

Lewes, Vivian B. *Acetylene*. London: Macmillan, 1900.

Pannekoek, A. *A History of Astronomy*. London: George Allen & Unwin Ltd., 1961.

Phillips-Matz, Mary Jane. *Verdi*. Oxford: Oxford University Press, 1993.

Quinn, Susan. *Marie Curie*. London: Heinemann, 1995.

Sawyer, L. A. *Liberty Ships*. New York: Lloyd's of London, 1985.

Style, Jane M. *Auguste Comte*. London: Kegan Paul, Trench Truebner & Co., Ltd., 1928.

White, Michael, and Gribbin, John. *Einstein*. London: Simon & Schuster, 1994.

第4章

Blackstone, Sarah J. *Buckskins, Bullets, and Business*. Westport, Conn.: Greenwood Press, 1986.

Bortoloan, Liana. *The Life and Times of Titian*. London: Hamlyn Publishing Group, 1968.

Bradford, Ernle. *The Great Siege*. London: Hodder & Stoughton, 1961.

Cluny, Hilaire. *Louis Pasteur*. London: Souvenir Press, 1965.

Hatch, Alden. *American Express*. Garden City, N. Y.: Doubleday & Co., Inc., 1950.

Main, Gloria L. *Tobacco Colony*. Princeton: Princeton University Press, 1982.

Neillands, Robin. *The Hundred Years War*. London & New York: Routledge, 1990.

O'Malley, Charles D. *Andreas Vesalius of Brussels*. Berkeley and Los Angeles: California Press, 1964.

Ordish, George. *The Great Wine Blight*. London: J. M. Dent & Sons Ltd., 1972.

Sharov, Alexander S., and Novikov, Igor D. *Edwin Hubble*. Cambridge: Cambridge University Press, 1993.

Shaw, Stanford J. *The Jews of the Ottoman Empire and the Turkish Repub-

lic. London: Macmillan, 1991.

Shennan, Francis. *Flesh and Bones, The Passions and Legacies of John Napier.* Edinburgh: Napier Polytechnic, 1989.

Smith, Melvyn. *Space Shuttle.* Sparkford, Somerset: Haynes, 1989.

Warner, Marina. *Joan of Arc.* London: Weidenfeld & Nicholson, 1981.

第5章

Bull, Angela. *The Machine Breakers.* London: Collins, 1980.

Clayton, Michael. *The Jeep.* London: David & Charles, 1982.

Clifford, M. N., and Wilson, K. C. (eds.). *Coffee.* London: Croom Helm, 1985.

Goldsmith, Margaret. *Christina of Sweden.* London: Arthur Baker Ltd., 1933.

Gordon, Alistair. *John Galt.* Edinburgh: Oliver & Boyd, 1972.

Grendel, Frédéric. *Beaumarchais.* Trans. Roger Greaves. London: Macdonald and Jane's, 1977.

Hughes, J. Trevor. *Thomas Willis.* London: Royal Society of Medicine Services Ltd., 1991.

Hutchison, Harold F. *Sir Christopher Wren.* London: Victor Gollancz Ltd., 1976.

Lande, Dr. Lawrence. *Introduction to John Law.* Edinburgh: University of Edinburgh Centre for Canadian Studies, 1989.

Longford, Elizabeth. *Byron.* London: Hutchinson, 1976.

Oppenheimer, Jane M. *Essays in the History of Embryology and Biology.* Cambridge, Mass.: M. I. T. Press, 1967.

Parker, Geoffrey. *The Military Revolution.* Cambridge: Cambridge University Press, 1988.

Pattison, Mark. *Isaac Casaubon.* Oxford: Clarendon Press, 1982.

Robinson, George W. *Autobiography of Joseph Scaliger.* Cambridge, Mass.: Harvard University Press, 1927.

Winegarten, Renée. *Mme de Staël.* Leamington Spa: Berg Publishers Ltd., 1985.

第6章

Aitken, Hugh G. *Syntony and Spark—The Origins of Radio.* New York and London: John Wiley & Sons, Inc., 1976.

Barchilon, Jacques, and Flinders, Peter. *Charles Perrault.* Boston: Twayne Publishers, 1981.

Campbell, Malcolm. *Pietro da Cortona at the Pitti Palace.* Princeton: Princeton University Press, 1977.

Houghton, Raymond. *The World of George Berkeley.* Dublin: Eason & Son Ltd., 1985.

John, William D. *Pontypool and U. K. Japanned Wares.* Newport, Monmouthshire: The Ceramic Book Co., 1953.

Koepke, Wulf. *Johann Gottfried Herder.* Boston: Twayne Publishers, 1987.

Lavine, Sigmund A. *Allan Pinkerton.* London: Mayflower Paperback, 1970.

May, Stacy. *United States Business Performance Abroad: The Case Study of the United Fruit Company in Latin America.* New York: National Planning Association, 1958.

Nordon, Pierre. *Conan Doyle.* London: John Murray, 1966.

Rolt, L. T. C. *The Aeronauts, A History*

of Ballooning. Gloucestershire: Alan Sutton, 1985.

Rowse, A. L. Jonathan Swift, Major Prophet. London: Thames & Hudson, 1975.

Smith, Charles H. A. F. Wallace on Spiritualism, Man and Evolution. 1992.

Stafford, Fiona. The Sublime Savage. A Study of James Macpherson and the Poems of Ossian. Edinburgh: Edinburgh University Press, 1988.

Stanton, Phoebe. Pugin. London: Thames & Hudson, 1971.

Vining, Elizabeth Gray. Flora MacDonald. London: Geoffrey Bles, 1967.

第7章

Allan, D. G. C., and Schofield, R. E. Stephen Hales. London: Scholar Press, 1980.

Burke, Peter. Montaigne. Oxford: Oxford University Press, 1994.

Chancellor, John. Audubon: A Biography. London: Weidenfeld and Nicolson, 1978.

Dickinson, Robert E. Makers of Modern Geography. London: Routledge and Kegan Paul, 1969.

Fisher, Richard B. Edward Jenner. London: André Deutsch, 1991.

Hartcup, Adeline. Angelica. Harmondsworth, Middlesex: William Heinemann Ltd., 1954.

Kidler, Peter. Richthofen. London: Arms + Armour Press, 1994.

Koestler, Arthur. The Watershed: A Biography of Johannes Keple. Lanham, Md: University Press of America, 1960.

Mackworth - Praed, Ben. Aviation: The Pioneer Years. London: Studio Editions Ltd., 1990.

Marriott, Ernest G. Izaak Walton. Nottingham: Nottingham Flyfishers'Club, 1986.

Morley, Geoffrey. The Smuggling War. Stroud: Alan Sutton Publishing Ltd., 1994.

Roddis, Louis H. James Lind. London: William Heinemann Ltd., 1951.

Stone, George W., and Kahrl, George M. David Garrick. Southern Illinois University Press, 1979.

第8章

Blumenberg, Hans. The Genesis of the Copernican World. Trans. Robert M. Wallace. Cambridge, Mass.: M. I. T. Press, 1987.

Boase, Roger. The Origin and Meaning of Courtly Love. Manchester: Manchester University Press, 1977.

Craven, William G. Giovanni Pico della Mirandola. 1981.

Crone, Gerald. Maps and Their Makers. London: Hutchinsons University Library, 1953.

Dan, Joseph. The Early Kabbalah. Mahwah, N. J.: Paulist Press, 1986.

Dodge, Ernest Stanley. The Polar Rosses. London: Faber & Faber, 1973.

Gade, John Allyne. The Life and Times of Tycho Brahe. New York: Princeton University Press, 1947.

Holmes, T. W. The Semaphore. Ilfracombe, Devon: Arthur H. Stockwell Ltd., 1983.

Kardross, John. The Origins and Early History of Opera. Sydney: University of Sydney Press, 1957.

Manschreck, Clyde Leonard. Melanchthon. New York: Oxford University Press, 1970.

Ore, Oystein. *Cardano*. Princeton: Princeton University Press, 1953.

Schwarzbach, Martin. *Alfred Wegener*. Madison, Wisc.: Science Technology Inc., 1986.

Spitz, Lewis W. *The Religious Renaissance of the German Humanists*. 1963.

Turrill, William B. *Joseph Dalton Hooker*. London: Thomas Nelson & Sons Ltd., 1963.

Wormald, Jenny. *Mary Queen of Scots*. London: George Philip, 1988.

Millington-Drake, Egen. *The Drama of Graf Spee and the Battle of the Plate*. London: Peter Davies, 1965.

Smith, Maxwell A. *Prosper Mérimée*. New York: Twayne Publishers, Inc., 1972.

Stephens, W. P. *Zwingli*. Oxford: Clarendon Press, 1994.

Stuyvenberg, J. H. van. (ed.). *Margarine: An Economic, Social and Scientific History*. Liverpool: Liverpool University Press, 1969.

Uerberhorst, Horst. *Friedrich Ludwig Jahn and His Time*. Munich: Heinz Moos Verlag, 1982.

第9章

Beattie, Lester M. *John Arbuthnot*. Cambridge, Mass.: Harvard University Press, 1935.

Besterman, Theodore. *Voltaire*. Oxford: Basil Blackwell, 1976.

Brown, Pamela. *Henri Dunant*. Dublin: Wolfhound Press, 1991.

Everdingen, Ewoud van. *C. H. D. Buys Ballot*. Antwerp, 1953.

Halsband, Robert. *The Life of Lady Mary Wortley Montagu*. New York: Oxford University Press, 1960.

Killingray, David. *The Atom Bomb*. London: Harrap, 1983.

Lawson, Joan. *A History of Ballet and Its Makers*. London: Sir Isaac Pitman & Sons Ltd., 1964.

Lumsden, Malvern. *Incendiary Weapons*. Cambridge, Mass.: M. I. T. Press, 1975.

MacGregor, Arthur. *Sir Hans Sloane*. London: British Museum Press, 1994.

Miller, Edward. *Prince of Librarians*. London: The British Library.

第10章

Bourde, André J. *The Influence of England on the French Agronomes, 1750–1789*. Cambridge: Cambridge University Press, 1953.

Cahan, David (ed.). *Hermann von Helmholtz and the Foundations of Nineteenth-Century Science*. Berkeley, Calif.: University of California Press, 1993.

Checkland, Sydney. *The Elgins*. Aberdeen: Aberdeen University Press, 1988.

Clark, Ronald W. *Benjamin Franklin*. London: Weidenfeld and Nicolson, 1983.

Cohen, Ernst Julius. Kammerlingh Onnes Memorial Lecture, in *Journal of the Chemical Society*, 1920. Vol. 1, pp. 1193–1209.

Cohen, I. B. "Roemer and the first determination of the velocity of light," in *Isis*, 31 (1940), pp. 327–379.

Dorsey, N. Ernest. "Fahrenheit and Roemer," in *Journal of the Washington Academy of Sciences*, 36, No. 11 (1946),

361–372.

Harris, John. *Sir William Chambers.* London: A. Zwemmer Ltd., 1970.

Harriss, Joseph. *The Eiffel Tower.* London: Paul Elek, 1976.

Hazlehurst, F. Hamilton. *Gardens of Illusion: The Genius of André Le Nostre.* Nashville, Tenn.: Vanderbilt University Press, 1980.

Levey, Michael. *Sir Thomas Lawrence.* London: National Portrait Gallery, 1979.

Qvist, George. *John Hunter.* London: William Heinemann Medical Books Ltd., 1981.

Rolt, L. T. C. *Thomas Telford.* Harmondsworth, Middlesex: Penguin Books Ltd., 1979.

Taylor, Anne. *Laurence Oliphant.* Oxford: Oxford University Press, 1982.

Vogel, Dan. *Emma Lazarus.* Boston: Twayne Publishers, 1980.

The Knowledge Web: From Electronic Agents to
Stonehenge and Back—and Other Journeys Through Knowledge
by
James Burke
Copyright © 1999 by London Writers
Simplified Character Chinese edition copyright © 2020 by
Shanghai Scientific & Technological Education Publishing House Co., Ltd.
Simplified Character Chinese edition arranged with Simon & Schuster, INC.
ALL RIGHTS RESERVED.